全国高职高专规划教材·计算机系列

动态网站设计

主　编　蒋罗生
副主编　戴香玉
参　编　朱晓瑜　袁　圆　谭　茗
　　　　王湘灵　周　坤

北京大学出版社
PEKING UNIVERSITY PRESS

内容简介

本书立足于项目式教学,以设计任务为导向,系统地介绍了动态网站设计的各个重要环节。通过学习,旨在让学生了解网站设计的全过程,能顺利地完成相应的网站设计任务。

本书分四部分共十个项目,项目一是网站建设的预备知识和网站规划设计,项目二是 ASP 基础知识,项目三~九介绍利用 Adobe Dreamweaver CS5 可视化地开发网站功能模块,项目十是 CMS 二次开发知识和实际应用中的网站建设方法。

本书可作为高等职业教育计算机、电子商务及相关专业的教材,也可作为从事网站建设和管理爱好者的参考用书。

图书在版编目(CIP)数据

动态网站设计/蒋罗生主编.—北京:北京大学出版社,2011.7
(全国高职高专规划教材·计算机系列)
ISBN 978-7-301-18835-4

Ⅰ.①动… Ⅱ.①蒋… Ⅲ.①网站-设计-高等职业教育-教材 Ⅳ.①TP393.092

中国版本图书馆 CIP 数据核字(2011)第 074219 号

书　　　名:	动态网站设计
著作责任者:	蒋罗生　主编
策 划 编 辑:	温丹丹
责 任 编 辑:	温丹丹
标 准 书 号:	ISBN 978-7-301-18835-4/TP·1166
出 版 发 行:	北京大学出版社
地　　　址:	北京市海淀区成府路 205 号　100871
电　　　话:	邮购部 62752015　发行部 62750672　编辑部 62765126　出版部 62754962
网　　　址:	http://www.pup.cn
电 子 信 箱:	zyjy@pup.cn
印　刷　者:	河北滦县鑫华书刊印刷厂
经　销　者:	新华书店
	787 毫米×1092 毫米　16 开本　17.5 印张　420 千字
	2011 年 7 月第 1 版　2011 年 7 月第 1 次印刷
定　　　价:	35.00 元

未经许可,不得以任何方式复制或抄袭本书之部分或全部内容。
版权所有,侵权必究
举报电话: 010-62752024　电子信箱: fd@pup.pku.edu.cn

前　言

以互联网为核心的信息技术为人类社会的发展、进步和繁荣带来越来越重要的影响。而网站因其具有传递信息、开展电子商务活动等重要功能，在互联网的诸多应用中一直处于非常重要的位置。随着社会的不断进步，网站设计技术也在不断地发展和完善，但新的社会需求对网站建设人才也提出了更高的培养要求。网站的规划、设计、管理及维护的基本知识，已经成为计算机、电子商务及相关专业学生的必修课程。

目前，构建网站所使用的操作平台有微软的 Windows 网络操作系统和 Unix 操作系统等，数据库则从最简单的 Access 数据库到大型的 Oracle 数据库，常用的开发语言包括 ASP、ASENET、PHP、JSP 等。在一门课程中，要对上述知识进行系统而全面的介绍是不可能的。基于这一考虑，本书采用 ASP + Access 这样一种易于被学生接受的开发环境，立足于 Windows XP 操作系统，借助 Adobe Dreamweaver CS5 作为开发平台，旨在使网站设计的教学变得更加容易和方便。同时，学生通过学习，也很容易向其他操作平台、数据库环境、开发语言进行拓展，从而使得计算机教育内容的更新与社会应用现状保持同步。

本书立足于项目式教学，以设计任务为导向，系统地介绍了动态网站设计的各个重要环节。通过学习，旨在让学生了解网站设计的全过程，能顺利地完成相应的网站设计任务。

本书内容务实，突出操作技能的培养，以达到学以致用的教学目标。本书既可作为高职高专计算机、电子商务及相关专业的教材，也可作为职业培训用书。

本书由蒋罗生任主编、戴香玉任副主编。项目一、八由戴香玉编写，项目二由周坤编写，项目三、四由蒋罗生编写，项目五、九由朱晓瑜编写，项目六由袁圆编写，项目七由谭茗编写，项目十由王湘灵编写。全书由蒋罗生拟定大纲，由戴香玉统一书稿。

本书建议的学时数为 72 学时，对于以文科学生为主要生源的学校，可以只学习本书的项目一、三、四、九、十，建议学时数为 54 学时。

由于网站开发技术与管理理念日新月异，加之编者水平有限，书中不妥之处在所难免，敬请读者批评指正。

编　者

2011 年 7 月

目 录

项目一　构建动态网站的开发环境 ………………………………………………………… 1
　资讯一　认识动态网站 ……………………………………………………………… 1
　资讯二　构建 Web 服务器 ………………………………………………………… 3
　资讯三　Access 数据库的建立 ……………………………………………………… 8
　资讯四　使用 Dreamweaver CS5 制作动态网页 ………………………………… 17
　资讯五　对动态网站的进一步认识 ………………………………………………… 21

项目二　ASP 基础 ……………………………………………………………………… 29
　资讯一　表单处理 …………………………………………………………………… 30
　资讯二　URL 参数传递及处理 ……………………………………………………… 32
　资讯三　VBScript 基础知识及基本练习 …………………………………………… 34
　资讯四　JavaScript 基础知识及基本练习 ………………………………………… 42
　资讯五　使用 ASP 读取 Access 数据库的数据 …………………………………… 45
　资讯六　使用 ASP 删除 Access 数据库的数据 …………………………………… 47
　资讯七　使用 ASP 向 Access 数据表中添加记录 ………………………………… 48
　资讯八　使用 ASP 修改 Access 数据表中的记录 ………………………………… 50

项目三　新闻系统设计 …………………………………………………………………… 52
　资讯一　系统概述 …………………………………………………………………… 52
　资讯二　准备工作 …………………………………………………………………… 53
　资讯三　新闻系统前台设计 ………………………………………………………… 56
　　任务一　新闻列表页的设计 ……………………………………………………… 57
　　任务二　新闻显示页的设计 ……………………………………………………… 64
　资讯四　新闻系统后台设计 ………………………………………………………… 67
　　任务三　管理员登录页的设计 …………………………………………………… 67
　　任务四　后台管理首页的设计 …………………………………………………… 69
　　任务五　新闻添加页的设计 ……………………………………………………… 72
　　任务六　新闻修改页的设计 ……………………………………………………… 77
　　任务七　新闻删除页的设计 ……………………………………………………… 82
　资讯五　新闻系统的功能增强 ……………………………………………………… 84
　　任务八　使用 eWebEditor ……………………………………………………… 84
　　任务九　增强后台登录的安全性 ………………………………………………… 85

项目四　留言板设计 ……………………………………………………………………… 88
　资讯一　系统概述 …………………………………………………………………… 88
　资讯二　准备工作 …………………………………………………………………… 89

资讯三　留言板前台程序设计 ··· 94
　　　　任务一　留言浏览页的设计 ·· 94
　　　　任务二　留言签写页的设计 ·· 99
　　资讯四　留言板后台程序设计 ··· 102
　　　　任务三　管理员登录页的设计 ·· 102
　　　　任务四　后台管理首页的设计 ·· 104
　　　　任务五　管理员回复留言页的设计 ·· 106
　　　　任务六　管理员删除留言页的设计 ·· 108
　　　　任务七　实现管理员的留言审核功能 ··· 109
　　　　任务八　留言板的安全设计 ·· 112

项目五　来访统计和分析系统 ··· 114
　　资讯一　系统概述 ··· 114
　　资讯二　准备工作 ··· 115
　　资讯三　计数器程序设计 ··· 118
　　　　任务一　流量统计页面设计 ·· 118
　　　　任务二　网站流量显示页面的实现 ·· 120
　　　　任务三　在线人数统计的实现 ·· 122
　　资讯四　数字图形显示计数器的程序实现 ··· 128

项目六　博客系统 ··· 130
　　资讯一　系统概述 ··· 130
　　资讯二　准备工作 ··· 131
　　资讯三　博客前台主页面 ··· 135
　　　　任务一　主页左侧列表的设计 ·· 135
　　　　任务二　日志列表的设计 ·· 143
　　　　任务三　日志详细页面的设计 ·· 144
　　　　任务四　留言页面的设计 ·· 148
　　　　任务五　图片页面的设计 ·· 150
　　资讯四　博客后台管理页面 ·· 153
　　　　任务六　管理员登录页面的设计 ··· 154
　　　　任务七　后台管理页面的设计 ·· 155
　　　　任务八　日志管理页面的设计 ·· 156
　　　　任务九　图片管理页面的设计 ·· 163
　　　　任务十　留言管理页面的设计 ·· 166
　　　　任务十一　公告管理页面的设计 ··· 167
　　　　任务十二　友情链接管理页面的设计 ··· 168

项目七　相册系统的制作 ··· 170
　　资讯一　系统概述 ··· 170
　　资讯二　准备工作 ··· 171
　　资讯三　相册主页面的设计 ·· 175
　　　　任务一　相册首页的设计 ·· 175

  任务二 相册信息页面的设计 …………………………………………… 177
  任务三 图片信息页面的设计 …………………………………………… 181
 资讯四 相册管理页面的设计 ………………………………………………… 185
  任务四 管理员登录页面的设计 ………………………………………… 185
  任务五 相册管理主页面的设计 ………………………………………… 186
  任务六 创建相册页面的设计 …………………………………………… 188
  任务七 编辑和删除相册页面的设计 …………………………………… 188
  任务八 上传照片页面的设计 …………………………………………… 190
  任务九 编辑图片信息页面的设计 ……………………………………… 192
  任务十 删除图片页面的设计 …………………………………………… 193
  任务十一 回复和删除评论页面的设计 ………………………………… 195

项目八 购物车系统的制作 ………………………………………………………… 198
 资讯一 系统概述 ……………………………………………………………… 198
 资讯二 准备工作 ……………………………………………………………… 200
 资讯三 购物车前台程序设计 ………………………………………………… 203
  任务一 在线购物系统主页面的设计 ……………………………………… 203
  任务二 在线购物系统商品信息页面的设计 …………………………… 208
  任务三 加入购物车页面的设计 ………………………………………… 210
  任务四 购物车内容处理页面的设计 …………………………………… 211
  任务五 购物客户信息页面的设计 ……………………………………… 214
  任务六 购物车及客户信息存储页面设计 ……………………………… 215
  任务七 支付页面设计 …………………………………………………… 219
 资讯四 购物车后台程序设计 ………………………………………………… 220
  任务八 管理员登录页面 ……………………………………………………… 220
  任务九 后台管理页面设计 ………………………………………………… 221
  任务十 商品添加页面的设计 …………………………………………… 222
  任务十一 商品修改页面的设计 ………………………………………… 224
  任务十二 商品删除页面的设计 ………………………………………… 226
  任务十三 退出管理 ……………………………………………………… 227

项目九 系统整合 …………………………………………………………………… 228
 资讯一 系统概述 ……………………………………………………………… 228
 资讯二 准备工作 ……………………………………………………………… 228
 资讯三 前台页面制作 ………………………………………………………… 235
  任务一 导航条的制作与美化 …………………………………………… 235
  任务二 前台首页的制作 ………………………………………………… 239
 资讯四 后台管理功能的实现 ………………………………………………… 241
  任务三 后台管理员登录页面设计 ……………………………………… 242
  任务四 后台管理页面制作 ……………………………………………… 243
 资讯五 后台登录安全管理 …………………………………………………… 247
 资讯六 网站系统数据库的整合 ……………………………………………… 248

项目十　网站建设综合案例 ·· 251
资讯一　项目描述 ·· 251
资讯二　域名和虚拟主机 ·· 252
　　任务一　注册域名同时购买虚拟主机 ·· 254
资讯三　使用内容管理系统（CMS）开发网站 ································· 256
　　任务二　"湖南药师之家"首页模板设计 ······································· 258
　　任务三　使用讯时 CMS 设计"湖南药师之家"首页 ···························· 259
　　任务四　"湖南药师之家"栏目页和内容页的设计 ···························· 264
　　任务五　使用讯时 CMS 的增强功能完善"湖南药师之家"网站 ············· 266
资讯四　网站的发布 ··· 268
　　任务六　Web 上传 ·· 268
　　任务七　使用 FTP 客户端上传 ·· 268

参考文献 ·· 271

项目一　构建动态网站的开发环境

资讯一　认识动态网站

一、认识 QQ 空间

QQ 空间（Qzone）是腾讯公司于 2005 年开发出来的一个个性空间，具有博客（Blog）的功能，自问世以来受到众多人的喜爱。在 QQ 空间上可以书写日记，上传自己的图片，听音乐，写心情，通过多种方式展现自己。除此之外，用户还可以根据自己的喜爱设定空间的背景、小挂件等，从而使每个空间都有自己的特色。当然，QQ 空间还为精通网页的用户还提供了高级的功能，即可以通过编写各种各样的代码来打造自己的空间。

实际上，当用户开通 QQ 空间时，其实就是架构了一个自己的动态网站。在浏览 QQ 空间时，会发现作为浏览者登录别人的 QQ 空间时和作为管理员登录自己的 QQ 空间时，展示出来的网站页面是有区别的。如图 1-1 所示是浏览者登录网友的日志页面，图 1-2 是管理员登录自己的 QQ 空间页面，可以看到，图 1-2 的网站页面多了一些权限和功能，如标记区域的多项功能。

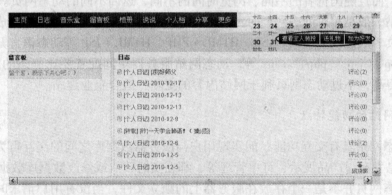

图 1-1　浏览者页面（网站前台）

图 1-2　管理员页面（网站后台）

其中，展示给浏览者的页面如图 1-1 所示，称为网站前台；管理员操作的页面如图 1-2 所示，称为网站后台。QQ 空间除了前台和后台外，还有一个用于存放日志、图片、留言等的数据库，这个数据库存放在腾讯的服务器上。不管是管理员还是浏览者，读取 QQ 空间信息的过程都是与腾讯服务器上的数据库交互的过程。

管理员发表日志的工作过程为：

管理员提交编辑好的日志→腾讯服务器接收日志，并将日志保存到数据库。

浏览者浏览日志的工作过程为：

浏览者提交浏览申请→WEB 服务器接收请求后，找到要浏览的动态网页文件→执行网页文件中的程序代码，将含有程序代码的动态网页转换为标准的静态网页→WEB 服务器将静态网页发送给客户端浏览者。

类似 QQ 空间这种与服务器数据库有交互行为的网站，就是典型的动态网站。

二、认识动态网站

1. 动态网站的概念

动态网站并不是指具有视觉上动态效果（如动画功能）的网站，而是指通过数据库进行架构的网站。动态网站除了要设计网页外，还要通过数据库和编程序来使网站具有更多自动的和高级的功能。在动态网站中，浏览者能与网站服务器之间实现信息的交互操作，如网站中的用户注册、在线订购等。一般而言，在动态网站中，程序、网页、组建等在服务器端运行，而且随浏览者的不同、浏览时间的不同，返回不同的动态网页。

动态网站一般是相对静态网页而言的。静态网页由纯 HTML 代码编写而成，而动态网站体现在网页一般是以 HTML + ASP、HTML + PHP、HTML + JSP 等动态语言开发，网页格式一般为 .asp、.jsp、.php、.aspx 等，动态网站服务器空间配置要比静态的网页要求高，费用也相应得高，不过动态网页利于网站内容的更新，适合企业建站。

2. 动态网站的功能特点

（1）动态网站具有交互功能，能实现用户与服务器数据库之间的交互行为，例如，用户注册、信息发布、产品展示、订单管理等，都在实时读取或修改数据库数据。

（2）动态网页并不是一个存放在服务器上的独立文件，当没有用户请求时，这个动态网页实际上是不存在的，搜索引擎一般可能从一个网站的数据库中访问全部网页，这就给搜索引擎检索造成了一定的困难，因此采用动态网页的网站在进行搜索引擎推广时，需要做一定的技术处理才能适应搜索引擎的要求。

（3）动态网页中包含有服务器端的脚本，本文页面文件名常以 asp、jsp、php 等为后缀。但也可以使用 ULR 静态化技术，使网页后缀显示为 html。因此，不能以页面文件的后缀作为判断网站的动态和静态的唯一标准。

（4）动态网页由于需要数据库处理，因此，动态网站的访问速度相对减慢。

但随着计算机性能的提升以及网络带宽的提升，最后两条已经基本得到解决。

3. 静态网页与动态网页的区别

程序是否在服务器端运行，这是重要标志。在服务器端运行的程序、网页、组件，属于动态网页，它们会随不同客户、不同时间，返回不同的网页，例如 ASP、PHP、JSP、CGI 等。运行于客户端的程序、网页、插件、组件，属于静态网页，例如，HTML 页面、Flash、JavaScript、VBScript 等，它们是永远不变的。

静态网页和动态网页各有特点，网站采用动态网页还是静态网页主要取决于网站的功能需求和网站内容的多少，如果网站功能比较简单，内容更新量不是很大，采用纯静态网页的方式会更简单；反之，一般要采用动态网页技术来实现。

静态网页是网站建设的基础，静态网页和动态网页之间也并不矛盾，为了网站适应搜索引擎检索的需要，即使采用动态网站技术，也可以将网页内容转化为静态网页来发布。

在静态网页中，也会出现各种动态的效果，如.gif 格式的动画、Flash、滚动字幕等，这些"动态效果"只是视觉上的，与动态网页并无直接关联；反之，动态网页既可以是纯文字内容的，也可以是包含各种动画内容的，这些只是网页具体内容的表现形式。总之，无论网页是否具有动态的视觉效果，采用动态网站技术生成的网页都称为动态网页。

三、动态网站基本架构方案

一个完整的动态网站架构方案实际是一个庞大的项目工程，由一个项目团队花费相当长的时间才能很好地完成，一般包括如下几个方面。

- 网络管理系统：包括网络结构、服务器架构与有关硬件设备部署的整合设计。
- 应用管理系统：包括 Web 服务、数据库服务、应用服务、邮件服务的整合设计。
- 业务管理系统：包括网站内容管理、社区论坛、资源管理、视频点播、短信娱乐、广告管理等业务内容的整合设计。
- 网络安全系统：包括数据存储备份恢复、系统监控、流量分析、应用审计等网络安全的整合设计。

作为教学案例，本教材假设网络结构硬件设备都满足要求，那么，现在需要开始着手的是架构一个动态网站必须完成的几个任务：

（1）构建 Web 服务器；
（2）建立数据库，实现数据库服务；
（3）安装能实现动态网页的设计工具，实现动态网站设计的基本平台搭建。

资讯二　构建 Web 服务器

Web，即 WWW（World Wide Web）的简称。Web 服务，通俗地说就是架设一台服务器，使自己的网页能够在浏览者访问的时候显示到浏览者的显示器中。Web 网站的工作原理如图 1-3 所示。要规划设计一个动态网站，构建 Web 服务器是必要的一个步骤。

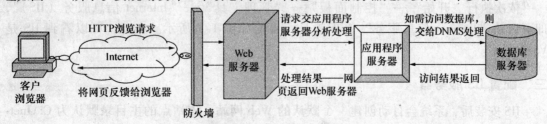

图 1-3　Web 网站工作原理

客户浏览器向 Web 服务器发出请求，要求显示某个页面。Web 服务器接到请求后，发现浏览者的请求是一个动态网页，那么就交给应用程序服务器进行处理（动态网页不能直接在浏览器中显示结果）。应用程序服务器在接到请求后，运行这个动态页面，运行的结果就是一个网页，然后把这个网页的内容再返回给 Web 服务器，Web 服务器再返回给用户浏览器。

一般来说，架构 Web 服务器大部分使用 IIS 或 Apache。IIS（Internet Information Server，Internet 信息服务）是 Windows 操作系统自带的组件，通过它可以构建 IIS + ASP + CGI + PERL 或 IIS + PHP + MySQL。Apache 服务器可以构建 Apache + MySQL 服务器（在 Linux 中应用较多）。本任务只讲解如何在 Windows 中安装 IIS 服务器。

一、安装 IIS 服务器

（1）准备工作：在 E 盘的"网站建设"文件夹下建立一个子文件夹，名称为"mysite"。本案例中网站建设相关的文件将全部保存在该文件夹下面。

（2）将 Windows 系统安装盘插入光驱。

（3）执行"开始"—"设置"—"控制面板"—"添加或删除程序"，在打开的"添加或删除程序"对话框中单击左侧的"添加/删除 Windows 组件"按钮，此时出现如图 1-4 所示的"Windows 组件向导"对话框。

（4）在"Windows 组件向导"对话框的组件列表中，勾选"Internet 信息服务（IIS）"。单击"下一步"按钮，Windows 组件向导将对计算机进行配置，如图 1-5 所示。

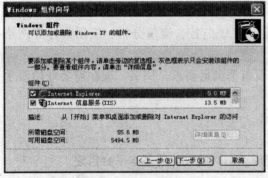

图 1-4 "Windows 组件向导"对话框

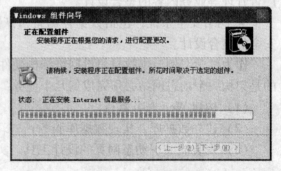

图 1-5 系统运行安装

（5）Windows 组件向导会自动地将 IIS 组件配置到计算机上，安装成功后单击"完成"按钮即可完成安装，如图 1-6 所示。

二、启动 IIS 服务器

依次执行"开始"—"控制面板"—"管理工具"—"Internet 信息服务（IIS）"，即可启动"Internet 信息服务"管理工具，界面如图 1-7 所示。在此，可以看到 IIS 是 V5.1 版本。

三、配置 IIS 服务器

IIS 安装后，系统会自动创建一个默认的 Web 网站，该站点的主目录默认为 C:\Inetpub\www.root。Web 服务默认随系统启动，IIS 最初安装完成是只支持静态内容的（即不能正常显示基于 ASP 的网页内容），因此接下来要做的就是对其进行配置，打开其动态内容支持功能。

图1-6 完成安装

图1-7 "Internet 信息服务（IIS）"管理器

执行"开始"—"控制面板"—"管理工具"—"Internet 信息服务管理器"，打开"Internet 信息服务"界面，如图1-8 所示。

选中其中的"默认网站"，单击鼠标右键，在弹出的快捷菜单中选择"属性"命令，弹出"默认网站属性"对话框，如图1-9 所示。

一般需要设置的有"网站"、"文档"、"主目录"选项卡，其他选项卡的设置较为繁杂，初学者可以采用默认设置，限于篇幅，其他设置本书不多介绍，有兴趣了解的读者可参考相关资料。

图1-8 "Internet 信息服务"对话框

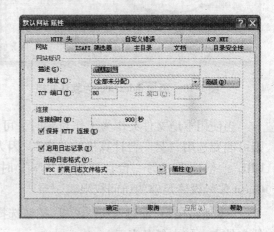

图1-9 "默认网站属性"对话框

1. "网站"选项卡

"IP 地址"默认的是"全部未分配"，对于单机，可使用 127.0.0.1，对于局域网中的计算机，除了可使用 127.0.0.1 之外，还可使用局域网中的 IP 地址，如：192.168.0.1 等。以后，我们就可以通过 IP 地址访问建立在工作目录中的网站了，如 http://127.0.0.1/。

"TCP 端口"默认为 80，通常不需要修改。但某些工具软件可能会占用 80 端口，致使 Web 服务器无法正确启动，要解决这一问题，通常可改变 TCP 端口，如设为 81。但如果所设的端口是非默认的 80 端口，访问时就需要加上端口号，如 http://127.0.0.1:81。

2. "文档"选项卡

切换到"文档"选项卡,在 IIS 默认情况下并未设置 index.asp 为默认文档,需要添加。添加 index.asp 为默认文档,并通过左侧的 按钮将其置于第一个,如图 1-10 所示。

3. "主目录"选项卡

"连接到资源时的内容来源"有 3 个选项:"此计算机上的目录"、"另一台计算机的共享"和"重定向到 URL",如图 1-11 所示。

图 1-10 添加 index.asp 为默认文档

图 1-11 "主目录"选项卡

当使用本地文件夹作为工作目录时,可以选择第一项。如果要和其他用户协同工作,则可能要选用"另一台计算机的共享",因为一些特殊的需要,我们还可设置"重定向到 URL"。但选择"另一台计算机的共享"时,要赐予共享文件夹适当的权限,而且要为 Guest 账号设置足够的访问权限。

"本地路径":通过 按钮选择之前在本地磁盘建立的一个用于保存该网站的文件夹,如本任务为 E:\myweb。

主目录一旦确定,IIS 会将 Internet 用户的请求指向这个默认位置。也就是说,IIS 的主目录被虚拟成了"默认网站"的根目录。该站点的根目录(即主目录)及其所有子目录都包含在网站结构中,均能为 Internet 用户访问。

单击"确定"按钮,至此,IIS 服务器安装配置完毕。

四、配置 IIS 虚拟目录

一般说来,一个站点的全部资源都应当存放在一个单独的文件夹(即主目录)及子文件夹中,以免访问请求混乱,同时也是为了便于维护。但有时因为某些特殊的需要,例如,为了保证主目录的安全性,可能要使用主目录以外的其他文件夹(目录),或者使用其他计算机上的文件夹(目录),供 Internet 用户访问。IIS 可以将这种主目录之外的目录虚拟成站点的目录,这种目录称为虚拟目录。

(1) 在建立虚拟目录之前,我们先在需要的地方建立一个文件夹。这里将在 E 盘下面新建一个文件夹,并将文件夹命名为 xnweb。然后在"控制面板"—"管理工具"目录下打开"Internet 信息服务"。选中默认网站后右击"新建"—"虚拟目录",如图 1-12 所示。

(2) 出现"虚拟目录创建向导"后单击"下一步"按钮,如图 1-13 所示。

图 1-12 配置虚拟目录(步骤 1)

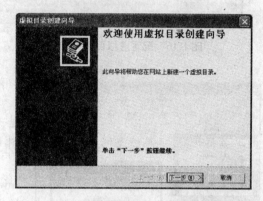

图 1-13 配置虚拟目录(步骤 2)

(3) 在虚拟目录别名对话框中输入 xnweb 单击"下一步"按钮。在"网站内容目录"设置中单击"浏览"选中在 E 盘下建立的 xnweb 目录,单击"下一步"按钮继续,如图 1-14 所示。

(4) 在访问权限设置中保持默认不变,单击"下一步"按钮继续,如图 1-15 所示。

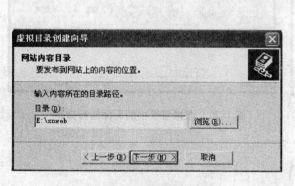

图 1-14 配置虚拟目录(步骤 3)

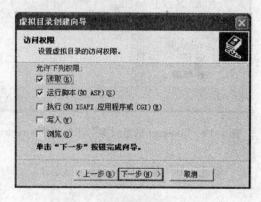

图 1-15 配置虚拟目录(步骤 4)

(5) 最后出现完成对话框,单击"完成"按钮。完成后会在 Internet 信息服务中看到刚才建立的虚拟目录。虚拟目录的图标是一个打开的盒子,如图 1-16 所示。因为此文件夹为空,所以没有显示的项目。

(6) 完虚拟目录之后,下面要来测试这个虚拟目录是否能够正常运行。打开虚拟目录所在位置,也就是 E:\xnweb,在目录下新建一个文本文档,改名为 index.asp,注意后缀名改为了 .asp,如图 1-17 所示。

(7) 改后用记事本打开这个名为 index.asp 的文件,然后在文件中输入下面的代码。

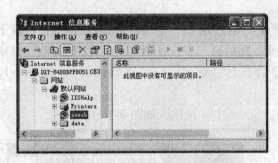

图 1-16　配置虚拟目录（步骤 5）

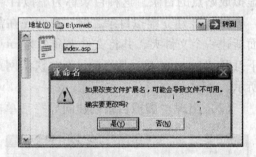

图 1-17　测试虚拟目录之建立文本文档

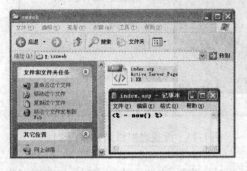

图 1-18　测试虚拟目录之输入代码

```
<% = now() %>
```

这个代码的意思是取得当前系统的时间，这是一段简单的 ASP 代码。输入后保存该文件，如图 1-18 所示。

（8）然后再到 IIS 中单击刚才建立的虚拟目录 xnweb，将会看到目录下已经存在了名为 index.asp 的文件，如图 1-19 所示。

（9）选中 index.asp 文件，单击右键，选择"浏览"，将会看到如图 1-20 所示的运行结果。

图 1-19　"Internet 信息服务"工作界面 xnweb

图 1-20　虚拟目录中的页面运行效果

至此，IIS 虚拟目录就配置成功了。

资讯三　Access 数据库的建立

动态网站是以 Web 网络技术和 Web 数据库技术为支撑的，Web 数据库技术是动态网站的核心技术。要开发基于 Internet 和 Web 的动态网站，必然要有后台数据库的支持，必须解决的问题是网页与后台数据库的连接和集成。

数据库是按照数据结构来组织、存储和管理数据的仓库。它是依照某种数据模型组织起来并存放在二级存储器中的数据集合。这种数据集合具有如下特点：尽可能不重复，以最优方式为某个特定组织的多种应用服务，其数据结构独立于使用它的应用程序，对数据的增、删、改和检索由统一的软件进行管理和控制。从发展的历史看，数据库是数据管理的高级阶段，它是由文件管理系统发展起来的。

一、数据库与数据库管理系统

数据库技术是管理大量数据的有效方法，其优势在于，可将庞大而复杂的信息以合理的结构组织起来，便于对其处理和查询。数据库管理软件在数据结构和算法等方面均采取了多种技术以提高数据的处理能力和查询速度，同时为数据的访问控制和安全保护提供了强有力的支持。

数据库（DataBase）是指以一定的结构存储在计算机外存储器上的相关数据集合。为了便于数据的管理和检索，数据库中的大量数据必须按一定的逻辑结构加以存储，这就是数据"结构化"的概念。数据库中的数据共享性和较低的数据冗余度，以及较高的数据独立性和安全性，能有效地支持各种应用程序对数据进行的处理，并能保证数据的完整性、一致性和可靠性。

当将数据组织成数据库后，还要经常对数据进行新增、删除、修改和检索等工作，这些工作既枯燥又烦琐。数据量小的时候可以通过手工来实现，但如果数据量很大时，手工管理会非常困难，甚至无法完成，这时就需要有一种工具来帮助我们做好这些工作，这个工具就是数据库管理系统。

对数据库进行管理的软件系统称为数据库管理系统，即 DBMS（DataBase Management System），在整个数据库系统中起着核心的作用，它提供了对数据库中的数据资源进行统一管理和控制的功能，是应用程序与数据库中数据之间的接口，图 1-21 说明了数据库管理系统对数据库的作用。DBMS 包含了一系列软件，如数据描述语言及其翻译程序，数据处理语言及其编译程序，数据库管理例行程序等。

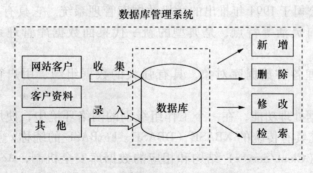

图 1-21 数据库管理系统和数据库

一个实际工作的数据库系统是由相关的软件、硬件和人员构成的，而数据库及其相应的数据库管理系统软件则是整个数据库系统的核心。

二、常用的 Web 数据库软件

1. IBM 的 DB2

DB2 是 IBM 公司研制的一种关系型数据库系统。DB2 主要应用于大型应用系统，具有较好的可伸缩性，可支持从大型机到单用户环境，应用于 OS/2、Windows 等平台下。DB2 提供了高层次的数据利用性、完整性、安全性、可恢复性，以及小规模到大规模应用程序的执行能力，具有与平台无关的基本功能和 SQL 命令。

2. Oracle

Oracle 数据库是一种大型数据库系统，因其在数据安全性与数据完整性控制方面的优越性能，以及跨操作系统、跨硬件平台的数据互操作能力，使得越来越多的用户将 Oracle 作为其应用数据的处理系统，一般应用于商业，政府部门。

3. SQL Server

SQL Server 2000 继承了 SQL Server 7.0 既有的高性能、高可靠性和易扩充性的优点，它由一系列产品组成，不仅能够满足大型企业和政府部门对数据存储和处理的需要，还能为小型企业和个人提供易于使用的数据存储服务，同时也为商业 Web 站点存储和处理数据提供了优秀的解决方案。

4. mySQL

目前，MySQL + Linux + Apache + PHP 几乎已成为构建 Web 网站软件框架性能价格比最高的明星组合，包括 SIEMENS 和 Hotmail 等国际知名公司已开始将 MySQL 作为其数据库管理系统，这就证明了 MySQL 数据库的优越性能和广阔的发展前景。国内如网易、163 等网站的分布式邮件系统也采用 MySQL 作为其数据库管理平台，其容量、负载能力和响应速度都相当优秀。

5. Access 数据库

美国 Microsoft 公司于 1994 年推出的微机数据库管理系统。它具有界面友好、易学易用、开发简单、接口灵活等特点，是典型的新一代桌面数据库管理系统。其主要特点如下：

（1）完善地管理各种数据库对象，具有强大的数据组织、用户管理、安全检查等功能。

（2）强大的数据处理功能，在一个工作组级别的网络环境中，使用 Access 开发的多用户数据库管理系统具有传统的 XBASE（DBASE、FoxBASE 的统称）数据库系统所无法实现的客户服务器（Cient/Server）结构和相应的数据库安全机制，Access 具备了许多先进的大型数据库管理系统所具备的特征，如事务处理、出错回滚能力等。

（3）可以方便地生成各种数据对象，利用存储的数据建立窗体和报表，可视性好。

（4）作为 Office 套件的一部分，可以与 Office 集成，实现无缝连接。

（5）能够利用 Web 检索和发布数据，实现与 Internet 的连接。

Access 主要适用于中小型应用系统，或作为客户/服务器系统中的客户端数据库。Access 具有多种版本，其中 Access2003 是目前使用最为广泛的一种。本教材以 Access2003 作为本案例的数据库。

三、建立 Access 数据库

1. 利用 Access2003 建立数据库

这里所说的"数据库"建议将其理解为"容器"——包含了"表"、"查询"、"窗体"、"报表"等对象。

数据库的创建一般有利用向导创建数据库和利用空数据库创建数据库两种方法,首次使用一般采用后者。

采用"空数据库"方法建立数据库的操作步骤如下所述。

(1)启动 Access2003。

(2)执行"文件"—"新建",工作界面的右边弹出"新建文件"列表,选择"空数据库…"。

(3)之后,弹出"文件新建数据库"对话框。如图 1-22 所示,默认的文件名为 db1.mdb,将文件名改为本教材规定的 mysite.mdb,保存到先前建好的 E:\mysite 文件夹下(具体网站规划过程在本项目资讯五讲解)。

(4)单击"创建"按钮,弹出如图 1-23 所示的"数据库"窗口,标志数据库已经创建成功。该数据库名为 mysite.mdb,数据库里面装的是数据表,不过暂时还没添加。

图 1-22 新建一个数据库

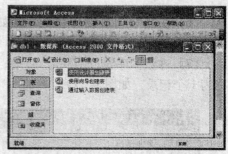

图 1-23 数据库窗口

2. 添加数据表

表是 Access 数据库的基础,是信息的载体。其他对象如查询、窗体和报表,也是将表中的信息以各种形式表现出来,方便用户使用这些信息。

表的建立途径有多种,Access2003 提供了使用设计器创建表、使用向导创建表和通过输入数据创建表 3 种。本案例采用最为简便的方式——使用设计器创建表,具体步骤如下所述。

(1)打开数据库(如图 1-23 所示的数据库窗口)。

(2)选中对象下面的"表"。双击"使用设计器创建表",弹出如图 1-24 所示的表窗口。表中包含"字段名称"、"数据类型"和"说明"3 项内容。建议"字段名称"用容易识别的英文或拼音组合,方便后面网页设计。

(3) 以一般注册登录信息为例,在表中输入内容,如图 1-25 所示。

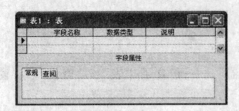
图 1-24　表窗口

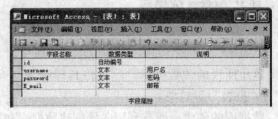
图 1-25　在表中输入信息

(4) 确定表的"主键"。主键是指能够对表起标志作用的字段,其特点是每个记录其主键字段值都不一样。选定 id 的行,鼠标单击工具栏的"主键"图标,如图 1-26 所示。完成后,id 行标处增加一个主键图样 🔑id 。

(5) 保存数据表。注意保存名不要采用中文,如图 1-27 所示。

图 1-26　设置主键

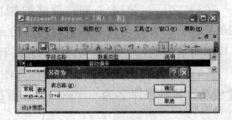
图 1-27　保存表

(6) 关闭数据表设计视图。在如图 1-28 所示的数据库窗口中可以看到刚新建的 reg 表。

(7) 在数据库窗口中双击 reg 表,打开数据库的透视图,可以在表中编辑数据,1 行称为 1 个记录,如图 1-29 所示。

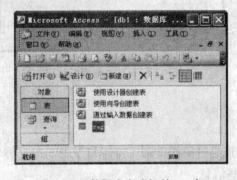
图 1-28　数据库中建好的 reg 表

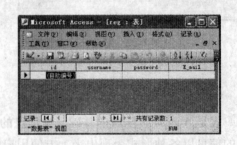
图 1-29　建立好的数据表

3. 表的操作

在添加了数据表之后,实际上就初步完成了一个数据库的建立工作。当动态网站与数据库绑定后,网页前台和后台的操作将自动为数据表更新内容。接下来主要是数据库管理者对表进行操作,如浏览表,为表添加、删除备忘录,对表记录排序等。

(1) 添加与编辑记录。在打开了的表中可以添加与编辑记录,例如,编辑如图 1-30

所示的"张三"、"李四"的两条记录,其方法跟 Excel 表格编辑一样,此处不做详述。

(2) 浏览表。打开原先建立的 mysite.mdb,在数据库窗口中双击 reg 即可打开表,浏览到表中的内容,如图 1-30 所示,表中添加了两条记录。

(3) 删除表中的记录。操作方法如图 1-31 所示,选定该条记录左边的记录选定器选定该记录,然后单击右键,在弹出的快捷菜单中选择"删除记录"即可。

图 1-30　浏览表

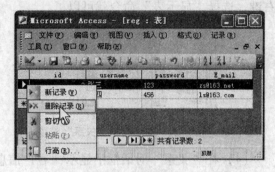

图 1-31　删除单条记录

4. 建立表的关联

在 Access 数据库中,不同表中的数据之间都存在一种关系,这种关系将数据库里各张表中的每条数据记录都和数据库中唯一的主题相联系,使得对一个数据的操作都成为数据库的整体操作,正所谓"牵一发而动全身"。

例如,在数据库中,假设存在两个表"客户信息表"和"订单信息表",一般情况下,它们中所包含的值有很多是相同的,例如,"客户信息表"中的"公司名称"和"订单信息表"中的"订货单位"里的值。因为签了订单的"订货单位"肯定已经是公司的客户了,这些客户的名称也被记载在"客户信息表"的"公司名称"字段中。当已知一个客户的名称时,既可以通过"客户信息表"知道它的"客户信息",也可以通过"订单信息表"了解它所签订的"订单信息"。所以说,"公司名称"作为纽带将"客户信息表"和"订单信息表"中的相应字段信息连接在一起。为了把数据库中表之间的这种数据关系体现出来,Access 提供一种建立表与表之间"关系"的方法,用这种方法建立了关系的数据只需要通过一个主题就可以调出来使用,非常方便。

要创建表的相互联系,必须定义关系。在定义关系之前一般应确保各表具有主关键字或唯一索引,应遵循如下原则。

(1) 创建一对多关系:要求只有一个表的相关字段是主关键字或唯一索引。

(2) 创建一对一关系:两个表的相关字段多是主关键字或唯一索引。

(3) 多对多关系:多对多的关系通过使用第 3 个表创建,第 3 个表至少包括两个部分,一部分来自 A 表的主关键字或唯一索引字段(或字段组),另一部分来自 B 表的主关键字或唯一索引字段(或字段组)。

建立表间关系的操作步骤如下所述。

(1) 根据需要,先在数据库中建立"订单信息表"和"客户信息表"两个表,里面包含的字段如图 1-32 所示。

(2) 关闭所有打开的表,切换到"数据库"窗口后,选择"工具"菜单下的"关系"（或在工具栏上单击"关系"按钮），弹出"关系"窗口。

（3）在"关系"工作界面中，出现"显示表"对话框，如图1-33所示，里面显示了数据库中所有的表。在"显示表"对话框中选择要添加的表，然后单击"添加"按钮，或者直接双击要添加的表的名称，把它们都添加到"关系"对话框上，单击"关闭"按钮把"显示表"对话框关闭。以后再需要打开它时，只要在"关系"对话框上单击鼠标右键，选择"显示表"命令就可以了。

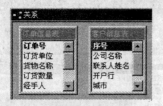
图1-32 "显示表"对话框中"关系"选项

图1-33 "显示表"对话框中"表"选项

（4）在"关系"对话框中显示"客户信息表"和"订单信息表"的字段列表，如图1-33所示。怎么建立两者之间的关系呢？其实表都是由字段构成的，表之间的关系也由字段来联系。让不同表中的两个字段建立联系以后，表中的其他字段自然也就可以通过这两个字段之间的关系联系在一起。也就是说，在"客户信息表"中的"公司名称"和"订单信息表"中的"订货单位"两个字段之间建立关系就可以了。

首先在"客户信息表"字段列表中选中"公司名称"项，然后按住鼠标左键并拖动鼠标到"订单信息表"中的"订货单位"项上，松开鼠标左键，这时在屏幕上出现如图1-34所示的"编辑关系"对话框。

这个"编辑关系"对话框可以帮助我们编辑所建立的关系，通过左面的列表框可以改变建立关系的两个字段的来源。可以单击"创建"按钮创建新的关系，或者单击"联接类型…"为联接选择一种联接类型。单击"联接类型"按钮，在弹出的"连接属性"对话框中选择第3项，然后单击"确定"按钮就可以了。回到"编辑关系"对话框后单击"创建"按钮。

（5）现在在两个列表框间就出现了一条"折线"，如图1-35所示，将"订货单位"和"公司名称"两个选项连接在一起。

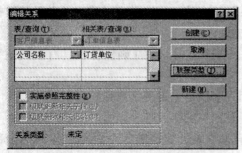
图1-34 "编辑关系"对话框

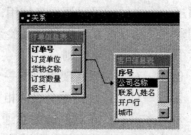
图1-35 建立好关系后的"关系"对话框

（6）保存并关闭"关系"的布局设置，至此，"关系"创建完成。

四、访问数据库

访问数据库实际上是与数据库建立连接，只有与数据库建立了连接，才能实现网页的动态功能。ASP与数据库建立连接的方法有很多种，但由于本书借助 Dreamweaver CS5 来开发，并且约定使用 VBScript 脚本语言，因此，对数据库连接有着一定的特殊性。

在 Dreamweaver CS5 中，提供了两种连接途径：自定义连接字符串和数据源名称（DSN），如图 1-36 所示。

下面，对两种方法分别进行简要的介绍。

图 1-36　数据库连接方式

1. 数据源名称（DSN）

创建步骤如下所述。

（1）执行"控制面板"—"管理工具"—"数据源（ODBC）"，弹出"ODBC 数据源管理器"对话框。

（2）在"ODBC 数据源管理器"中。选择其中的"系统 DSN"选项卡，单击"添加（D）…"按钮，弹出"创建新数据源"对话框，选择驱动程序的"名称"为 Microsoft Access Driver（*.mdb），如图 1-37 所示。

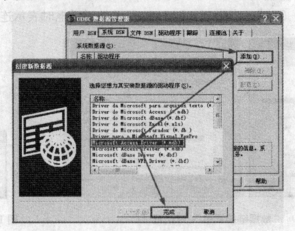

图 1-37　"ODBC 数据源管理器"对话框

单击"完成"按钮，弹出"ODBC Microsoft Access 安装"对话框。

（3）在"ODBC Microsoft Access 安装"对话框中，设置"数据源名（N）"并单击"选择（S）…"按钮选择相应的数据库文件，如图 1-38 所示。应当注意的是，"数据源名"不要用中文，否则会出现错误。

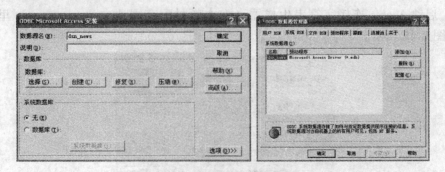

图 1-38　创建 ODBC 数据源

2. 自定义连接字符串

所谓"自定义字符串",关键就在于怎样确定"连接字符串",根据驱动方式的不同,连接字符串也有所不同,可以根据实际情况选用。在本例中,我们提供两种方法,供同学们学习参考。

第一种方法,借助 UDL 文件,步骤如下所述。

(1) 在桌面新建空白的文本文件,将扩展名改为 udl。

注意,应先执行"工具"—"文件夹选项…"命令,在"查看"选项卡中,去掉"隐藏已知文件类型的扩展名"前面的钩,然后单击"确定"按钮,这样才能保障可以修改文件的扩展名。

(2) 双击该文件,弹出"数据链接属性"对话框。选择其中的"提供程序"选项卡,选择其中的 Microsoft Jet 4.0 OLE DB Provide,单击"下一步"按钮。在"连接"选项卡中,选择对应的数据库文件,如图 1-39 所示。

单击"测试连接(T)",当出现如图 1-40 所示的对话框时表示连接是成功的。

图 1-39 "数据链接属性"对话框　　　　　　　图 1-40 连接测试成功

(3) 用"记事本"打开刚才的文件(也可以先改扩展名为 TXT),复制其中的第三段(即最后一段)备用,当然,如果你愿意记下面这段话,上面的操作就可以省了:

```
Provider=Microsoft.Jet.OLEDB.4.0;Data Source=E:\mysite\db\mysite.mdb;Persist Security Info=False
```

第二种方法,Access 连接字符串生成器,步骤如下。

(1) 启动 Access 连接字符串生成器(在本教材配套网站 www.qqpcc.com 里面有下载),如图 1-41 所示。

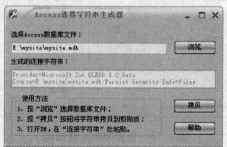

图 1-41 Access 连接字符串生成器工作界面

（2）单击"浏览"按钮，选择建立好的 Access 数据库文件，如本书是 E:\mysite\mysite.mdb。这时，在"生成的连接字符串"窗口中自动生成了对应的字符串。

（3）单击"拷贝"按钮，把字符串复制下来备用。

资讯四　使用 Dreamweaver CS5 制作动态网页

在电子商务网页设计的相关资料中都有关于 Dreamweaver 的详细介绍，Dreamweaver CS5 是 Macromedia 公司推出的最新款，工作界面如图 1-42 所示。和前面的各种版本相比，CS5 在站点建立和菜单项目中有了创新。

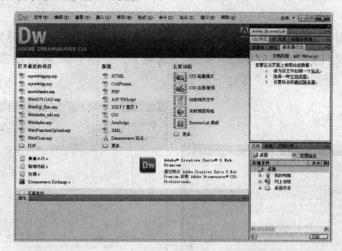

图 1-42　Dreamweaver CS5 工作界面

一、建立站点

在 Dreamweaver 中，站点可用于组织与 Web 站点相关的所有文档，跟踪和维护链接、管理文件、共享文件等。因此，在进行电子商务网站开发时，应当先建立"站点"。详细步骤如下所述。

（1）启动 Adobe Dreamweaver CS5，执行"站点"—"新建站点"命令，在弹出的菜单中选择"新建站点（N）…"，可以新建站点，如图 1-43 所示。

也可以在"站点"菜单或"站点管理器"中选择"管理站点（M）…"，在弹出的"管理站点"对话框中，单击"新建…"按钮，选择其中的"站点"，如图 1-44 所示。

图 1-43　"站点"菜单

图 1-44　"管理站点"对话框

（2）在弹出的如图 1-45 所示的"站点设置对象 mysite"对话框中输入站点名称，并选择本地站点文件夹。

(3) 选择左边的"服务器"项，窗口切换到如图1-46所示的界面。

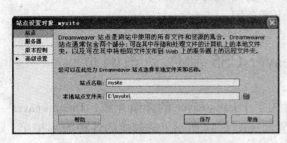

图1-45 "站点设置对象mysite"之"站点"

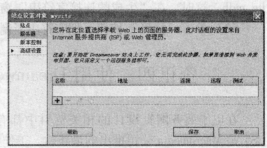

图1-46 设置"服务器"选项（步骤1）

单击工作界面下的 ⊞，弹出如图1-47所示的窗口，参考图1-47分别设置"连接方法"和"服务器文件夹"。然后单击"高级"选项卡，如图1-48所示设置"服务器类型"为ASP VBScript。最后，单击"保存"按钮。

图1-47 设置"服务器"选项（步骤2）

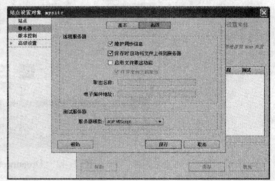

图1-48 设置"服务器"选项（步骤3）

这时"服务器"选项界面如图1-49所示，勾选"远程"和"测试"项，单击"保存"按钮。至此，站点成功建立。

(4) 站点创建好以后，在Dreamweaver CS5窗口右侧的"文件"面板中将会看到刚才定义的"我的网站"站点，并显示该站点中包含的所有文件和文件夹，如图1-50所示。在"我的网站"上单击鼠标右键，可以新建文件或文件夹。

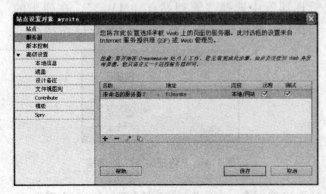

图1-49 设置"服务器"选项（步骤4）

图1-50 Dreamweaver CS5工作界面下的"站点"

二、连接数据库

连接数据库,每个站点只要做一次(当然,有多个数据库文件就可能要做多次),而绑定则是每个页面都要单独做的。既然网站已经建立,现在就可以做连接,两种方法可任选一种。

图1-51 数据库连接方式

在Dreamweaver CS5的工作界面中,首先打开"任务窗格"(或右侧任务栏)中的"应用程序"组,选择其中的"数据库",单击下面的"+"号,弹出如图1-51所示的两个选项。

1. 方法一:自定义连接字符串

选择图1-51中的第1项"自定义连接字符串",将弹出如图1-52所示的"自定义连接字符串"对话框。"连接名称"不能用中文,选择合适的"连接字符串",从前面所说的udl文件中获取(将Access连接字符串生成器中"拷贝"的字符串粘贴到如图1-52所示的"连接字符串"中),下面一项"Dreamweaver应连接"选择"使用测试服务器上的驱动程序",设置完成后应进行测试,并确保测试成功。

图1-52 使用"自定义连接字符串"连接方式

2. 方法二:数据源(ODBC)

选择上面的第2项"数据源名称(DSN)",弹出如图1-53所示的窗口。

注意:"连接名称"不能用中文,"数据源名称(DSN)"可从下拉列表中选取,应测试并确保成功。

 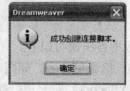

图1-53 使用"数据源名称(DSN)"连接方式

三、表单

在Dreamweaver CS5中,表单是一个应用非常多而且非常重要的元素。表单是网站管理者与浏览者之间沟通的桥梁,像平时使用的调查表一样,使用表单可以收集来自用户的信息,如用户注册、登录、投票等。

用户向网站管理者提交表单时,将触发一个提交动作,这个提交动作可能将以收发电子邮件的形式出现,也可能以程序接收的形式出现。

1. 创建表单

（1）添加表单。

要在网页中添加表单，可执行如下操作之一：
- 将光标置于要插入表单的位置，依次单击"插入"—"表单"菜单命令；
- 将光标置于要插入表单的位置，单击"表单"工具栏中的"表单"按钮。

创建一个表单后，编辑窗口中会出现一个红色的虚线框，如图1-54所示。

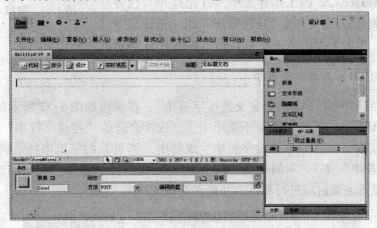

图1-54　创建"表单"

提示：这里创建的表单仅仅是一个外部框架，需要在里面添加文本框、单选按钮、列表框等各种表单元素后，才能发挥表单的作用。

小技巧：每当创建一个表单之后，通过"Enter键"将表单放大，然后根据插入的表单元素大小调整表单大小。

（2）表单属性。

选中表单后，编辑窗口下方将出现表单"属性"面板，如图1-55所示。

图1-55　表单"属性"面板

"属性"面板中各项说明如下。
- 表单名称：给表单命名，如图1-55中所示的form1。表单命名后就可以用脚本语言（如JavaScript或VBScript）对它进行控制。
- 动作：指定表单提交后，在服务器端用于处理表单信息的应用程序。
- 方法：定义处理表单数据的方法，有以下3种方式。
  - GET——将表单值添加给URL，并向服务器发送GET请求。因为URL被限定在8192个字符之内，所以不要对长表单使用GET方法。
  - POST——在消息正文中发送表单值，并向服务器发送POST请求。
  - DEFAULT——使用浏览器默认方法。
- 目标：指定一个窗口，在该窗口中显示调用程序所返回的数据。
- 编码类型：指定对提交给服务器进行处理的数据使用的MIME编码类型。

2. 添加表单元素

可以添加的表单中的元素有很多种，要在表单框架中添加对象，可执行以下操作之一。
- 将光标置于表单框架内，依次单击"插入"—"表单"子菜单中的相关菜单项。
- 将插入点置于表单框架内，单击表单工具栏中的相关按钮。

添加表单元素的过程就是网页设计的过程，本书的后面的章节中，如注册登录系统设计、新闻文章系统设计、留言本设计等内容将有详尽展示，本节不做介绍。

资讯五　对动态网站的进一步认识

下面以注册和登录页面为例，讲述动态网站的具体设计和实现过程。

一、准备工作

进行动态网站开发时，首先需要对网站进行清楚而详细的规划，必须做一系列的准备工作。例如，架设并启动 Web 服务器，建立工作目录，建立数据库文件，启动 Dreamweaver 并在 Dreamweaver 中建立站点等。

1. 建立工作目录

众所周知，在 Dreamweaver 中建立站点时，需要先建立本地文件夹，也就是所谓的工作目录。为了使所开发的电子商务网站各模块便于"整合"，首先建立 E:\mysite 作为站点"我的网站"的工作目录，建立文件夹 E:\ mysite\login 用于注册系统；建立 E:\mysite\db 用于存放数据库文件，数据库文件统一命名为 mysite.mdb，以后制作其他系统（如留言板等）时可以很方便地对数据库进行扩充，如图 1-56 所示。

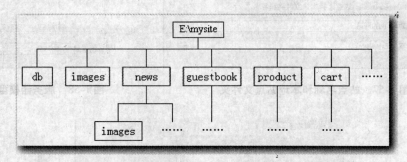

图 1-56　工作目录结构图

其中，guestbook、product、cart 分别用于存放留言板、产品展示系统和购物车程序。E:\mysite\images 用于存放公用的图形文件。

上述方法虽然看起来较为烦琐，但在以后进行系统整合时，能大大地简化工作强度。总的来说，利大于弊，大家在制作较大型的网站系统时，也应该学习使用这种方法。

2. 启动 IIS

如前所述，设计动态网站时，为便于调试，必须先启动 Web 服务器。因此，设计基于 ASP 的新闻系统时，应该先启动 IIS。

打开"控制面板",执行"管理工具"—"Internet 信息服务"命令,启动 IIS(即"Internet 信息服务")。

对于 IIS 中的"默认站点",常需要设置其中的"网站"、"主目录"、"文档"3 个选项卡。"文档"选项卡中我们最关心的是"IP 地址:"和"TCP 端口:",IP 地址默认的是"全部未分配",对于单机,可使用 127.0.0.1,对于局域网中的计算机,除了可以用 127.0.0.1 之外,还可使用局域网中的 IP 地址,如:192.168.0.1 等。因此,也可以通过 IP 地址访问建立在工作目录中的网站,如 http://127.0.0.1/。

Web 服务器的 TCP 端口默认为 80,通常不需要修改,但某些工具软件可能会占用 80 端口,致使 Web 服务器无法正确启动。要解决这一问题,通常可改变 TCP 端口,如设为 81。但如果所设的端口非默认的 80 端口,访问时就需要加上端口号,如:http://127.0.0.1:81。

IIS 默认情况下并未将 index.asp 设置为默认文档,需要添加。可在"文档"选项卡中添加 index.asp 为默认文档,并将其置于第一个。

最后,应在"主目录"选项卡中将"连接到资源时的内容来源:"置于"此计算机上的目录",并将本地路径修改为 E:\mysite。正因为如此,以后访问购物车程序时,应使用:http://localhost/Guestbook 或 http://127.0.0.1/Guestbook。

3. 在 Dreamweaver CS5 中建立站点

配置好 IIS 后,需要在 Dreamweaver CS5 中建立一个站点。在 Dreamweaver CS5 中建立站点的方法有别于之前的 Dreamweaver 各个版本,详细的建立站点的方法请见本项目资讯四。

在本项目中,将所建的站点命名为"我的网站",本地站点文件夹为 E:\mysite,服务器模型为 ASP VBScript,如图 1-57、图 1-58 和图 1-59 所示。

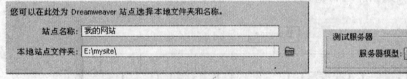
图 1-57 站点名称和本地站点文件夹

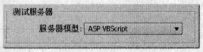
图 1-58 服务器模型

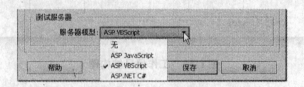
图 1-59 ASP JavaScript 和 ASP VBScript

4. 设计数据库

本例所示的注册登录系统,应包括一个注册信息表 login.mdb,用于保存注册的用户名和密码等资料。按照资讯三提供的数据库创建方法,创建注册信息表的结构表如表 1-1 所示。

表 1-1 Administrator 表的结构

字段名称	数据类型	备注
ID	自动编号	
UserName	文本	注册用户名
Passwd	文本	注册密码
E_mail	文本	注册用户邮箱

说明：Password 是保留字，若用 Password 作为字段名，可能会出现意外错误，因此本例中我们使用 Passwd 作为"密码"的字段名。

将上述数据库用"mysite.mdb"保存在 E:\mysite\db 中。

5. 使用连接 Access 数据库

在本项目资讯三中介绍了自定义连接字符串和数据源名称（DSN）两种方法，为方便以后的网站建设，本书推荐使用自定义连接字符串的方法。

执行"Access 连接字符串生成器"，单击其中的"浏览"按钮，选择数据库文件 E:\mysite\db\mysite.mdb，此时，会自动在"生成的连接字符串"文本区域内生成链接代码，如图 1-60 所示。

启动 Dreamweaver CS5，新建一个 ASP VBSscript 页面并保存在站点"我的网站"中，执行"窗口"—"数据库"命令，打开"数据库"调板。单击其中的"+"按钮，在弹出的快捷菜单中执行"自定义连接字符串"命令，在弹出的"自定义连接字符串"对话框中，将"连接名称"取为 conn，并将在图 1-60 中所"拷贝"的连接字符串粘贴在"连接字符串"右侧的区域内，如图 1-61 所示。

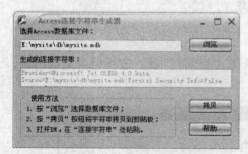

图 1-60　Access 连接字符串生成器

图 1-61　"自定义连接字符串"对话框

单击图 1-61 中的"测试"按钮，如果测试通过，将弹出如图 1-62 所示的对话框。

当连接测试成功后，单击图 1-62 中的"确定"按钮，即可完成连接数据库的操作。这时，Dreamweaver CS5 的"数据库"面板如图 1-63 所示。

图 1-62　连接测试成功

图 1-63　完成数据库连接的"数据库"面板

二、设计注册登录页

1. 管理员读取数据库中数据页面设计

（1）数据库准备。

为方便实现管理员读取数据库中数据的功能，本任务首先在之前规划好的 E:\mysite\db 下的 mysite. mdb 数据库中建立一个名为 reg 的表，里面包含的字段如图 1-64 所示。并录入相关的数据（一条数据以上）。

	ID	UserName	Passwd	E_mail
	1	张三	123	ZS@qq.com
	2	李四	456	ls@163.com
*	（自动编号）			

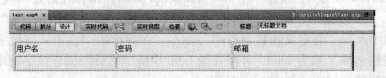

图 1-64　编辑数据表

（2）新建网页文件。

启动 Dreamweaver CS5，在前面所建立的站点“我的网站”中，新建一个文件类型为 ASP VBScript 的文件，保存为 test. asp，单击“插入”菜单下的“表格”，插入一个 2 行 3 列的表格，如图 1-65 所示。

图 1-65　新建文件

（3）插入记录集。

单击“绑定”面板中的 ，单击其中的“记录集（查询）”项，进行记录集的绑定，如图 1-66 和图 1-67 所示。

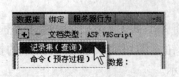

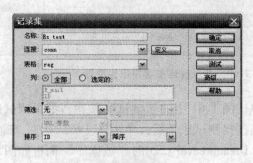

1-66　插入记录集（步骤 1）

图 1-67　插入记录集（步骤 2）

在图 1-67 所示的“记录集”对话框中，“名称”是用户自己定义的，为了方便代码读取时的方便，建议采用通用易识别的英文或拼音组合，如本任务采用 Rs_test，“连接”采用之前连接数据库定义的 conn，“表格”选择创建的 reg，“列”默认为“全部”，“筛选”默认为“无”，“排序”选择 ID 为“降序”。完成设置后，单击“测试”按钮，弹出如图 1-68 所示的“测试 SQL 指令”对话框。

单击"测试 SQL 指令"对话框的"确定"按钮回到"记录集"对话框，执行"确定"按钮，完成记录集的插入。

（4）绑定记录集。

在 Dreamweaver CS5 工作界面的"绑定"面板下，如图 1-69 所示，选定"记录集（Rs_test）"下的 UserName，按下鼠标左键拖动到"用户名"下的表格中，然后释放；同理，分别将 Passwd 和 E_mail 拖放到对应的"密码"和"邮箱"下的表格中。至此，完成了记录集的绑定，如图 1-70 所示。

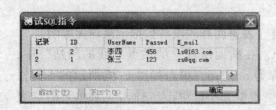

图 1-68 "测试 SQL 指令"对话框

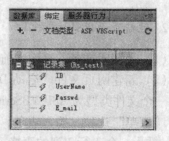

图 1-69 "绑定"面板下的记录集

图 1-70 完成绑定操作的效果

（5）保存，预览。

按组合键"Ctrl + S"保存网页，按 F12 键预览，效果如图 1-71 所示。

效果图显示管理员能通过网页浏览到数据库中的一条最新的数据（ID 降序的效果，如果 ID 为升序则浏览到的是第一条数据），进一步增加数据库的数据后，发现一直只能显示一条记录。若要浏览到数据库中的全部数据，则还需要做进一步设置。

（6）重复区域设置，浏览数据库中全部数据。

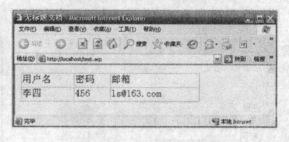

图 1-71 预览效果

如图 1-72 所示，选定绑定记录集的那一行，选定"服务器行为"面板，单击 按钮下的"重复区域"，弹出如图 1-73 所示的"重复区域"对话框。设置记录集为"Rs_test"，显示勾选"所有记录"，单击"确定"按钮。

图 1-72 设置重复区域

按组合键"Ctrl + S"保存网页，按 F12 键预览。效果如图 1-74 所示，管理员已能浏览到数据库中的全部记录了。

图 1-73 "重复区域"对话框

图 1-74 浏览数据库中全部数据的效果图

2. 注册页面设计

(1) 数据库准备。采用之前建立好的 reg 表（表里面有或没有数据记录均无影响）。

(2) 新建网页文件。启动 Dreamweaver CS5，在前面所建立的站点"我的网站"中，新建一个文件类型为 ASP VBScript 的文件，保存为 reg.asp，单击如图 1-75 所示的工具栏中的"表单"选项，插入表单，并按回车键调整表单大小，单击"插入"菜单下的"表格"，插入一个 3 行 2 列的表格。新建表单文件如图 1-76 所示。

图 1-75 "表单"选项

在第二列分别插入"文本字段"，单击"文本字段"按钮时会弹出如图 1-77 所示的"输入标签辅助功能属性"对话框，注意设置 ID，采用与数据库对应的 ID 标签，用户名 ID 采用 username，密码 ID 采用 passwd，邮箱 ID 采用 E-mail。添加一个"提交"按钮，属性如图 1-78 所示，动作设置为"提交表单"。

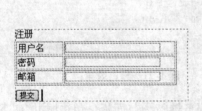

图 1-76 新建表单文件

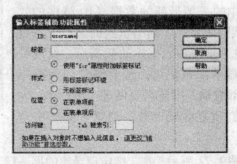

图 1-77 "输入标签辅助功能属性"设置 ID

图 1-78 "提交"按钮属性

(3) 插入记录。选定表单，单击"服务器行为"面板下的"插入记录"，弹出如图 1-79 所示的"插入记录"对话框。设置"连接"为 conn，"插入到表格"为 reg，"插入后，转到"为 welcome.asp，其中，welcome.asp 是预先建立一个注册成功后的一个欢迎页面；检查"表单元素"是否对应正确。单击"确定"按钮。

完成插入记录后的工作页面如图1-80所示。

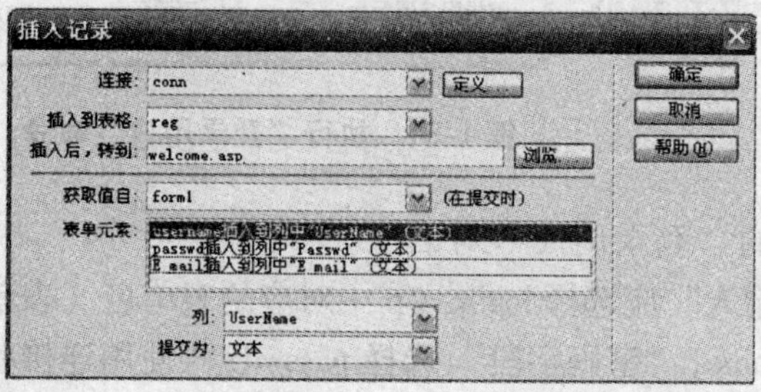

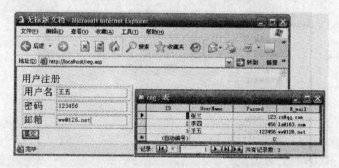

图1-79 "插入记录"对话框 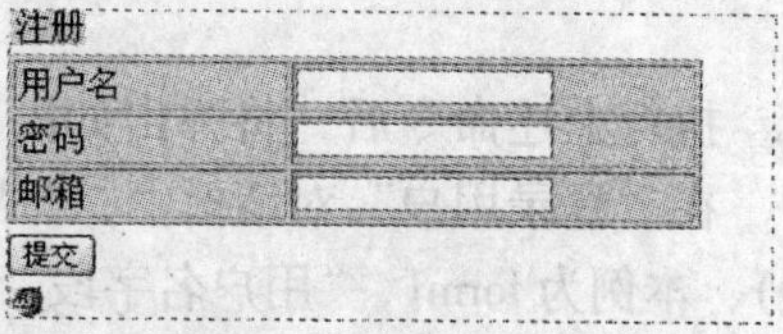   图1-80 完成插入记录

按组合键"Ctrl+S"保存网页，按F12键预览。在预览网页注册用户，单击"提交"按钮后，可以在reg表中看到增加了一条数据，如图1-81所示。

图1-81 用户注册和数据库

3. 管理员登录页面设计

（1）数据库准备。

采用之前建立好的reg表。里面包含管理员已经注册的信息，本例将已注册用户名设为admin，密码为123456的管理员用户。

（2）新建文件

新建管理员登录页login.asp，插入表单，并按照如图1-82所示来编辑相关元素，"文本字段"注意设置ID与数据库名称相对应，"登录"按钮属性设置为"提交表单"。

图1-82 管理员登录页面创建

设置"密码"对应的"文本字段"属性类型为"密码"，如图1-83所示。

选定表单，打开"服务器行为"面板。执行"用户身份验证"—"登录用户"命令，如图1-84所示。

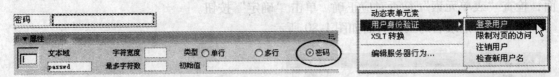

图 1-83 设置"文本字段"属性　　　　图 1-84 执行"登录用户"命令

执行上述命令后,将弹出如图 1-85 所示的"登录用户"对话框。

在"登录用户"对话框中,"从表单获取输入"应选择 login.asp 中对应的表单名(表单 ID),本例为 form1,"用户名字段"选择 username,"密码字段"选择 passwd;"使用连接验证"选用 conn,"表格"选用 reg,"用户名列"选用 UserName,"密码列"选择 Passwd;"如果登录成功,转到"admin.asp(admin.asp 是后面将创建的一个管理员管理页面),"如果登录失败,转到"login.asp。这表明,如果登录成功,转到后台管理的首页,否则,返回到管理员登录页,供管理员重新输入用户名和密码,以便再次登录。

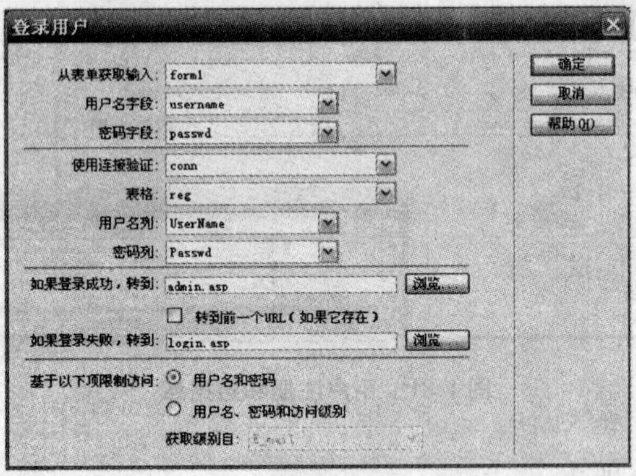

图 1-85 "登录用户"对话框

单击图 1-85 所示的"登录用户"对话框中的"确定"按钮,即完成管理员登录页的设计。至此,管理员登录页制作成功,保存并按 F12 键预览,如果输入正确的用户名和密码,则能成功转入 admin.asp;如果输入错误的用户名或密码,则返回 login.asp,预览效果如图 1-86 所示。

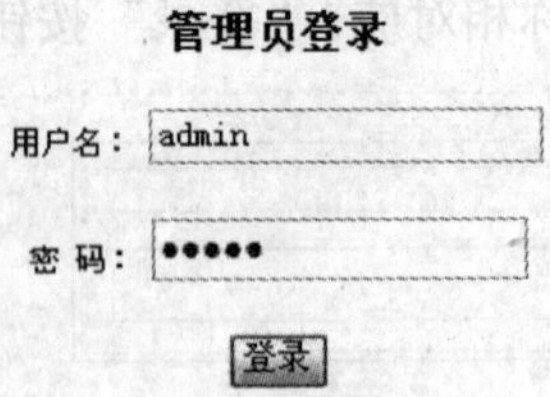

图 1-86 管理员登录页

项目二　ASP 基础

ASP 是服务器端脚本编写环境，使用它可以创建和运行动态、交互的 Web 服务器应用程序。

ASP（Active Server Page，动态服务器页面）是微软公司开发的代替 CGI 脚本程序的一种应用，它可以与数据库和其他程序进行交互，是一种简单、方便的编程工具。

一个完整的 ASP 程序，通常包含 4 部分：HTML 标记、普通文本、脚本命令以及 COM 组件。

一、ASP 的基本结构

ASP 程序是以 .asp 为扩展名的文本文件，可以用任意文字编辑器编辑并使用浏览器进行浏览。打开一个 ASP 文件后，不难发现，ASP 文件的结构由以下 3 部分组成：

（1）HTML 标记语言；

（2）ASP 语句；

（3）文本。

HTML 是一种超文本标记语言，是网页的本质，也是 ASP 语句存在的框架语言。它指示了浏览器运行的动作，比如格式化文本及显示图像等。每个标记由尖括号"＜ ＞"包含起来，且大部分都是成对出现的。

ASP 语句是运行在服务器上的一些指令，必须嵌入到 HTML 标记中使用，比如控制页面的显示内容、判断用户口令等。每个 ASP 段由"＜％"和"％＞"括起来，在 ASP 语句中又可以使用 VBScript、JavaScript 等脚本语言。

文本是直接显示给用户的信息，即 ASCII 文本。

二、ASP 的运行原理

当浏览器向 Web 服务器请求调用 ASP 文件时，服务器将运行该 ASP 程序，并生成一个静态的纯 HTML 文档反馈给浏览器，这个过程的工作原理如下：

（1）用户在客户端浏览器中输入一个 URL，与服务器建立连接；

（2）服务器根据用户请求的 URL 在硬盘上找到相应文件；

（3）若文件是普通的 HTML 文档，直接将该文件传送到客户端；

（4）若文件是 ASP 文档，那么服务器将运行该文档；如果需要查询数据库，则通过 ADO 组件连接 ODBC 或者 DNS 数据源访问数据库，进行一系列运算和解释后，将最终结果形成一个纯 HTML 文档；

（5）把这个文档传送到客户端。

由于最后传送到客户端的是一个纯 HTML 文本文件，因此用户在浏览器上看不到 ASP 源代码。

图 2-1 是 ASP 的工作流程。

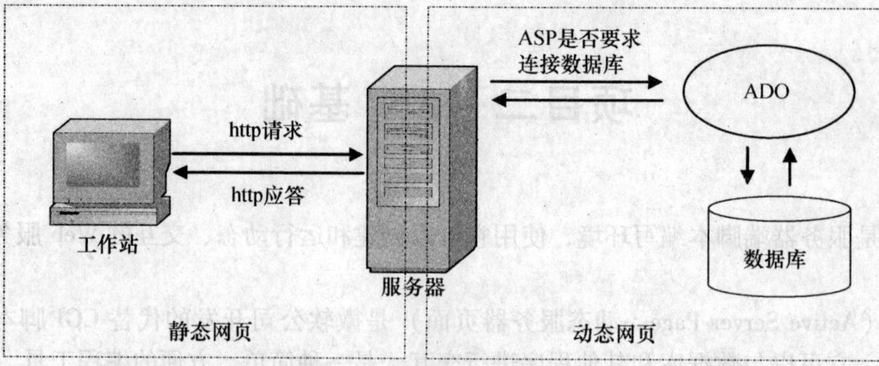

图 2-1 ASP 的工作流程

由此可见，ASP 与 HTML 有本质的区别，HTML 不经过任何处理即送回给浏览器，而 ASP 的每个命令都会被 Web 服务器解释执行后，生成 HTML 文件并送回给浏览器。但从客户端（浏览器）的角度看，ASP 网页几乎同 HTML 网页完全一样，唯一不同的是，ASP 必须以 .asp 为扩展名，而不是 .htm 或者 html。客户端发送一个 ASP 请求，浏览器收到的是一个普通的 HTML 网页，这使 ASP 程序不必考虑与客户端浏览器兼容的问题，所以说，ASP 是开发 Internet/Intranet 应用程序的理想环境。

资讯一　表单处理

一、预备知识

首先，我们来介绍一些 ASP 的基本语法。大家知道，任何一种语言，都有它自己的标准语法，不符合语法的，就是错误的。ASP 也不例外，也有自己的语法标准。

其次，ASP 文件的扩展名是 .asp 等，不是规定的几种扩展名，就算写的全是 ASP 代码，系统也不会处理。另外，在 ASP 文件中，不一定全是 ASP 代码，但只要用到 ASP 代码的地方，都要遵循如下格式：

```
<%
ASP 代码内容
%>
```

也就是说，代码内容要写在"<%"和"%>"之间，否则不会生效。

在 ASP 标记以外，可以是任何内容，如 HTML 代码、普通字符等。但在 ASP 标记内的就必须遵循 ASP 的语法规则，不能直接输入这些内容，像 HTML 代码和字符这些非 ASP 语句，给变量赋值时，要用英文的双引号标志，如果是输出显示，则可用 ASP 的语句：Response.Write("输出的内容")。例如：

```
<%
dim a                    '定义一个变量,叫做 a
a = "北京大学出版社"      '给 a 这个变量赋值,值是"北京大学出版社"
Response.Write(a)        '输出"北京大学出版社"这七个字
%>
```

上述代码中，"'"部分称为注释，不参与程序的执行，注释必须以英文单引号开头。

在 ASP 中，如果出现的变量不是字符而是数字、变量等，就不要使用双引号，直接使用即可。例如：

```
<%
dim a,b,c              '定义a、b、c 3个变量
a = 1                  '赋值给a,值是数值1
b = 3                  '赋值给b,值是数值3
c = a + b              '赋值给c,值是变量a+变量b
Response.Write(c)      '输出变量c
%>
```

上面代码其实就是执行了 a+b 这个变量的操作，并输出结果 c。

下面则是变量和字符混合使用的例子：

```
<%
dim a,b                '定义变量a和b
a = "发展体育运动"      '赋值给a,值为"发展体育运动"
b = ","                '赋值给b,值为","(中文逗号)
Response.Write(a & b & "增强人民体质!")   '输出
%>
```

最终输出结果为"发展体育运动,增强人民体质!"

二、ASP 表单处理

本任务我们要求制作一个表单，当用户填写相应内容并"提交"后，页面上显示用户输入的信息。

操作步骤如下。

首先，我们用 Dreamweaver CS5 制作一个表单，效果如图 2-2 所示。

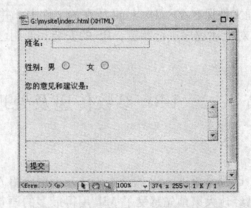

图 2-2 在 Dreamweaver 中制作的表单

切换到"代码"视图，所制作的表单相关部分代码修改为：

```
1  <form id = "form1" name = "form1" method = "post" action = "show.asp">
2  <p>姓名：
3  <label type = "text" name = "qpc_name"></label>
4  <input type = "text" name = "qpc_name" id = "qpc_name" />
5  </p>
6  <p>性别:男
7  <input type = "radio" name = "qpc_sex" id = "radio" value = "男" />
8  <label for = "qpc_sex"></label>
9  女
```

```
10    <input type = "radio" name = "qpc_sex" id = "radio2" value = "女" />
11    <label for = "qpc_sex"> </label>
12    </p>
13    <p>您的意见和建议是:</p>
14    <p>
15    <label for = "qpc_Message"> </label>
16    <textarea name = "qpc_Message" id = "qpc_Message" cols = "45" rows = "5" >
      </textarea>
17    </p>
18    <p>
19    <input type = "submit" name = "button" id = "button" value = "提交" />
20    </p>
21    </form>
```

很显然,我们的修改主要是表单 action 属性的修改和各表单元素"值"的修改。修改完毕后,将其保存,命名为 index.html。

下面,再使用 Dreamweaver 创建一个表单提交处理文件,在其 <body> 区中,加入如下代码:

```
1   <%
2   dim qpc_name, qpc_sex, qpc_Message
3   qpc_name = Request.Form ("qpc_name")
4   qpc_sex = Request.Form ("qpc_sex")
5   qpc_Message = Request.Form ("qpc_Message")
6   Response.Write (qpc_name & ",您好!非常感谢您光临 qqpcc.com! <br><br>")
7   Response.Write ("您是一个好"&qpc_sex & "孩!<br><br>")
8   Response.Write ("感谢您给本站提出了下面的意见和建议:<br>")
9   Response.Write (qpc_Message)
10  %>
```

将上述表单提交处理文件保存在 index.html 所在的文件中,并命名为 show.asp。

最后,可以使用 IIS 对上述程序进行预览,IIS 的安装和使用已经在项目一中有详细介绍,此处从略。

资讯二　URL 参数传递及处理

一、预备知识

在本项目资讯一中,已经介绍了 ASP 的基本语法,下面介绍 ASP 的基本语句。

在前面的介绍中,已经让大家预先感受了 ASP 用得最多的语句,即"Response"。Response 是 ASP 中的一种内建对象,主要作用是输出信息给浏览器。Response 有很多属性,下面仅介绍常用的一种属性,即 Expires 属性。

用法:Response.Expires = 时间(单位秒)

在实际使用时,一般是填写 0 或负数,所实现的功能是让该页面的缓存马上过期。一些后台管理程序常常会用到这一属性,其目的主要是保证数据的安全性。

另外,Response 还有一些方法,下面介绍几个常用的。

(1) End 方法

用法:Response.End

作用:停止一切给客户端(浏览器)的输出。所谓"停止"是指还未处理的内容不再处理,但已经处理的内容,仍将输出给客户端。

(2) Redirect 方法

用法:Response. Redirect(转向地址)

作用:浏览器转向,如:Response. Redirect(http://haoyu.me/),就会转向到"好域名"网站。

(3) Write 方法

用法:Response. Write(内容)

作用:把"内容"输出给客户端。

Request 则正好和 Response 相反,Request 能将客户端的数据,发送到服务器。Request 有 5 个集合、1 个方法、1 个属性。下面介绍常用的两个集合。

(1) Form 集合

用法:Request. Form(表单对象名称)

作用:取得表单以 POST 方法传过来的数据。

(2) queryString 集合

用法:Request. queryString(参数名)

作用:取得以 URL 传递的参数的值。

二、URL 传值处理

下面,来实现 URL 传递功能。单击图 2-3 中会员相应的"查看"链接,进入新页面,在新页面中可以查看该会员的详细信息。

银狐	查看
小星	查看
第一顺位	查看

图 2-3 会员列表

首先,我们用 Dreamweaver CS5 制作一个 HTML 页面,绘制如图 2-3 所示的表格,切换到"代码"视图,将代码相关部分修改为:

```
1   <table width = "320" border = "1" cellspacing = "0" cellpadding = "0" >
2   <tr>
3   <td width = "229" align = "center" >银狐</td>
4   <td width = "85" align = "center" > <a
    href = "show.asp?qpc_name = 银狐 &qpc_sex = Boy&qpc_qq = 5948539" >查看</a>
    </td>
5   </tr>
6   <tr>
7   <td align = "center" >小星</td>
8   <td align = "center" > <a
9   </tr>
10  <tr>
11  <td align = "center" >第一顺位</td>
12  <td align = "center" > <a
    href = "show.asp?qpc_name = 第一顺位 &qpc_sex = 未登记 &qpc_qq = 未登记" >查看
    </a></td>
13  </tr>
```

```
14    </table>
```
将上述静态页面保存,命名为 index.html。

其次,再看看如何通过使用 Request.QueryString 来实现 URL 参数传递这一功能。

为了实现这一功能,再次使用 Dreamweaver CS5 创建一个 ASP VBScript 的文件,并在其 <body> 区中,加入如下代码:

```
1   <%
2   dim qpc_name,qpc_sex,qpc_qq
3   qpc_name=Request.QueryString("qpc_name")
4   qpc_sex=Request.QueryString("qpc_sex")
5   qpc_qq=Request.QueryString("qpc_qq")
6   Response.Write ("你查看的信息是:<br>" & qpc_name & ",性别:" & qpc_sex & "<br>
    TA 的 QQ 是:" & qpc_qq)
7   %>
```

将上述 ASP VBScript 文件保存在与 index.html 相同的文件夹中,命名为 show.asp。

最后,启动 IIS 并进行相应设置,在浏览器中输入 http://localhost/index.html,可以看到如图 2-2 所示的效果,单击相应的"查看",即可转到新页面查看会员详细信息。不过,在这里更关注的是浏览器地址栏中的变化,转到新页面后,浏览器地址栏变成图 2-4 所示的效果。

地址(D) http://localhost/show.asp?qpc_name=小星&vk_sex=Girl&vk_qq=未登记

图 2-4 URL 参数传递

本例中,同时传递了 3 个参数,各参数之间使用符号 & 分隔。事实上,Dreamweaver CS5 也可以"自动"实现这种参数传递功能,后面各项目中将会陆续介绍。

应该注意的是,Dreamweaver 可能会将符号"&"改变为"&",从而导致传递多个参数时失败,如果出现这种状况,用户可以手工修改。另外要说明的是,虽然本例中传递的参数中使用了中文参数值,但实际使用时,应尽量避免使用中文参数值,以避免在传递参数时出错。

资讯三 VBScript 基础知识及基本练习

VBScript 是 ASP 默认的脚本语言,通过在 HTML 中嵌套 VBScript 脚本语言,不仅可以使静态的 HTML 网页变成动态的,还可以利用 VBScript 的变量、操作符、语句、函数等,在实践的操作中,大大提高网页的制作效率。

一、VBScript 代码格式和数据类型

一般来说,ASP 程序是将 VBScript 代码放在服务器执行的,VBScript 代码有以下两种语法格式。

语法格式一:
```
<% VBScript 代码 %>
```
语法格式二:
```
<Script Language="VBScript" Runat="server/client">
```

```
VBScript 代码
</Script>
```

说明:

(1) VBScript 代码必须写在 <Script>...</Script> 标记之间;
(2) 标记 <Script>...</Script> 可以出现在 HTML 文件的任何地方;
(3) Language 属性用于指定所使用的脚本语言;
(4) Runat 的属性值用于指定 ASP 程序在服务器端执行还是在客户端执行;
(5) VBScript 语句以回车 (Enter) 键结束,一条语句最多不能超过 1023 个字符;
(6) 写 VBScript 代码时,一般要求一行写一条语句。若要把几条语句写成一行,语句之间用 ":" 隔开,例如: Name = "hunan":age = 20:id = 0018;
(7) 当一条语句要分几行写时,需要用续行符"_"连接,例如:

```
Str = "你当前坐在的位置为:" & _
location
```

VBScript 只有一种数据类型,即 Variant。Variant 是一种特殊的数据类型,根据使用的方式,它可以包含不同类别的信息。由于 Variant 是 VBScript 中唯一的数据类型,所以它也是 VBScript 中所有函数的返回值的数据类型。

二、VBScript 变量和常数

变量是一种使用方便的占位符,用于引用计算机内存地址,该地址可以存储脚本运行时可更改的程序信息。因为在 VBScript 中只有一个基本数据类型,所以所有变量的数据类型都是 Variant。

1. 声明变量

声明变量的一种方式是使用 Dim 语句在脚本中显式声明变量。例如:

```
Dim DegreesFahrenheit
```

声明多个变量时,使用逗号分隔变量。例如:

```
Dim Top, Bottom, Left, Right
```

另一种方式是通过直接在脚本中使用变量名这一简单方式隐式声明变量,但这样做可能会出现由于变量名拼错而导致运行脚本时出现意外。因此,最好使用 Option Explicit 语句显式声明所有变量,并将其作为脚本的第一条语句。

2. 命名规则

变量命名必须遵循 VBScript 的标准命名规则,这些规则主要有:

(1) 第一个字符必须是字母;
(2) 不能包含嵌入的句点;
(3) 长度不能超过 255 个字符;
(4) 在被声明的作用域内是唯一的。

3. 给变量赋值

可以使用表达式给变量赋值: 变量在表达式左边,要赋的值在表达式右边。例如:

```
B = 200
```

4. 数组变量

数组变量以相同的方式声明,唯一的区别是声明数组变量时变量名后面带有括号( ),如下面的语句声明了一个包含 11 个元素的一维数组:

```
Dim A(10)
```

说明: 虽然括号中显示的数字是 10,但由于在 VBScript 中所有数组都是基于 0 的,因此这个数组实际上包含 11 个元素,可分别给这 11 个元素赋值。

常数是具有一定含义的名称,用于代替数字或字符串,其值从不改变。

使用 Const 语句可以创建名称具有一定含义的字符串型或数值型常数,并给它们赋值,例如:

```
Const MyString = "好玉米为你提供好域名."
Const MyAge = 89
```

需要注意的是,字符串文字必须包含在两个英文引号之间,这也是区分字符串型常数和数值型常数的关键点。日期文字和时间文字必须包含在两个"#"号之间,例如:

```
Const CutoffDate = #8-8-2008#
```

三、运算符与优先级

VBScript 有一套完整的运算符,包括算术运算符、比较运算符、连接运算符和逻辑运算符(表 2-1)。当一个表达式中包含有多种运算符时,就必须遵从优先级的规则,即先算术,后比较,再逻辑。

表 2-1 VBScript 的运算符

算术运算符		比较运算符		逻辑运算符	
描述	符号	描述	符号	描述	符号
求幂	^	等于	=	逻辑非	Not
负号	-	不等于	<>	逻辑与	And
乘	*	小于	<	逻辑或	Or
除	/	大于	>	逻辑异或	Xor
整除	\	小于等于	<=	逻辑等价	Eqv
求余	Mod	大于等于	>=	逻辑隐含	Imp
加	+	对象引用比较	Is		
减	-				
字符串连接	&				

表 2-1 中运算符说明如下。

(1)算术运算符与逻辑运算符的优先级从上往下依次降低,所有比较运算符的优先级相同。

(2)当乘号与除号同时出现在一个表达式中时,按从左到右的顺序计算乘、除运算符。同样,当加与减同时出现在一个表达式中时,按从左到右的顺序计算加、减运算符。

(3) 字符串连接 "&" 运算符不是算术运算符，仅用于连接两个或多个字符串。
用法格式:"字符串 1"& "字符串 2"& "字符串 3"
但是在优先级顺序中，它排在所有算术运算符之后和所有比较运算符之前。

(4) Is 运算符是对象引用比较运算符。它并不比较对象或对象的值，而只是进行检查，判断两个对象引用是否引用同一个对象。

四、条件语句

选择结构是一种可以根据条件实现程序分支的控制结构。其特点是，根据所给定的选择条件为真（即条件成立）或为假，来决定从各分支中执行某一分支的相应操作，在任何情况下均有"无论分支多寡，必择其一；纵然分支众多，仅选其一"的特性。选择结构是通过条件语句来实现的，条件语句也称为 If 语句。

1. If…Then…Else…End If 语句

If…Then…Else…End If 语句是在条件为 True 或 False 时，根据要求运行指定的语句。通常，条件是使用比较运算符对值或变量进行比较的表达式。

If…Then…Else…End if 语句可以按照需要进行嵌套。

语法格式：

```
If <条件>  Then
  [命令 1]
Else
  [命令 2]
End If
```

功能：如果条件成立，执行 [命令 1]，否则，执行 [命令 2]。

If…Then…Else…End If 语句的一种变形是允许用户从多个条件中选择，即添加 ElseIf 子句以扩充 If…Then…Else…End If 语句的功能，使用户可以控制基于多种可能的程序流程，例如：

```
If value = 0 Then
  MsgBox value0
  ElseIf value = 1 Then
    MsgBox value1
  ElseIf value = 2 then
    Msgbox value2
Else
  Msgbox "数值超出范围!"
End If
```

可以添加任意多个 ElseIf 子句以提供多种选择。使用多个 ElseIf 子句经常会使程序变得很复杂。在实际操作时，若需要在多个条件中进行选择，最好使用 Select Case 语句。

2. Select Case 语句

Select Case 结构提供了 If…Then…Else…End if 语句的一个变通形式，可以从多个语句块中按条件选择执行其中的一个。Select Case 语句提供的功能与 If…Then…Else…End if 语句类似，但可以使代码更加简练易读，例如：

```
<% Select Case request.form("bb")
Case "1"
```

```
response.write"你好!你来自北京!"
Case "2"
response.write"你好!你来自湖南长沙!"
Case "3"
response.write"你好!你来自美国!"
Case Else
response.write"很抱歉!我不知道你来自何方!"
End Select
%>
```

五、循环语句

循环结构是一种可以根据条件实现程序循环执行的控制结构,有当型循环和直到型循环两种结构,其他循环结构可以看做是这两种结构的变型。

(1) 当型循环:当给定条件为 True 时,重复执行语句;否则循环语句停止执行,转而执行循环体之外的语句。

(2) 直到型循环:一直重复执行一组语句,直到给定的条件为 True 时停止,然后执行循环体之外的语句。

(3) 变形体循环:将一组语句按照指定的循环次数重复执行后,再执行循环体之外的语句。

1. Do…Loop

(1) 当型(While)循环

语法格式一:
```
Do While  <条件>
   [语句1]
   [Exit Do]    '用于在特定条件下退出循环
   [语句2]
Loop
```

语法格式二:
```
Do
   [语句1]
   [Exit Do]    '用于在特定条件下退出循环
   [语句2]
Loop While   <条件>
```

(2) 直到型(Until)循环

语法格式一:
```
Do Until  <条件>
   [语句1]
   [Exit Do]    '用于在特定条件下退出循环
   [语句2]
Loop
```

语法格式二:
```
Do
   [语句1]
   [Exit Do]    '用于在特定条件下退出循环
   [语句2]
Loop Until   <条件>
```

2. While…Wend

While…Wend 语句是另一种循环语句，由于 While…Wend 缺少灵活性，建议大家多使用 Do…Loop 语句，少使用或者尽量不使用 While…Wend 语句。因此，我们也不对 While…Wend 语句作详细介绍了，有兴趣的读者请可以自己查阅相关资料。

3. For…Next

语法格式：
```
For <循环变量=初值>  To  <终值> [Step 步长]
   [语句1]
[Exit For]     '用于在特定条件下退出循环
   [语句2]
Next
```

例如：求 $1+3+5+\cdots+99$ 的和，可以使用以下语句：
```
Dim sum,i
Sum = 0
For i =1 to 99 step 2
Next
```

4. For Each…Next

For Each…Next 语句对数组中的每个元素或对象集合中的每一项都执行一组相同的操作。当不知道数组元素或对象集合中项目的具体数目时，For Each…Next 更加能凸显其优势。

语法格式：
```
For Each 集合中元素 in 集合
   [语句1]
[Exit For]     '用于在特定条件下退出循环
   [语句2]
Next
```

六、VBScript 过程

在 VBScript 中，过程被分为两类：Sub 过程和 Function 过程。

1. Sub 过程

定义过程：
```
Sub <子过程名> <([形式参数])>
  [命令]
End Sub
```

调用过程：
```
Call  <子过程名> [([实际参数])]
```

Sub 过程执行操作时无返回值，可以使用参数（由调用过程传递的常数、变量或表达式）。如果 Sub 过程无任何参数，则 Sub 语句必须包含空括号"( )"。

2. Function 过程

定义函数：
```
Function   <函数名>  <([形式参数])>
```

[命令]
End Function

调用函数:

<函数名> [([实际参数])]

Function 过程与 Sub 过程类似,但是 Function 过程可以返回值,也可以使用参数(由调用过程传递的常数、变量或表达式)。如果 Function 过程无任何参数,则 Function 语句必须包含空括号"( )"。Function 过程通过函数名返回一个值,这个值是在过程的语句中赋给函数名的。Function 返回值的数据类型总是 Variant。

例如:下面的 Sub 过程使用两个固有的(或内置的)VBScript 函数 MsgBox 和 InputBox,提示用户输入信息。然后显示根据用户所输入的这些信息计算出的结果。计算由使用 VBScript 创建的 Function 过程完成。在本例中,Celsius 函数将华氏温度换算为摄氏温度。当 Sub 过程 ConvertTemp 调用这一函数时,包含参数值的变量被传递给函数,换算的结果返回到调用过程并显示在消息框内。

```
Sub ConvertTemp()
  temp = InputBox("请输入华氏温度.",1)
  MsgBox "温度为 " & Celsius(temp) & " 摄氏度."
End Sub
Function Celsius(fDegrees)
  Celsius = (fDegrees - 32) * 5 /9
End Function
```

七、VBScript 常用函数

函数是一段用来表示完成某种特定的运算或者功能的程序,下面介绍几种在 VBScript 中经常用到的函数。

1. 数学运算函数

(1) Abs:取绝对值。

语法格式:Abs(number)

示例:
```
Dim MyNumber
    MyNumber = Abs(50.3)        '返回 50.3.
    MyNumber = Abs(-50.3)       '返回 50.3.
```

(2) Int:取整。

语法格式:Int(number)

示例:
Int(99.8)=99.

(3) CInt:四舍五入。

语法格式:CInt(表达式)

示例:
CInt(10.2)=10
CInt(10.6)=11

注意:当小数部分正好等于 0.5 时,CInt 总是将其四舍五入成最接近该数的偶数。

例如,0.5 四舍五入后为 0,而 1.5 四舍五入后为 2。

2. 字符串函数

（1）Left：从字符串的左边返回指定数目的字符。

语法格式：Left（被截取的字符串，截取长度）

示例：Left（"北京大学出版社"，4），就会输出"北京大学"。

（2）Right：从字符串的右边返回指定数目的字符。

语法格式：Right（被截取的字符串，截取长度）

示例：Right（"好玉米"，2），输出"玉米"。

（3）Mid：从字符串中返回指定数目的字符。

语法格式：Mid（被截取的字符串，开始位置［，结束位置]）

示例：Mid（"长沙电力职业技术学院"，2，4），输出结果为"电力职业"。

（4）Len：检测字符串长度。

语法格式：Len（被检测的字符串）

示例：Len（"好域名"），因为里面有3个字，所以输出结果为3。

（5）Trim：去除字符串两端的空格。

语法格式：Trim（字符串）

示例：Trim（"湖南"），输出结果为：湖南。

在编写ASP程序时，常常需要使用长文本自动截短功能，下面的例子介绍的是这种自动截短功能的实现方法。

```
<%
text = "12345678fds90abcdefghxcfv"
i = 8                         '设定要截取的字符位数
if len(text) > i then         '如果文本长度大于给定的值
  text = left(text,i)         '则提取前段的i位的字符串
  response.write("截短后的文本为:")
  response.write(text&"…")
else
response.write("截短后的文本为:")
response.write(text)
end if
%>
```

3. 日期函数

（1）Date：取系统当前日期。
（2）Time：取系统当前时间。
（3）Now：取系统当前日期及时间。

示例：

```
Document.write(date)    结果为:2010-1-11
Document.write(time)    结果为:11:11:11
Document.write(now)     结果为:2011-11-11 11:11:11
```

4. 其他函数

（1）产生输入框：用来产生一个接收用户信息的输入框。

语法格式1：Inputbox（"提示信息"）。

示例：Inputbox（"请输入用户名："），输出结果如图2-5所示。

语法格式2：Prompt（"提示信息"）。

示例：Prompt（"请输入用户名："），输出结果如图2-6所示。

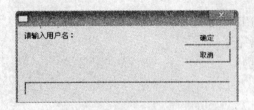 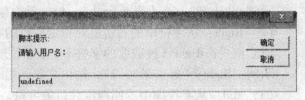

图2-5　输入框效果图一　　　　　　　图2-6　输入框效果图二

（2）产生提示框：用来产生一个弹出式的警告框，其图标为一个警告标识。

语法格式：Alert（"提示信息"）。

示例：Alert（"欢迎来访!"），输出结果如图2-7所示。

（3）产生选择框：用来产生一个选择框，等待用户做出选择。

语法格式1：Confirm（"提示信息"）。

示例：Confirm（"是否确定选择?"），输出结果如图2-8所示。

图2-7　警告框效果图　　　　　　　图2-8　选择框效果图

语法格式2：Msgbox（"提示信息"，[数值]）。

说明：数值是可选项，用来指定按钮的数目和类型、使用的图标样式。如果未指定，则默认为0，表示只显示"确定"按钮。指定1表示显示"确定"和"取消"按钮。指定2，表示显示"放弃"、"重试"和"忽略"按钮。指定3，表示显示"是"、"否"和"取消"按钮。指定4，表示显示"是"和"否"按钮。指定5，表示显示"重试"和"取消"按钮。

示例：Msgbox（"是否确定选择?"，3）。

资讯四　JavaScript基础知识及基本练习

JavaScript是一种基于对象和事件驱动并具有安全性能的脚本语言，合理地使用JavaScript可使网页变得更加生动，JavaScript可以通过与HTML语言、VBScript脚本语言配合，使Web应用程序功能更强大、更完备，使之能实现与客户的交互。

JavaScript主要是基于客户端运行的，当用户单击带有JavaScript的网页时，网页里的JavaScript就传到浏览器，由浏览器对此做出处理，因此，使用JavaScript可大大减少服务器的开销。

JavaScript 与 VBScript 是 ASP 中常用的两种脚本语言，它们既可以在客户端运行，也可以在服务器端运行。这两种脚本语言功能上没有本质的区别，都能实现应用程序的交互功能。但 JavaScript 语法类似于 C++，而 VBScrip 语法类似于 VBasic。另外，JavaScript 是默认的客户端脚本，而 VBScript 是默认的服务器端脚本，浏览器对 JavaScript 的支持比 VBScript 更广泛。实际使用中，常使用 VBScript 编写程序主体，而用 JavaScript 编写网页的交互功能和一些事件的处理。

一、JavaScript 的代码格式

JavaScript 脚本也可以使用文本编辑器编辑。JavaScript 脚本每一条语句均以"；"为结束标记，其代码格式为：

```
<Script type="text/javascript">
  JavaScript 代码；
</Script>
```

另外，也常常可以看到一些 JavaScript 脚本程序的 <script> 中使用的不是 type = "text/javascript"，而是使用 language = "javascript"。虽然这两种方法都表示 <script> </script> 段的代码是 JavaScript，但 language 这个属性在 W3C 的 HTML 标准中，已不再推荐使用。

二、JavaScript 的语句及语法

1. 变量声明，赋值语句：var

语法格式：var 变量名称 [= 初始值]
示例：`var computer = 89`   //定义 computer 是一个变量，且有初值为 89

2. 函数定义语句：function，return

语法格式：function 函数名称（函数所附参数）
```
{
   函数执行部分
}
   return 表达式     //return 语句指明将返回的值。
```
示例：
```
function square (x)
{
  return x*x
}
```

3. 条件和分支语句：If...Else 和 Switch。

If...Else 语句可完成程序流程块中的分支功能：如果条件成立，则程序执行紧接着条件的语句或语句块，否则执行 Else 中的语句或语句块。

语法格式：
```
If (条件)
  {
执行语句 1
  }
```

```
        Else {
执行语句2
        }
```

分支语句 Switch 可以根据一个变量的不同取值采取不同的处理方法，其语法结构如下：

```
Switch (expression)
  {
    Case label1：语句串1；
    Case label2：语句串2；
    Case label3：语句串3；
    …
    Default：语句串n；
  }
```

如果表达式取的值同程序中提供的任何一条语句都不匹配，则执行 Default 中的语句。

4. 循环语句：For，For…In，While，Break，Continue

For 语句的语法格式如下：

```
for (初始化部分;条件部分;更新部分)
    {
       执行部分……
    }
```

注意：只要循环的条件成立，循环体就被反复地执行。

For…In 语句与 For 语句有一点不同，它循环的范围是一个对象所有的属性或是一个数组的所有元素，For…In 语句的语法如下：

```
For (变量 In 对象或数组)
    {
       语句……
    }
```

While 语句所控制的循环不断地测试条件，如果条件始终成立，则一直循环，直到条件不再成立时为止。

语法格式如下：

```
While (条件)
    {
       执行语句……
    }
```

Break 语句结束当前的各种循环，并执行循环的下一条语句。
Continue 语句结束当前的循环，并马上开始下一个循环。

5. 对象操作语句：With，New，This

With 语句的语法格式如下：

```
with (对象名称){
     执行语句
}
```

作用：如果用户想使用某个对象的许多属性或方法时，只要在 With 语句的（ ）中写出这个对象的名称，然后在下面的执行语句中直接写这个对象的属性名或方法名即可。

New 语句是一种对象构造器，可以用 New 语句来定义一个新对象。

语法格式：新对象名称 = New 真正的对象名

例如：可以使用 var curr = new Date( ) 定义一个新的日期对象，使变量 curr 具有 Date 对象的属性。

This 运算符总是指向当前的对象。

6. 注释语句：//，/*…*/

//——表示单行注释的注释语句

/*…*/——这里的注释可以多行，从而实现多行注释

资讯五　使用 ASP 读取 Access 数据库的数据

一、预备知识

Access 是由微软公司的一个关联式数据库管理系统，它结合了 Microsoft Jet Database Engine 和图形用户界面这两大特点，是 Microsoft Office 的主要成员之一。Access 能够存取 Access/Jet、Microsoft SQL Server、Oracle，或者任何 ODBC 兼容数据库内的资料。

Access 的基础知识已经在"项目一"中有详细介绍，这里不再重复，这里只讨论 ASP 处理 Access 数据库的基本知识和基本方法。本项目中所讨论的 Access 数据库仍为 Access 2003，所介绍的方法不能适用于 Access 2003 以后的各个版本。

在项目一中，我们介绍了如何使用 Adobe Dreamweaver CS5 连接 Access 数据库，细心的读者可能已经发现，连接成功后将生成一个 conn.asp 文件，同时，在需要连接数据库的文件中加入了下述语句：

```
<!--#include file="conn.asp"-->
```

事实上，各网站开发系统中也有这样的用于数据库连接的文件，下面是一个 conn.asp 的样例：

```
1   <%
2   dim conn, connstr        '定义用量
3   Set conn = Server.CreateObject ("ADODB.Connection")
4   '使用 ASP 中的 Connection 对象,创建一个数据库连接实例。
5   connstr = "Provider=Microsoft.Jet.OLEDB.4.0;Data Source=" &
    Server.MapPath ("/data/#main.mdb")
6   '连接字符串,写法基本是固定的,最后面的 MapPath 就是 AC 数据库的地址,相对路径,根据实际
    情况,进行修改。
7   conn.Open connstr
8   '打开连接(就是用上面的数据库连接实例,打开下面的连接字符串)
9   %>
```

事实上，只要将其中的数据库路径进行修改，上述代码就具有通用性了。另外，为了方便易用，避免出错，用户还可以再定义一个新的变量，将数据库路径赋值给这个变量。

具体修改方法是，在定义变量处，再定义一个变量 db，并在下面一行加入下述代码：

```
db = "/data/#main.mdb"           '数据库路径
```

同时，将连接字符串部分的代码修改为：

connstr = "Provider = Microsoft.Jet.OLEDB.4.0;Data Source = " & Server.MapPath ("" & db & "")

实际上，上面的处理只是将数据库路径修改为一个变量，但需要注意书写格式，具体来说，就是将/data/#main.mdb 修改为" & db & "。

二、使用 ASP 读取 Access 数据库中的数据

本任务实质上是使用 ASP 实现对 Access 数据库的查询。

首先，建一个 Access 数据库，并新建表 qpc_user 用于存放会员基本信息，保存这一数据库文件，文件名为 data.mdb。

然后，使用预备知识部分所介绍的方法，编写 conn.asp 文件，代码如下：

```
1   <%
2   dim conn, connstr                    '定义变量
3   Set conn = Server.CreateObject ("ADODB.Connection")
4   '使用 ASP 中的 Connection 对象,创建一个数据库连接实例。
5   connstr = "Provider=Microsoft.Jet.OLEDB.4.0;Data Source=" &
    Server.MapPath ("data.mdb")
6   '连接字符串,写法基本是固定的,最后面的 MapPath 就是 AC 数据库的地址,相对路径,根据实际
    情况,进行修改。
7   conn.Open connstr
8   '打开连接(就是用上面的数据库连接实例,打开下面的连接字符串)
9   %>
```

将 conn.asp 保存在与 data.mdb 相同的文件夹中。

打开 Dreamweaver CS5，新建一个 ASP VBScript 文件，并在其中插入表格，设置如图 2-9 所示。

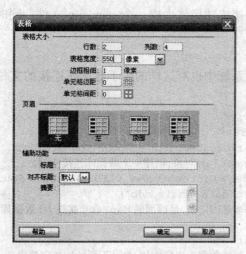

图 2-9 "表格"对话框

在表格第一行各单元格中，分别输入"用户名"、"联系邮箱"、"用户 QQ"和"特别说明"，切换到"代码"视图，在 <body> 之上，输入以下代码：

```
1   <%
2   dim sql,rs                           '定义变量
3   sql = "select * from qpc_user where UserID =1"
```

```
4   '将 SQL 语句,保存到 sql 这个变量中
5   set rs = conn.execute (sql)
6   '将上面的 SQL 执行到 conn 这个数据库连接中.并将结果返回到 rs 变量中
7   %>
```

以上代码即可实现数据库查询功能,查询的内容由其中的 SQL 语句决定,其语法为:
`select 字段名 from 表名 where 条件 order by 字段名 排序方式`

其中:select 表示查询,"字段名"表示需要查询的字段,"*"表示查询所有字段;form 后面接着的是要查询的表名;where 后面接着的是查询条件,如本例中使用的 UserID = 1 指的是查询满足条件 UserID = 1 的内容;order by 后面接着的是字段名和排序方式,如 order by UserID desc 指的是按 UserID 字段降序排列,order by UserID asc,则表示按 UserID 字段升序排列。

为了节省服务器的资源,查询完成后后应关闭数据库。可以通过在 </body> 下一行加入以下代码来实现:

```
1   <%
2   set rs = nothing       '释放 rs 变量
3   conn.close             '关闭数据库连接 conn
4   set conn - nothing     '释放 conn 变量
5   %>
```

紧接着,需要写入相应的调用代码,使表格相应单元格能正确显示 rs 变量读出的数据。

在"代码"视图中,找到"用户名"下方单元格所对应的位置,写入代码 <%=rs("UserName")%>,使其读出 UserName 字段并显示出来。上述代码也可写为 <% Response.Write (rs("UserName"))%>。

同理,给"联系邮箱"、"用户 QQ"和"特别说明"3 个单元格下方的各单元格加入相应的代码。

最后,在文件第一行加入引用 conn.asp 的代码:

`<!--#include file = "conn.asp"-->`

并保存文件,存放到与 conn.asp 相同的文件夹中,文件名为 index.asp。

本例预览效果如下:

用户名	联系邮箱	用户QQ	特别说明
蒋罗生	qqpcc@qq.com	5848539	QQPCC站长

资讯六 使用 ASP 删除 Access 数据库的数据

本任务的实质是掌握一句非常简单的 SQL 语句,功能是删除 Access 数据库指定表格中,符合条件的一行或多行。

语句:`delete from 表名 where 条件`

这里,我们使用本项目"资讯五"的源码,目的是要将 index.asp 文件进行适当修改,使其实现删除 Access 数据库的数据。

打开本项目"资讯五"中的 index.asp,将 <body> 上方读数据库的 ASP 代码删除,并将 <body></body> 之间所有代码删除,包括 HTML 代码。

然后，在<body></body>之间，添加以下代码：

```
1   <%
2   dim sql                              '定义变量
3   sql = "delete From qpc_user where UserID = 2 "
4   '将 SQL 语句赋值给 sql 变量
5   conn.execute (sql)
6   '执行上面的 SQL 语句.
7   Response.Write ("删除成功!")    '输出,删除成功!
8   %>
```

上面删除的行，是 vk_user 表中的 UserID = 2 的一行。

同理，读者可以修改这个条件，来尝试删除不同的行：

```
1   <%
2   dim sql
3   sql = "delete From qpc_user where UserID = 2 "
4   conn.execute (sql)
5   Response.Write ("删除成功!")
6   %>
```

值得说明的是，在上述程序中，如果 UserID 等于某个数，而这个数并不存在，也就是说，如果所需条件没有达到，理论上不会执行删除操作的，但上述程序仍然会显示"删除成功!"。出于教学的目的，这里省略了用于判断的代码。但实际使用中，是应该要考虑这一点的。

将上述文件保存在 data.mdb 所在的文件夹中，并命名为 delete.asp。

预览前，建议先打开 data.mdb，查看 UserID = 2 对应的记录。关闭 data.mdb，然后预览 delete.asp。此时应提示"删除成功!"，再次打开 data.mdb，UserID = 2 对应的记录应该已经被成功删除。

资讯七　使用 ASP 向 Access 数据表中添加记录

为了实现使用 ASP 向 Access 数据库的某一数据表中添加记录，先使用 Dreamweaver CS5 新建一个 HTML 文件，在其中新建一个表单，在表单中放置 4 个表单项和一个提交按钮，如图 2-10 所示。

图 2-10　新建 HTML 文件

切换到代码视图，将表单部分的代码修改为：

```
1   <form id = "form1" name = "form1" method = "post" action = "save.asp">
```

```
 2    名字：
 3    <label>
 4    <input type = "text" name = "1" id = "1" />
 5    </label>
 6    <p>邮箱：
 7    <label>
 8    <input type = "text" name = "2" id = "2" />
 9    </label>
10    </p>
11    <p>QQ：
12    <label>
13    <input type = "text" name = "3" id = "2" />
14    </label>
15    </p>
16    <p>备注：
17    <label>
18    <textarea name = "4" id = "4" cols = "45" rows = "5"></textarea>
19    </label>
20    </p>
21    <p>
22    <label>
23    <input type = "submit" name = "button" id = "button" value = "提交" />
24    </label>
25    </p>
26    </form>
```

将上述文件保存在数据库文件 data.mdb 所在的文件夹中，命名为 index.html。

新建数据库连接需要用到的 conn.asp，具体方法就不介绍了，请大家参阅"资讯五"中的相关内容。

新建一个 ASP VBScript 文件，删除 <%@ LANGUAGE = "VBSCRIPT" CODEPAGE = "65001"%> 以外的各行，添加以下代码：

```
1    <!--#include file = "conn.asp"-->
2    <%
3    conn.execute ("insert into qpc_user (UserName, UserMail, UserQQ, UserInfo)
     values
     ('"&Request.Form ("1") & "','"&Request.Form ("2") & "','"&Request.Form ("3") & "','"&Request.Form ("4") & "')")
4    Response.Write ("成功！<br><a href = index.html>返回</a>")
5    %>
```

下面，简单对上述代码进行一些解释。

引入 conn.asp 文件，当 conn 指定的数据库连接成功后，执行一条 SQL 命令，这里使用的 SQL 语句不是存入某变量中了，而是直接执行。使用的是 insert 语句，作用是插入数据，insert 语句语法如下：

insert into 表名（表中字段） values （对应的值）

因此，上述代码第 3 行的作用就是向 qpc_user 表中的 UserName、UserMail、UserQQ、UserInfo 字段，分别插入 Request.Form（"1"）、Request.Form（"2"）、Request.Form（"3"）、Request.Form（"4"）的值。

插入数据完成后，输出"成功"，单击"返回"按钮则返回到 index.html。

最后，我们可以借助 IIS 在本地进行预览。

资讯八　使用 ASP 修改 Access 数据表中的记录

为了简化操作，在这里，我们借助"资讯七"中的代码来进行修改。建议在实施本任务前，先将"资讯七"中所有代码和数据库文件复制一份。

首先，将 index.html 重命名为 index.asp，并在其顶部加入编码类型、调用 conn.asp 的代码，即在顶部加入下述代码：

```
1   <%@ LANGUAGE = "VBSCRIPT" CODEPAGE = "65001"%>
2   <!--#include file = "conn.asp"-->
```

并在 \<body\> 上方，加入以下代码，用于调用数据库中的数据：

```
1   <%
2   dim sql,rs                                       '定义变量
3   sql = "select * From qpc_user where UserID = 1"
4   '将 SQL 语句,保存到 SQL 这个变量中。
5   set rs = conn.execute (sql)
6   '将上面的 SQL 执行到 conn 这个数据库连接中,并将结果返回到 rs 变量中。
7   %>
```

紧接着，要给表单中所有表单元素赋予数据表中对应的值，如给"名字"所对应的表单元素添加代码 <% = rs ("UserName")% >。经处理后，表单部分代码如下：

```
1   <form id = "form1" name = "form1" method = "post" action = "save.asp">
2   <p>名字:
3   <label>
4   <input type = "text" name = "1" id = "1" value = " <% = rs ("UserName")% >"/>
5   </label>
6   <p>邮箱:
7   <label>
8   <input type = "text" name = "2" id = "2" value = "<% = rs("UserMail")% >"/>
9   <label>
10  </p>
11  <p>QQ:
12  <label>
13  <input type = "text" name = "3" id = "3" value = "<% = rs ("userQQ")% >"/>
14  </label>
15  </p>
16  <p>备注:
17  <label>
18  <textarea name = "4" id = "4" cols = "45" rows = "5"><% = rs ("userInfo")% >
    </textarea>
19  </label>
20  </p>
21  <p>
22  <label>
23  <input type = "submit" name = "button" id = "button" value = "提交"/>
24  </label>
25  </p>
26  </form>
```

添加诸如 <% = rs ("UserName")% >这样的代码，目的是将数据表中原来的值读取出来，显示在对应的表单项目中。

然后，在 </body> 后面，加上以下代码，释放 conn 变量，关闭数据库连接：

```
1  <%
2  set rs = nothing      '释放 rs 变量
3  conn.close            '关闭数据库连接 conn
4  set conn = nothing    '释放 conn 变量
5  %>
```

将上述修改后的文件保存，完成后的效果如图 2-11 所示。

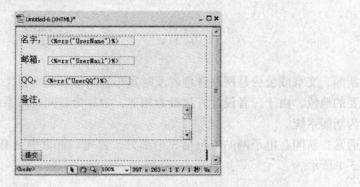

图 2-11　修改记录页面

接着，新建一个空的 ASP 文件，将其保存为 save.asp，在其中添加如下代码：

```
1  <%@ LANGUAGE = "VBSCRIPT" CODEPAGE = "65001"%>
2  <!--#include file = "conn.asp"-->
3  <%
4  conn.execute ("update qpc_user set
   UserName ='"&Request.Form ("1") & "', UserMail ='"&Request.Form ("2") &"', UserQQ
   ='"&Request.Form ("3") & "', UserInfo ='"&Request.Form ("4") &"' where UserID =
   1")
5  Response.Write ("修改成功,请 <a href = index.asp >返回 </a>查看")
6  %>
```

在上述代码中，最关键的是第 4 行的 update 语句，作用是更新数据库的内容，语法如下：

update 表名 set 字段名 = 值 where 条件

最后，可以借助 IIS 进行预览，此时 index.asp 将显示数据表 qpc_User 中 UserID = 1 的用户的数据，修改并"提交"后即可修改该用户的数据。

项目三　新闻系统设计

资讯一　系统概述

新闻、文章或公告是网站管理者及时发布最新信息的重要工具，在各类网站中有着极为重要的地位。由于三者设计方法极为相似，常称为新闻文章系统或新闻公告系统。本书统称为新闻系统。

通常，新闻在电子网站中包括 3 个部分，首先，首页中会有较简单的新闻显示窗口，如图 3-1 所示。

图 3-1　首页中的新闻

通过图中的"更多"或导航菜单可以跳转到详细的新闻列表页，如图 3-2 所示。单击新闻列表页中的新闻标题，可显示出对应的新闻内容，如图 3-3 所示。

图 3-2　新闻列表页　　　　　　　图 3-3　新闻内容显示页

本书将介绍如图 3-2 及图 3-3 所示的新闻系统的实现。

从上面的介绍可以发现，新闻系统前台主要包括新闻列表和新闻显示两个页面。除此之外，一个完整的新闻系统还应包括管理员登录及退出、新闻的添加、修改、删除等后台管理页面。

由此可见，一个简单的新闻系统至少由 9 个页面组成。系统结构如图 3-4 所示。

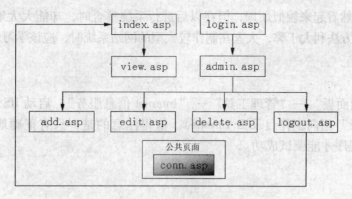

图3-4 新闻系统结构

其中，各页面功能分配如下。
- conn.asp：数据库连接的基本信息。
- index.asp：新闻系统首页（新闻列表页）。
- view.asp：显示新闻的内容。
- login.asp：管理员登录。
- admin.asp：后台管理首页。
- add.asp：管理员添加新闻的页面。
- edit.asp：管理员修改新闻的页面。
- delete.asp：管理员删除新闻的页面。
- logout.asp：管理员退出管理状态，返回新闻系统首页。

其中，公共页面 conn.asp 由 Dreamweaver CS5 进行数据库连接时自动产生，所有要用到数据库的页面都要用到它，其他页面引用它时，可在各页的源代码的首行加入：

```
<!--#include file="Connections/conn.asp"-->
```

资讯二 准备工作

如前面所述，进行动态网站开发时，必须先作一系列的准备工作。例如，架设并启动 Web 服务器，建立工作目录，建立数据库文件，启动 Dreamweaver 并在 Dreamweaver 中建立站点等。

一、建立工作目录

众所周知，在 Dreamweaver 中建立站点时，需要先建立本地文件夹，也就是所谓的工作目录。为了使所开发的各模块便于"整合"，首先建立 E:\mysite 作为站点"我的网站"的工作目录，建立文件夹 E:\mysite\news 用于存放"新闻系统"，建立 E:\mysite\db 用于存放数据库文件，数据库文件统一命名为 mysite.mdb，以后制作其他子系统（例如，留言板等）时可以很方便地对数据库进行扩充。

提示：如果不考虑以后整合系统，只建立单纯的新闻系统，可以适当简化。例如，建立 E:\news 存放新闻系统，E:\news\images 存放图形文件，E:\news\db 存放新闻系统所需要的数据库文件等。

上述方法虽然看起来貌似烦琐，但在以后进行系统整合时，却能大大地降低工作强度。总的来说，这种方法利大于弊，大家在制作较大型的网站系统时，应该学习使用这种方法。

二、启动 IIS

执行"控制面板"—"管理工具"—"Internet 信息服务"，启动 IIS，并将"默认网站"的"主目录"指向工作目录 E:\mysite\。值得注意的是，只有正确地启动了 IIS，基于 ASP 的网络程序才能调试成功。

三、建立站点

在 Dreamweaver 中，站点可用于组织与 Web 站点相关的所有文档，跟踪和维护链接，管理文件，共享文件等。因此，在进行电子商务网站开发时，应当先建立"站点"。

启动 Adobe Dreamweaver CS5，执行"站点"—"新建站点…"命令，可以新建站点。也可在"站点"菜单中选择"管理站点…"，在弹出的"管理站点"对话框中，单击"新建…"按钮，按提示新建站点。

在 Adobe Dreamweaver CS5 中，建立站点的方法和过去的版本相比，有了很大的变化。详细的介绍见前面的有关章节，在此就不一一介绍了。

在本节中，建立的站点名称为"我的网站"，本地站点文件夹为 E:\mysite，服务器模型为 ASP VBScript，如图 3-5、图 3-6 所示。

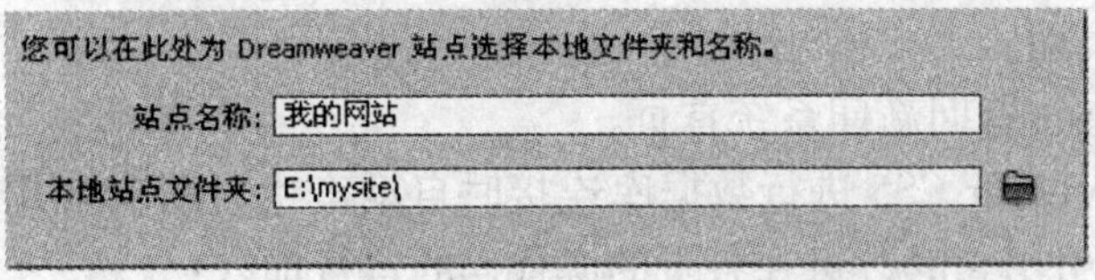

图 3-5　站点名称和本地站点文件夹 　　　　图 3-6　服务器模型

站点建成后，如果有错误或者因其他原因需要修改，则可执行"站点"—"管理站点…"命令，在打开的"管理站点"对话框中，选择站点"我的网站"，单击"编辑"按钮进行修改。

四、数据库设计

根据前面对系统功能的描述，本例所示的新闻系统，应包括两个表：Administrator.mdb 和 NewsCenter.mdb，前者用于保存管理员的用户名和密码等资料，后者则用于保存新闻（文章）的相关信息。两个表的结构分别如表 3-1、表 3-2 所示。

表 3-1　表 Administrator

字段名称	数据类型	备　注
ID	自动编号	
UserName	文本	管理员用户名
Passwd	文本	管理员密码

说明：Password 是保留字，若用 Password 作为字段名，可能会出现意外错误，因此本例中使用 Passwd 作为"密码"的字段名。

表 3-2　表 NewsCenter

字段名称	数据类型	备　　注
ID	自动编号	
N_Title	文本	新闻标题
N_Editor	文本	作者（发布者）
N_AddTime	日期/时间	添加时间
N_Content	备注	新闻内容
N_Class	文本	新闻类别
N_Hits	文本	单击率

两个表之间的结构图如图 3-7 所示。

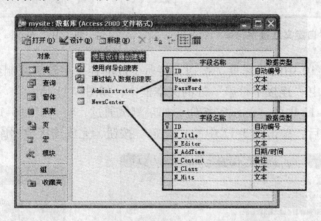

图 3-7　数据库 mysite.mdb

将上述数据库保存在 E:\mysite\db 中，文件名为"mysite.mdb"。

大家不难发现，一个完整的新闻系统还应该包括类别管理、单击率（阅读次数）等内容，但在小型的企、事业网站或个人网站中很少用到这些功能。在 mysite.mdb 的表 News-Center 中，虽然保留了这两个字段，但后面进行设计时只做简单的介绍，相关内容也仅供有兴趣的读者参考。

五、使用 Access 数据库

为了让 Dreamweaver CS5 能正确地使用 Access 数据库文件，必须进行数据库的连接。前面已经介绍过，ASP 连接 Access 数据库的方法有很多，但由于本项目借助 Dreamweaver CS5 开发，并且约定使用 VBScript 脚本语言，因此，对数据库连接有着一定的特殊性。

启动 Dreamweaver CS5，新建一个 ASP VBScript 页面并保存在站点"我的网站"中，执行"窗口"—"数据库"命令（快捷键：Ctrl + Shift + F10），打开"数据库"调板。单击其中的"+"按钮，将弹出如图 3-8 所示的快捷菜单。

图 3-8　数据库连接方式

下面，使用"自定义连接字符串"的方法将站点"我的网站"和数据库 mysite.mdb 进行连接。

（1）单击"自定义连接字符串"，弹出如图 3-9 所示的"自定义连接字符串"对话框，并将"连接名称"字段取为 conn。

(2) 不关闭图 3-9 所示的"自定义连接字符串"对话框,执行"Access 连接字符串生成器",单击其中的"浏览"按钮,选择数据库文件 E:\mysite\db\mysite.mdb,此时,会自动在"生成的连接字符串"文本区域内生成连接代码,如图 3-10 所示。

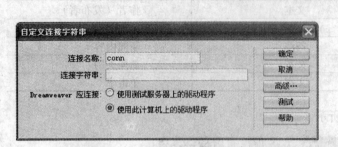

图 3-9 "自定义连接字符串"对话框　　　　图 3-10 Access 连接字符串生成器

(3) 单击图 3-10 中的"拷贝"按钮,将所生成的连接字符串复制到剪贴板中,然后将其粘贴在图 3-9 中"连接字符串"处的文本框中,如图 3-11 所示。

(4) 单击图 3-11 中的"测试"按钮,如果测试通过,将弹出图 3-12 所示的对话框。连接测试成功后,单击图 3-11 中的"确定"按钮,完成连接数据库的操作。

图 3-11 自定义连接字符串　　　　　　　图 3-12 连接测试成功

提示:

(1) 工具软件"Access 连接字符串生成器"可在本书配套网站 www.qqpcc.com 中下载。

(2) 也可以不使用"Access 连接字符串生成器",使用下述方法生成字符串:

① 新建空白的文本文件,将扩展名改为 udl;

② 双击该文件,弹出"数据链接属性"对话框。在"提供程序"选项卡中,选择 Microsoft Jet 4.0 OLE DB Provide,单击"下一步"按钮。在"连接"选项卡中,选择对应的数据库文件,再单击"测试连接(T)"按钮。

③ 测试成功后,用"记事本"程序打开刚才的文件(也可先改扩展名为 TXT),其中的第三段(即最后一段)就是所需的连接字符串。

当然,如果你愿意记下面这段话,上面的操作就可以省了:

Provider = Microsoft.Jet.OLEDB.4.0;Data Source = E:\mysite\db\epshop.mdb;
Persist Security Info = False

资讯三 新闻系统前台设计

所谓前台,是指新闻系统面向网站访客的部分。通俗地说,就是给访问网站的人看的内容和页面。

任务一 新闻列表页的设计

一、新闻列表页设计

启动 Dreamweaver CS5，在站点"我的网站"中，按图 3-13 所示新建文件，文件类型为 ASP VBScript，并将文件保存为 index.asp。

注意：细心的读者可能发现，常见的新闻系统并无"表头"，的确如此，本例加入表头的目的是为了便于讲解，正式使用时可以省略。

前面已经讲过，数据库的连接一个站点通常只要连接一次，但每一个要使用数据库的页面都要进行一次或多次"绑定"。

执行"窗口"—"绑定"命令，打开"绑定"调板（快捷键：Ctrl + F10），按"+"号按钮，在弹出的快捷菜单中，选择其中的"记录集（查询）"绑定数据表，弹出"记录集"对话框，如图 3-14 和图 3-15 所示。

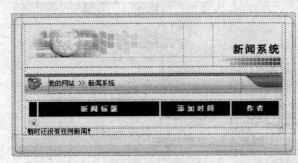

图 3-13 首页模板

图 3-14 "绑定"｜"记录集"

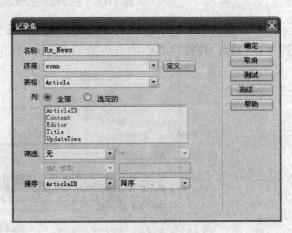

图 3-15 "记录集"对话框

注意：用户可以自己起记录集的"名称"，但不能用中文，选择相应的"连接"（这里为 conn）和对应的表格（这里为 NewsCenter）。

注意：排序是按文章的 ID"降序"，目的是要让最新发表的文章排在最上面。

打开"应用程序"—"绑定"中对应的记录集，将相应的记录拖放到 index.asp 的相应位置上，如图 3-16 所示。

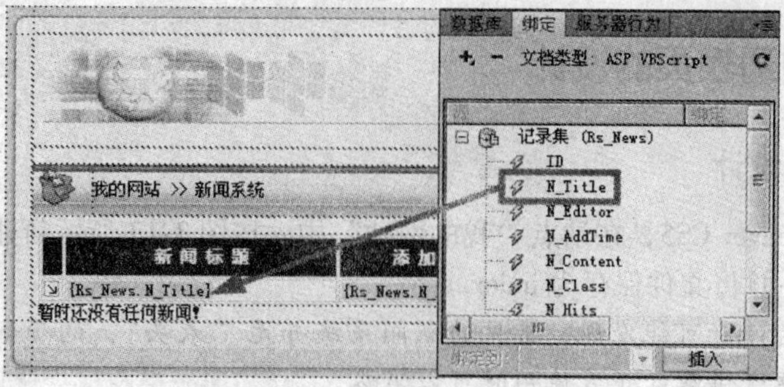

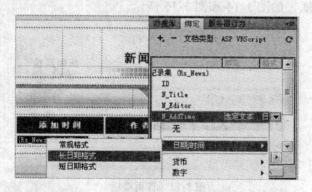

图 3-16　插入记录集中的记录

在图 3-16 中的箭头只是其中一个例子，其他记录类似。

如果希望日期按照"2008 年 8 月 8 日"这样的格式显示，可对"日期"（即 {Rs_News. N_AddTime}）做如图 3-17 所示的操作。

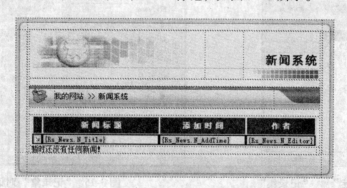

图 3-17　将日期格式修改成"长日期格式"

（1）选择有数据记录的行（即已经拖放了记录集中记录，有相应标记的行），将光标置于这一行，并按状态栏中最后的一个 <tr> 标记，如图 3-18 所示。

图 3-18　"行"的选择

（2）单击"服务器行为"中的"+"号按钮，在弹出的菜单中执行"显示区域"—"如果记录集不为空则显示区域"命令，弹出"如果记录集不为空则显示区域"对话框，如图 3-19 所示。

（3）同理，选择"暂时还没有任何新闻！"所在的区域，执行"显示区域"—"如果记录集为空则显示区域"命令，弹出"如果记录集为空则显示区域"对话框，单击"确定"按钮，如图3-20所示。

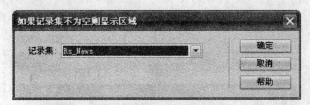

图3-19 "如果记录集不为空则显示区域"对话框

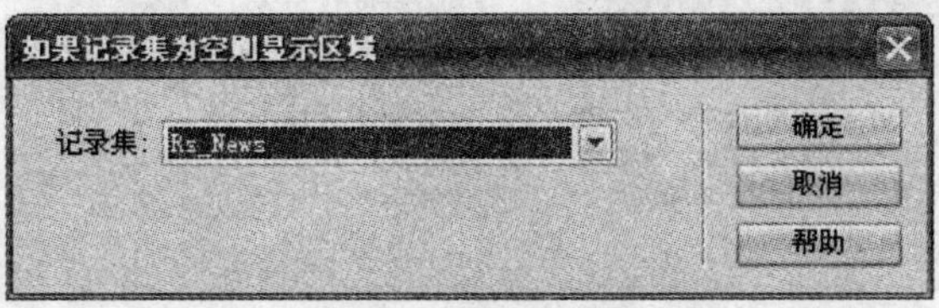

图3-20 "如果记录集为空则显示区域"对话框

（4）将上述页面保存并按F12键预览，如果数据库mysite.mdb的表NewsCenter中有记录，则应能正确地显示一条新闻的"新闻标题"、"添加时间"和"作者"，这条新闻实际上是数据库中最新的那一条新闻。若NewsCenter中没有新闻记录，则显示"暂时还没有任何新闻！"。

注意：为了达到较好的预览效果，预览前可打开mysite.mdb，手工添加数条新闻。

众所周知，任何一个新闻系统的新闻列表页显示的不是一条而是多条记录，"服务器行为"中的"重复区域"可以实现这一功能。

选择有数据记录的行，执行"服务器行为"中的"重复区域"命令，弹出"重复区域"对话框，默认重复显示10条记录，可以根据实际需要修改，甚至可以直接显示所有记录，如图3-21所示。

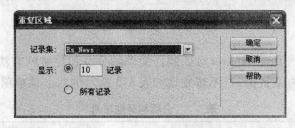

图3-21 "重复区域"对话框

单击"确定"按钮，效果如图3-22所示。

图3-22 "重复区域"效果

至此，新闻系统已经基本完成。

保存并预览，效果如图 3-23 所示。

图 3-23 新闻系统预览

二、新闻列表页设计进阶

前面已经初步实现了新闻列表页的制作，但不难发现，还有很多问题需要解决，如分页、长标题的处理、"新"新闻的处理等，下面分别介绍。

1. 分页显示

当数据库中新闻条数多于图 3-23 中所约定的条数时，一页无法全部显示，需要进行分页及导航，分页或导航的方式很多，如图 3-24 所示。

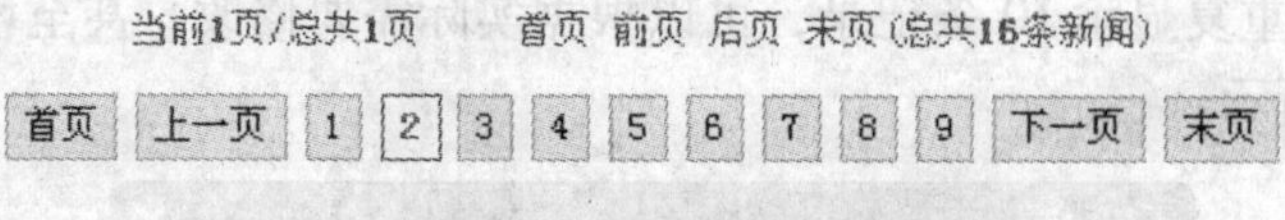

图 3-24 分页及导航

这里介绍的是使用 Dreamweaver CS5 制作简单的分页和导航的方法。打开"插入"调板，将插入类型更改为"数据"，不难发现如表 3-3 所示的两个菜单项。

表 3-3 分页和导航工具

分页及导航菜单项	功能说明
记录集分页：记录集导航条	包括"移至第一条记录"、"移至前一条记录"、"移至下一条记录"、"移至最后一条记录"、"移至特定记录"等菜单项
记录集导航状态	默认显示"记录 X 到 Y（总共 Z）"

在适当的位置，执行"记录集分页"命令，弹出"记录集导航条"对话框。如图 3-25 所示，在对话框中可根据实际情况将显示方式选择为"文本"或"图像"，效果如表 3-4 所示。

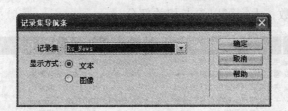

图 3-25 记录集导航条

表 3-4 记录集的两种导航方式

	设　　计	预　　览
"文本"方式	如果符合如果符合如果符合如果符合此条件则显示…… 第一页 前一页 下一个 最后一页	第一页 前一页 下一个 最后一页
"图像"方式	如果如果如果如果符合此条件则显示……	◄◄ ◄ ► ►►

执行"记录集导航状态"命令，会直接在光标所示的位置插入如下的导航状态：

记录 {Rs_News_first} 到 {Rs_News_last}（总共 {Rs_News_total}）

显然，由于软件自身的原因，上述显示是存在 Bug 的，应该根据实际情况进行修订。例如：

当前显示的是：第 {Rs_News_first} 到 {Rs_News_last} 新闻，共有 {Rs_News_total} 条新闻。

2. 长标题的处理

如果新闻标题过长，新闻列表会显得过于零乱。常用的做法是：如果标题超过指定的长度，只显示一定的长度字符，超出部分用省略号表示，如图 3-1 所示。

要实现这一功能，需要用到两个 ASP 的函数 len 和 mid。项目三将对这些函数作进一步介绍，这里只是简单地引用。

- len ()：返回字符串长度或者变量的字节长度。
- mid ()：返回字符串中从第 N 个字符开始取 M 个字符，格式为 Mid ("字符串", N, M)。

选中 index.asp 中插入的 {Rs_News.N_Title}，切换到"代码"视图，不难发现，对应的代码为：

```
<% =(Rs_News.Fields.Item("N_Title").Value)%>
```

将上述代码替换为：

```
<% If len(Rs_News.Fields.Item("N_Title").Value)<11 Then %>
<% =(Rs_News.Fields.Item("N_Title").Value)%>
<% Else %>
<% =mid((Rs_News.Fields.Item("N_Title").Value),1,11)%>
<% End If %>……
```

保存并按 F12 键预览，不难发现，当标题长度超过 11 个字时，只显示前面的 11 个字，超出部分用省略号"……"代替，如图 3-26 所示。

后面将介绍单击"标题"向 view.asp 传送参数的问题，届时，进一步讨论如何在处理长标题时同时传递参数,大家可以参考相关部分。

新闻标题	添加时间	作者
电力实验商城祝北京奥运……	2008-8-20 18:25:16	Admin
喜迎奥运,万种商品特价……	2008-8-8 21:12:48	蒋罗生
关于在本站投放网络广告	2008-6-18 21:11:10	晓青
关于山寨机,你怎么看?……	2008-6-18 15:03:12	ximaoduo
XV6900已经到货,……	2008-6-18 15:00:38	银狐
本公司新增多种在线支付……	2008-6-16 14:57:48	fuda
D80单反相机已经到货	2008-6-18 14:55:38	qqpcc
《电脑美术基础》已经到	2008-5-18 14:53:11	admin
六个不等式暗藏投资风险	2008-3-15 14:40:35	qqpcc
本公司推出新的三包政策	2008-3-15 14:39:02	microhua

图 3-26 处理了长标题后的新闻系统预览

3. 新闻类别的处理

当有多个类别的新闻时,常需要在首页分类地显示,如图 3-27 所示,要解决这一问题通常有如下两类方法。

(1)按类别分别创建不同的记录集。

首先,建立一个如图 3-27 所示的页面,文件类型为 ASP VBScript。

建立两个记录集 Rs_sj 和 Rs_hy,如图 3-28 所示。

图 3-27 按新闻类别显示新闻(模板)

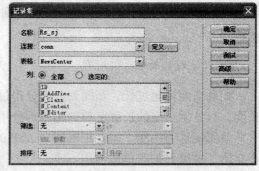

图 3-28 "记录集"对话框

以 Rs_sj 为例,单击图中的"高级…"按钮,在新的"记录集"对话框中,在 SQL 框中增加一句"WHERE N_Class =' 商城新闻",即:

SELECT *
FROM NewsCenter
WHERE N_Class =' 商城新闻'
ORDER BY ID ASC

同样的道理,在 Rs_hy "记录集"对话框的"高级"中,增加语句:

WHERE N_Class =' 行业资讯'

在"商城新闻"和"行业资讯"两个不同的栏目中,分别插入 Rs_sj 和 Rs_hy 中的对应记录,并执行"重复区域"的操作(注意:一定要选择好相应的记录集),如图 3-29 所示。

保存并预览,效果如图 3-30 所示。

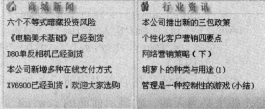

图3-29　分别插入不同记录集中的记录　　　　图3-30　按新闻类别显示新闻

（2）循环嵌套。

上面的方法虽然简单，但操作较为繁琐，稍不留意就极易出现误操作。一个更有效的方法是使用所谓的"循环嵌套"。

先分析一下前面介绍的"重复"操作，实际上，"重复"就是使用了 ASP 中的"循环"，ASP 中"循环"是可以嵌套的，按照这个说法，理论上，可以做两次"重复"，即先对新闻列表中的"行"进行一次"重复"操作，再按"新闻类别"进行一次重复操作，如图 3-31 所示。

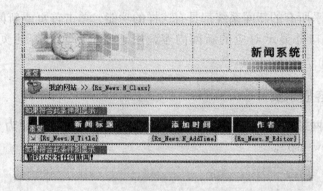

图3-31　理想中的重复嵌套

但遗憾的是，Dreamweaver 并不支持重复嵌套。也就是说，图 3-31 中这种理想中的重复嵌套在 Dreamweaver 中是无法实现的。前面已经说过，ASP 支持循环嵌套，虽然无法直接在 Dreamweaver 中实现这种嵌套的"重复"，但可以通过代码视图，对代码部分进行修改，实现重复循环。

由于这种操作较复杂，包括"竖排的循环嵌套"和"横排的循环嵌套"等多种形式，而且要求手工添加代码，这已经超出了本课程的要求，请大家参考本书配套网站中的相关文章（见 www.qqpcc.com）。限于篇幅，这里我们就不做进一步介绍。

4．"新"新闻的处理

大家可能发现，不少网站会将当天发布的标上动态图形"New"，表示是新的文章。要实现这一功能，其实也较容易，不过 Dreamweaver 不能自动实现这一功能，需要在源代码上进行修改。

在｛Rs_News. N_Title｝之前插入并选中小图像"New"，切换到"代码"视图。可以看到被选中部分的代码如下：

```
< img src = "images/new.gif" width = "28" height = "11" border = "0" >
```

将上述代码替换成：

```
<% If Cstr(date()) = left(Rs_News.Fields.Item("N_AddTime").Value,instr(Rs_News.Fields.Item("N_AddTime").Value," ")-1) Then %>
<img src="images/new.gif" width="28" height="11" border="0">
<% End If %>
```

事实上，也就是在原有语句前后各加一句，目的是为了判断所发布的新闻是不是当天的，如果是当天的，就显示前面的 new.gif，否则不显示，如图 3-32 所示。

图 3-32 "新的"新闻加上"NEW"图标

上面用到了 3 个 ASP 函数 cstr、left、instr 和 "If … Then … [Else if …] [Else …] End if"语句。

任务二　新闻显示页的设计

众所周知，几乎所有的新闻系统都具有这样的功能，单击首页或新闻列表页中的新闻标题，会打开新窗口并显示对应的新闻内容，用于显示新闻内容的页面常称为新闻显示页。

一、设计新闻内容显示页

在站点"我的网站"中，新建如图 3-33 所示的文件，文件类型为"ASP VBScript"，将文件保存为"view.asp"。

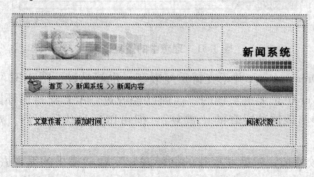

图 3-33 新闻显示页 view.asp

新闻显示页比较特殊，它不能单独执行，必须接收来自首页或新闻列表页的"指令"，在首页或新闻列表页中单击某一个新闻标题，新闻显示页显示对应的新闻内容。

为了解决这一问题，先回到 index.asp 页面，选中"标题"部分，执行"服务器行为"中的"转到详细页面"命令，如图 3-34 所示。

这时会弹出"转到详细页面"对话框，如图 3-35 所示。

应当注意，上面的记录集要选择正确，且"详细信息页"选择为 view.asp，"列"及"传递 URL 参数"均选择为文章的 ID。这表明，执行时，每单击一次"新闻标题"就会将对应的 ID 传送给 view.asp，同时跳转到页面 view.asp 中去。

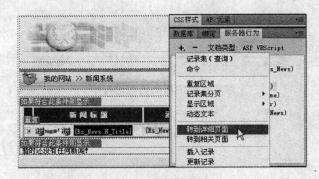

图 3-34 转到详细页面

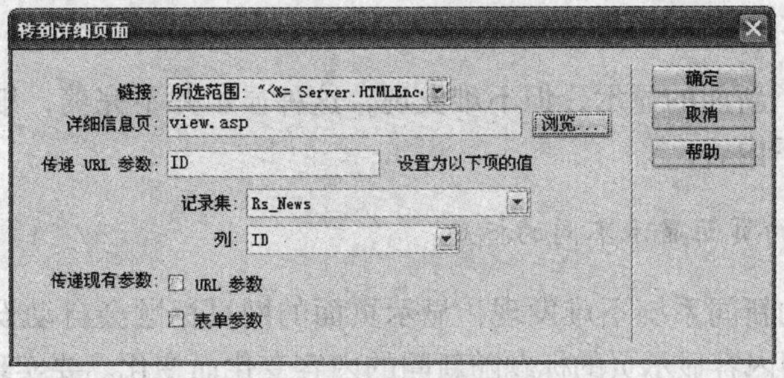

图 3-35 "转到详细页面"对话框

返回到新闻显示页 view.asp，建立记录集，如图 3-36 所示。现在关键是要准确地接收 index.asp 传送过来的参数，使用"筛选"来完成这一工作。

应当注意，"筛选"部分的选择如图 3-37 所示。

将记录集中的记录插入（或拖放）到相应位置，如图 3-38 所示。

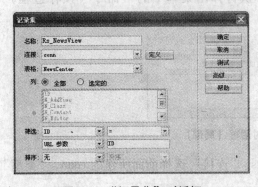

图 3-36 "记录集"对话框

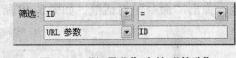

图 3-37 "记录集"中的"筛选"

图 3-38 插入记录后的 view.asp

打开 index.asp 并预览，单击 index.asp 中对应的新闻标题，看是否正确转到 view.asp 并正确地显示内容。所传过来的参数值在浏览器的地址栏中应该体现为 view.asp?ID＝xxx，其中的 xxx 就是传过来的 ID。如果显示正确，则应该出现如图 3-39 所示的效果。

至此，新闻显示页已经基本完成。

图 3-39　新闻显示页 view.asp 的预览效果

二、新闻内容显示页设计进阶

前面已经实现了新闻的显示，但不难发现，这种显示并不完美，细节部分有待进一步改进，主要包括以下内容。

1. 如何在不同的页面显示不同的标题

观察其他成熟的新闻系统不难发现，显示页面的网页标题会自动设置为对应的新闻标题。也就是说，新闻内容显示页的标题随新闻的内容变化而变化。要实现这一功能，可切换到代码视图，找到 <title> </title> 部分，把记录集中的 N_Title 拖到这组标签的中间位置。

2. 显示文章的单击数

要显示新闻的"阅读次数"，可以采用如下方法。

在"阅读次数"后面插入记录集中的 N_Hits，即 {Rs_NewsView.N_Hits}。

打开"绑定"调板，单击"+"号按钮，执行弹出菜单中的"命令（预存过程）"命令，弹出"命令"对话框，如图 3-40 所示。

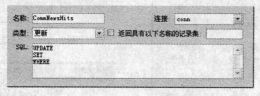

图 3-40　"命令"对话框（局部）

在对话框中，"名称"定义为 CommNewsHits，"连接"选择前面所建的 conn，"类型"选择为"更新"，单击"确定"按钮。

切换到"代码"视图，找到下述代码：

```
<%
Set CommNewsHits = Server.CreateObject ("ADODB.Command")
CommNewsHits.ActiveConnection = MM_conn_STRING
CommNewsHits.CommandText = "UPDATE   SET   WHERE "
CommNewsHits.CommandType = 1
CommNewsHits.CommandTimeout = 0
CommNewsHits.Prepared = true
CommNewsHits.Execute()
%>
```

将其替换为：

```
<%
if(Request.QueryString("ID") <> "") then CommNewsHits__MM_ID = Request.QueryString("ID")
%>
<%
set CommNewsHits = Server.CreateObject("ADODB.Command")
CommNewsHits.ActiveConnection = MM_conn_STRING
CommNewsHits.CommandText = "UPDATE NewsCenter  SET N_Hits = N_Hits + 1 WHERE ID = " + Replace(CommNewsHits__MM_ID,"'","''") + " "
CommNewsHits.CommandType = 1
CommNewsHits.CommandTimeout = 0
CommNewsHits.Prepared = true
CommNewsHits.Execute()
%>
```

至此，"阅读次数"的设计就已经完成。但需要注意的是，这种方法显示的是表NewsCenter中所记录的 N_Hits 的值，但 N_Hits 所记录的是前一次的"阅读次数"，所以按这种方法所显示的"阅读次数"比实际次数少一次。为解决这一问题，一个简单的方法就是将 N_Hits 的初始值设为 1。

资讯四　新闻系统后台设计

新闻系统的后台，也称为后台管理系统，主要用于管理新闻系统的"前台"。可完成诸如新闻的添加、更新、删除等操作。为了保障系统安全，后台通常需要进行相应的登录验证，登录信息经验证正确后才能进入网站后台的管理界面，实现相应的操作。

任务三　管理员登录页的设计

只有管理员才能进入后台管理，对新闻进行添加、修改、删除等操作，用户是否具有管理员资格是根据用户名和密码进入判断的。个别网站还采用了随机验证码等复杂的验证机制。

在站点"我的网站"中新建如图 3-41 所示的页面，文件类型为 ASP VBScript，将文件保存为 login.asp。应当注意的是，建立这一页一定要先建立一个表单，将所有的元件放在表单之中。

图 3-41　管理员登录页

打开"绑定"调板，执行"记录集"命令，打开"记录集"对话框，如图3-42所示。应该注意的是，这里的"表格"应选择Administrator，由于管理员通常不多，可不排序。

图3-42 "记录集"对话框

选中管理员登录页中的表单，执行"服务器行为"—"用户身份验证"—"登录用户"命令，如图3-43所示。

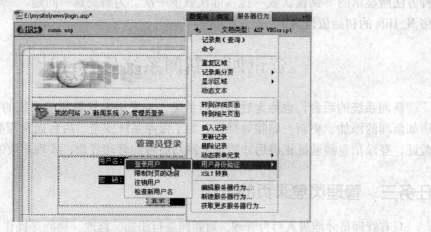

图3-43 执行"登录用户"命令

执行"登录用户"命令后，会弹出"登录用户"对话框，如图3-44所示。

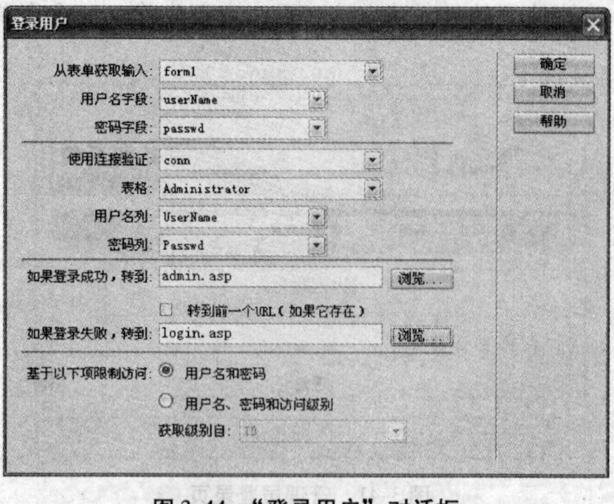

图3-44 "登录用户"对话框

在图 3-44 中,"用户名字段"设置为 userName,"密码字段"为 passwd,"使用连接验证"为 conn,"表格"为 Administrator,"用户名列"和"密码列"要分别修改为 UserName 和 Passwd(这两项需要特别注意,通常对话框中自动获取的并不正确),"如果登录成功,转到"我们选择 admin.asp,这表明成功后进入管理页;如果失败,我们这里选择的是 login.asp,这表示是让其返回登录页。有兴趣的读者,也可先制作一个过渡页,提示用户名或密码错误,然后再跳转到 login.asp 去。

至此,管理员登录页制作成功,保存并按 F12 键预览,如果输入正确的用户名和密码能成功转入 admin.asp,输入错误的用户名或密码返回 login.asp,则表示登录页测试成功。

任务四　后台管理首页的设计

通常,正规的网站系统后台管理页较为复杂,功能众多。为教学方便,这里使用了一个简单的页面,目的是要将后台的各个功能集中起来,便于管理。

在站点"我的网站"中,新建如图 3-45 所示的页面,文件类型为 ASP VBScript,将文件保存为 admin.asp。

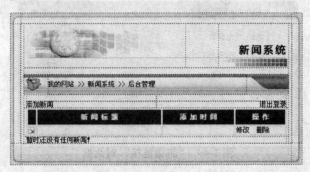

图 3-45　管理员登录页

执行"服务器行为"—"绑定"—"记录集"命令,打开"记录集"对话框,如图 3-46 所示。将其中的"表格"选择为 NewsCenter,并按 ID"降序"。

图 3-46　"记录集"对话框

将"记录集"中记录 Rs_NewsAdm.N_Title 和 Rs_NewsAdm.N_AddTime 插入（拖放）到适当位置，如图 3-47 所示。

选择"添加新闻"，切换到"属性"面板中的 HTML，将超级链接指向 add.asp，如图 3-48 所示。或执行"插入记录"—"超级链接"命令，弹出"超级链接"对话框，将文字"添加新闻"链接至 add.asp。

图 3-47 插入"记录集"中的记录

图 3-48 属性面板中的"HTML"面板

同理，选择"退出登录"，将其链接至退出登录页 Logout.asp，如图 3-49 所示。

图 3-49 "超级链接"对话框

分别选择图 3-47 中的"修改"和"删除"，执行"转到详细页面"命令。下面仅以"修改"为例进行介绍。

选中文字"修改"，执行"服务器行为"—"转到详细页面"命令，如图 3-50 所示设置各参数。

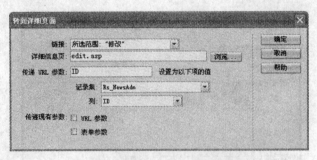

图 3-50 "转到详细页面"对话框

"删除"的"转到详细页面"操作，与"修改"基本相同，唯一的差别是将"详细信息页"更换为 delete.asp。

不难发现，"修改"和"删除"这两个"转到详细页面"的操作，分别向 edit.asp 和 delete.asp 传送了一个参数 ID，后面讨论这两个页面时，一定要注意正确接收从这里传递过去的参数。

至此，后台管理页制作完成。

应当指出，"修改"和"删除"两处，也可不使用"转到详细页面"命令，直接使用"链接"来完成，下面仍以"修改"为例进行介绍。

选中文字"修改"，单击"属性"面板中的 HTML，打开 HTML 属性面板，在该面板中单击"链接（L）"后面的文件夹图标，如图 3-51 所示。

图 3-51　属性面板（局部）

在弹出的"选择文件"对话框中，选择 edit.asp，如图 3-52 所示。

图 3-52　"选择文件"对话框

单击"参数…"按钮，弹出"参数"对话框，单击"+"号按钮，添加参数，"名称"中输入 ID，如图 3-53 所示。

单击"值"右侧的闪电标志按钮，弹出"动态数据"对话框，如图 3-54 所示。

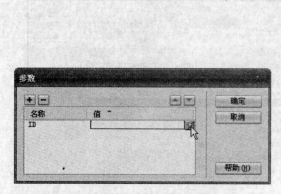

图 3-53　"参数"对话框

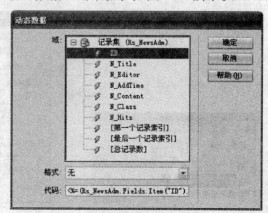

图 3-54　"动态数据"对话框

在"动态数据"对话框中,选择"记录集(Rs_NewsAdm)"中的ID字段,单击"确定"按钮并关闭所有对话框。这时,我们发现,已经为文字"修改"添加了一个链接,值为:
edit.asp?ID = <% =(Rs_NewsAdm.Fields.Item("ID").Value)% >

其中,ID就是我们输入的参数,等号后面的就是选择的动态值,这样就达到了和前面介绍的从 index.asp 向 view.asp 一样的效果。

提示:如果要在链接中传递多个参数,可以在图 3-53 中,添加多个参数,添加完成后,链接值将变成形如"edit.asp?参数1 = xxx& 参数2 = yyy& 参数3 = zzz"的格式。

任务五　新闻添加页的设计

为了便于管理员添加新闻,先设计一个如图 3-55 所示的页面,文件类型为 ASP VBScript,将文件保存为 add.asp。

图 3-55　添加新闻页

有两种方法可以完成新闻添加页的设计,讲授时可选择其中任意一种,下面分别介绍。

一、自动生成新闻添加页

在"插入"调板选择插入"数据",执行"插入记录"—"插入记录表单向导"命令,如图 3-56 所示。

在弹出的"插入记录表单"对话框中,"连接"选择 conn,"插入列表格"选择 NewsCenter,"插入后,转到"选择 admin.asp,这表明,如果成功插入记录,则跳转到后台管理首页 admin.asp,如图 3-57 所示。

图 3-56　插入记录表单向导

图 3-57　"插入记录表单"对话框

在"插入记录表单"对话框中，需要修改和调整的内容较多，主要包括以下几处。

（1）"表单字段"中，应根据需要确定需要使用的字段，默认显示的是全部字段，可以通过"表单字段"后面的"+"、"-"号按钮对现有字段进行添加和删除。

（2）"显示为"指的是字段类型，但不难发现，默认的"显示为"并不一定正确，如本例中的 N_Class、N_Content 就并不正确，我们应根据需要进行调整。

可以选中需要修改类型的字段，在图中的"显示为："列表菜单中选择正确的字段类型。

（3）调整好各字段的顺序，可借助"表单字段"右侧的"三角"和"倒三角"按钮进行调整。

（4）将各"标签"修改为中文，否则图 3-59 中第一列所显示的是英文。要修改标签，可选择要修改的字段，在下方的"标签："文本框中进行修改。

（5）修改部分字段的默认值（初始值），如作者可默认为 admin（或：管理员）、添加时间可设置为"< % = now ( ) % >"、新闻类别设置为某一特定的类别（如本例中可设为"企业新闻"等）。

注意："< % = now ( ) % >"可显示当前日期时间，类似的还有可用"< % = date ( ) % >"表示当前日期，用"< % = time ( ) % >"表示当前时间。

应当指出的是，"新闻类别"所对应的"显示为"修改较为复杂，当选择类型为"菜单"时，下方会自动增加一个"菜单"按钮，单击"菜单"按钮，弹出"菜单属性"对话框，如图 3-58 所示。

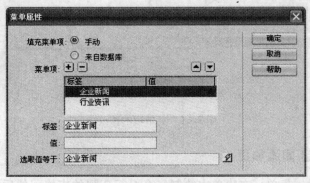

图 3-58 "菜单属性"对话框

"填充菜单项："设置为"手动"，单击菜单项中的"+"号按钮可以添加菜单，"-"号按钮可用于删除已有菜单，右侧的"三角"和"倒三角"按钮可用于对菜单顺序进行调整。

全部调整完成后，效果如图 3-59 所示。

图 3-59 "插入记录表单"完成后的效果

保存并按 F12 键预览，效果如图 3-60 所示。

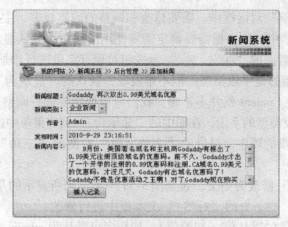

图 3-60 "新闻添加页"效果图

注意:"插入记录集表单向导"完成后,"新闻类别"中的菜单项仍可修改。选中对应的"菜单"表单元件,单击属性面板中的"列表值"按钮,弹出"列表值"对话框,可以借助"列表值"对话框对各菜单项作进一步的修改,如图 3-61 所示。

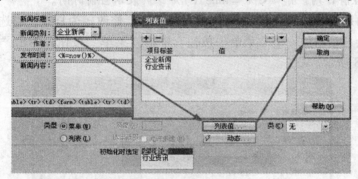

图 3-61 菜单项的修改

二、"手工"制作新闻添加页

在 add.asp 中插入表单,在表单中绘制一个 6 行 2 列的表格,然后在适当位置插入相应的文字或表单元素,如图 3-62 所示。

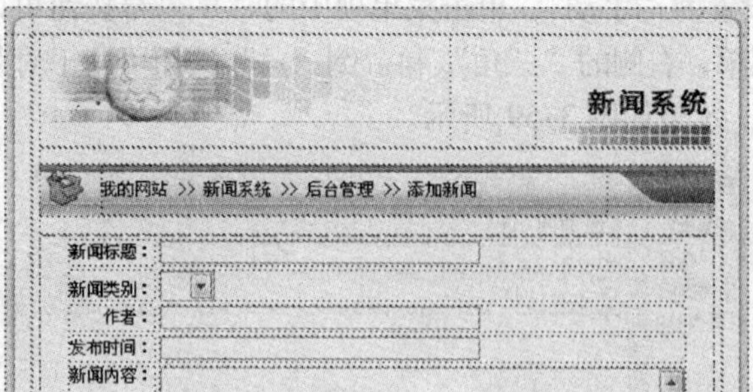

图 3-62 绘制用于"添加新闻"的表单

插入任何一个新的表单元素，都会弹出一个如图 3-63 所示的"输入标签辅助功能属性"对话框，将其中的 ID 取值为数据库 NewsCenter.mdb 中表 NewsCenter 对应的字段名即可，图 3-63 所示的是"标题"右侧文本字段所对应的"输入标签辅助功能属性"对话框，其他表单元素可依此进行。

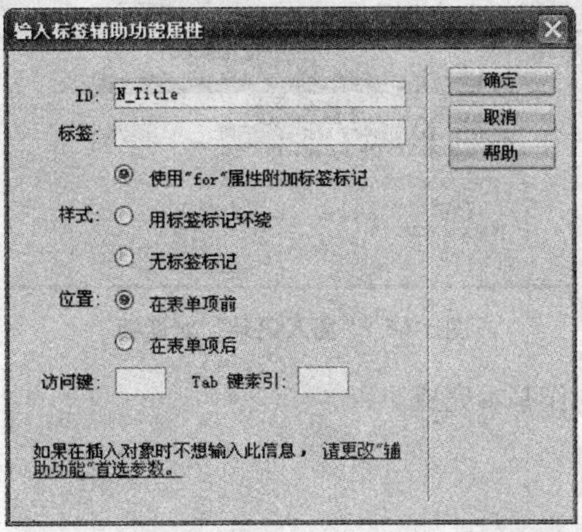

图 3-63 "输入标签辅助功能属性"对话框

注意：为了便于后面进行"插入记录"的操作，宜将各表单元素的 ID 取值为数据库 NewsCenter.mdb 中表 NewsCenter 对应的字段名。如果现在不设置 ID 值（即 ID 值留空），或不将 ID 设置成相应字段的字段名，进行"插入记录"的操作时，图 3-66 中的"表单元素"列表框中就会出现形如"〈未命名〉〈忽略〉"的警告，需要手工调整；否则，"插入记录"的操作不能成功。

已经存在的表单元素，可以从其属性工具栏对其 ID 进行修改。图 3-64 是"新闻类别"对应的"菜单"元件的属性面板。

单击上述属性面板中的"列表值..."按钮，将弹出"列表值"对话框，如图 3-65 所示。

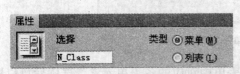

图 3-64 表单元素的属性（局部）

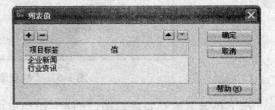

图 3-65 修改新闻类别的初始值

单击"列表值"对话框中的"+"号按钮可添加新闻类别，"-"号按钮可用于删除已有的标签，上、下方向键则可用于调整标签的顺序。

打开"绑定"调板，单击"+"号按钮执行弹出菜单中的"记录集"命令。选择"连接"为 conn，"表格"为 NewsCenter，其他用默认值即可。

选中 add.asp 中的表单，执行"服务器行为"—"插入记录"命令，将弹出"插入记录"对话框，如图 3-66 所示。

在图 3-66 所示的"插入记录"对话框中，"连接"选择为 conn，"插入到表格"选取 NewsCenter，"插入后，转到"选择 admin.asp。一定要注意，"表单元素"列表栏如果出现了"〈忽略〉"字样，应该选中相应的字段后在"列"和"提交为"两项中修改。

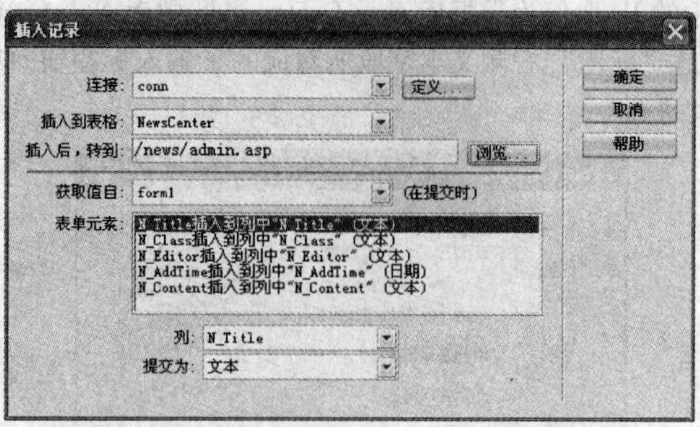

图 3-66 "插入记录"对话框

至此，新闻添加页制作基本完成。

三、检查表单

不难发现，上面的做法有不完美的地方，其中最重要的一个缺陷就是它支持空记录的输入，但在实际操作过程中这是绝对不允许的。

要解决这一问题，可以先打开"行为"调板（快捷键：Shift + F4）。选中 add.asp 中对应的表单，执行"标签编辑器"—"行为"—"检查表单"命令，弹出"检查表单"对话框，如图 3-67 所示。

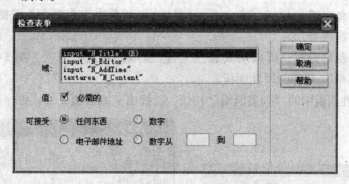

图 3-67 "检查表单"对话框

在"检查表单"对话框中，"域"中列出了表单中对应的各表单元素，选中后可以通过下方的"值"和"可接受"来加以限制。如本例中，可设 N_Title（新闻标题）和 N_Content（新闻内容）为"必需的"。有时，一些字段只允许使用数字（如手机号）或必须使用电子邮件格式（如 E-Mail），从图 3-67 可以看出，这些参数也能轻易设置。

四、设置数据库文件的权限

由于 Web 服务器对文件权限有严格的规定，Guest 用户不能轻易地对文件进行"写"操作。所以在预览并实际进行添加、修改和删除新闻等操作时，可能会出现错误。要解决这一问题，必须给数据库文件设置适当的权限。

在"我的电脑"中，执行"工具"—"文件夹选项…"命令，在弹出的"文件夹选项"对话框中，切换到"查看"选项卡，取消其中的"简单文件共享（推荐）"。

如果使用的是 NTFS 格式文件系统，此时右击站点中的 db 文件夹，选择其中的"属性"菜单，在弹出的"属性"对话框中就会增加"安全"选项卡，在"安全"选项卡中可以方便地设置用户对数据库的访问权限。本例中，应该为"来宾"用户（Guest）mysite.mdb 添加"修改"、"完全控制"等权限。

FAT32 文件系统可以通过修改 db 文件夹的"共享"属性中的"权限"，来控制用户访问数据库的权限。但应当说明的是，若使用的是 FAT32 文件系统，修改权限是非必需的。

任务六 新闻修改页的设计

在站点"我的网站"中，新建如图 3-68 所示的页面，文件类型为"ASP VBScript"，将文件保存为 edit.asp。

图 3-68 修改新闻页面 edit.asp

打开"绑定"调板，执行"绑定"—"记录集"命令，在弹出的"记录集"对话框中，按照如图 3-69 所示进行设置。值得注意的是，edit.asp 是接收 admin.asp 传送过来的参数 ID 以后才开始工作的。所以记录集按照 ID 进行"筛选"，即 edit.asp 只接受 admin.asp 传送过来的 ID。

在任务四中已经介绍过，必须在 admin.asp 中将"修改"所对应记录的 ID 传送到 edit.asp。

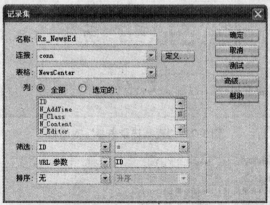

图 3-69 "记录集"对话框

完成上述操作后，可在浏览器中再次预览 admin.asp，并单击其中的某条新闻所对应的"修改"，此时应正确跳转到 edit.asp，并将这条新闻的 ID 同时传递给 edit.asp，效果如图 3-70 所示。

图 3-70 参数传递成功

和新闻添加页一样，新闻修改页同样包括"自动"和"手工"两种制作方法，可以根据实际需要选择其中一种讲授。当然，如果希望制作的页面具有个性，应当重点熟悉"手工"的方法。

一、自动生成新闻修改页

图 3-71 更新记录表单向导

在 Adobe Dreamweaver CS5 中打开 edit.asp。并在"插入"调板中选择插入"数据"。执行"更新记录"菜单中的"更新记录表单向导"命令，如图 3-71 所示。

在弹出的"更新记录表单"对话框中，选择"连接"为 conn，"要更新的表格"选取为 NewsCenter，"选取记录自"选择 Rs_NewsEd，"唯一键列"选用 ID，"在更新后，转到"选用 admin.asp，同时，要将"表单字段"中各字段的"标签"修改为中文，如图 3-72 所示。

单击"确定"按钮后即可生成如图 3-73 所示的新闻修改页。

在图 3-73 中，"新闻类别"的数据来自数据库，处理方法如下所述。

在图 3-72 中，选择"新闻类别"后，在"更新记录表单"对话框中出现"菜单属性"按钮，如图 3-74 所示。

图 3-72 "更新记录表单"对话框

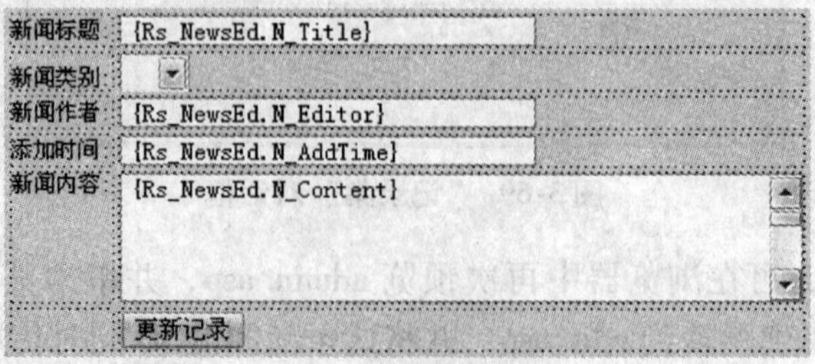

图 3-73 新闻修改页（部分）

图 3-74 "更新记录表单"对话框（部分）

单击"菜单属性"按钮，弹出"菜单属性"对话框，选择"填充菜单项"为"来自数据库"，效果如图 3-75 所示。

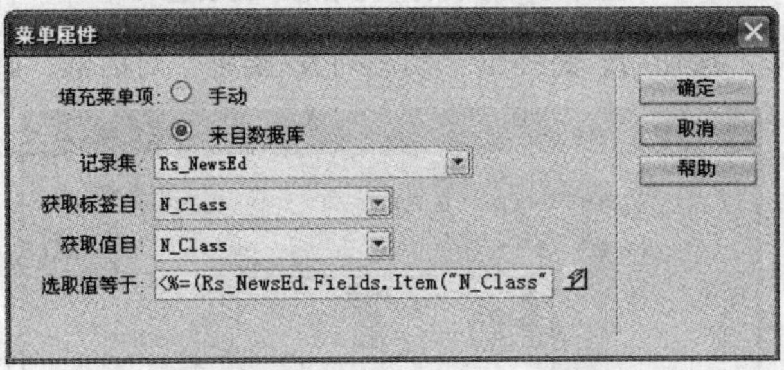

图 3-75 "菜单属性"对话框

单击"选取值等于"右侧的闪电标志，弹出"动态数据"对话框，将其中的"域"选取为记录集 Rs_NewsEd 中的 N_Class，如图 3-76 所示。

单击"确定"按钮，返回"菜单属性"对话框，再次单击"菜单属性"对话框中的"确定"按钮，返回"更新记录表单"对话框，最终效果如图 3-72 所示。

当然，这种处理方法也有所不足，那就是预览时"新闻类别"来自于数据库，不能修改。为了解决这一问题，通常还需要在"菜单属性"对话框中"手动"添加菜单项，如图 3-77 所示。

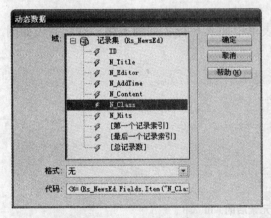
图 3-76 "动态数据"对话框

图 3-77 手动添加新闻类别

虽然这样可以方便日后修改"新闻类别"，但也有不足，那就是修改"新闻类别"时，下拉列表中，"真实"的新闻类别会重复出现一次。这两个一个来自于数据库，另一个来自"静态选项"。要解决这一问题，需要对程序代码进行修改。限于篇幅，在此就不作介绍了，有兴趣的读者可参考本书配套网站的有关文章（见 www.qqcpp.com）。

在制作好后的新闻修改页中，各表单元素中的内容是可以继续修改的，以"新闻类别"所对应的"菜单"为例,选中"菜单"元素后,在属性面板中单击"列表值…"按钮,如图 3-78 所示。

图 3-78 修改表单元素的"列表值"

单击"列表值…"按钮后,将弹出"动态列表/菜单"对话框,如图 3-79 所示。

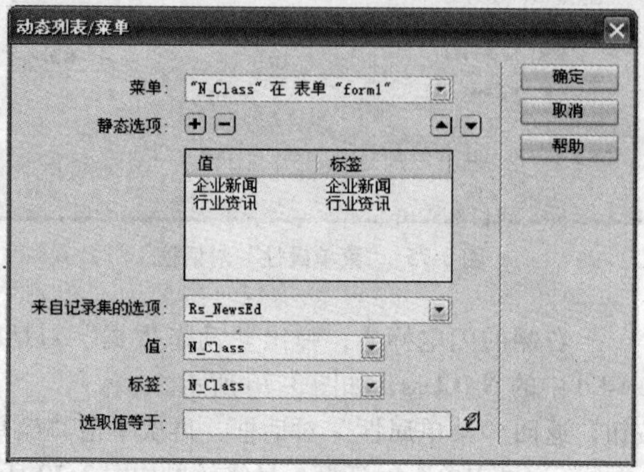

图 3-79 "动态列表/菜单"对话框

具体的修改方法,在此不再赘述。

二、"手工"制作新闻修改页面

在图 3-68 所示的页面中插入表单,并在表单中插入 6 行 2 列的表格,然后插入如图 3-80 所示的文字和表单元素。

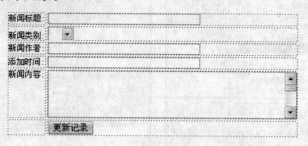

图 3-80 插入表单元素后的 edit.asp

和制作新闻添加页一样,图 3-80 中的各表单元素的 ID 最好要和表 NewsCenter 对应的字段名称一致,否则在图 3-85 中会出现"〈未命名〉〈忽略〉"之类的警告,需要手工调整。

将记录集 Rs_NewsEd 中各字段("新闻类别"字段 N_Class 除外)插入(或拖放)对应的表单元素中,如 3-81 所示。

对于"新闻类别"菜单的处理,可选中"新闻类别"对应的"列表/菜单"表单项后,单击属性面板中的"动态…"按钮进行设置,处理方法和前面几个任务中所介绍的一致。也可在选中"新闻类别"对应的"列表/菜单"表单项后,在"服务器行为"调板中单击"+"号按钮,在弹出的菜单中,执行"动态表单元素"—"动态列表/菜单"命令,如图 3-82 所示。

图 3-81　插入对应的"记录"

图 3-82　执行"动态列表/菜单"命令

在弹出的"动态列表/菜单"对话框中,将"来自记录集的选项"设置为 Rs_NewsEd,"值"和"标签"均设置为 N_Class。"静态选项"中应该添加已有新闻类别的名称,可单击"+"号添加,单击"-"号删除,如图 3-83 所示。

图 3-83　"动态列表/菜单"对话框

单击"选取值等于"右侧的闪电标志,弹出如图 3-84 所示的"动态数据"对话框。
选择"动态数据"对话框中的 N_Class,然后单击"确定"按钮。

经过上面的处理后，选择 edit.asp 中的表单，在"服务器行为"调板中单击"+"号按钮，执行菜单中的"更新记录"命令，弹出"更新记录"对话框，如图 3-85 所示。

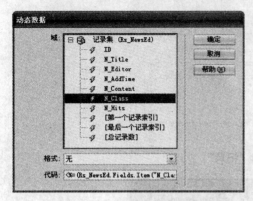

图 3-84 "动态数据"对话框

图 3-85 "更新记录"对话框

最终的效果如图 3-86 所示。

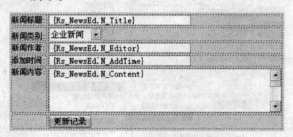

图 3-86 "更新记录"页面成品

任务七 新闻删除页的设计

在站点"我的网站"中新建如图 3-87 所示的页面，文件类型为 ASP VBScript，将文件保存为 delete.asp。

图 3-87 新闻删除页

在 delete.asp 中，各表单元素的设置和任务六中 edit.asp 的各表单元素设置相同。唯一不同的是，"新闻类别"的"菜单"元素不要设置静态值，只要从表 NewsCenter 中取对应的

N_Class 即可。

打开"绑定"调板，单击"+"号按钮，在弹出菜单中执行"记录集"命令。同样，delete.asp 仅接受 admin.asp 传送过来的 ID。因此，在"记录集"对话框中，特别要注意"筛选"部分的设置。

在图 3-88 所示的"记录集"对话框中，设置"名称"为 Rs_NewsDel，选择"连接"为 conn，"表格"为 NewsCenter。

回到 delete.asp，选择其中的表单，执行"服务器行为"—"删除记录"命令，弹出"删除记录"对话框，如图 3-89 所示。

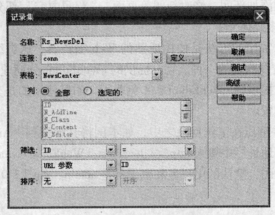

图 3-88 "记录集"对话框

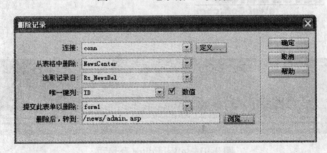

图 3-89 "删除记录"对话框

选择"连接"为 conn，"从表格中删除"为 NewsCenter，"选取记录自"选择 Rs_NewsDel，设置"删除后，转到"为 admin.asp，单击"确定"按钮。

保存并按 F12 键预览，效果如图 3-90 所示。

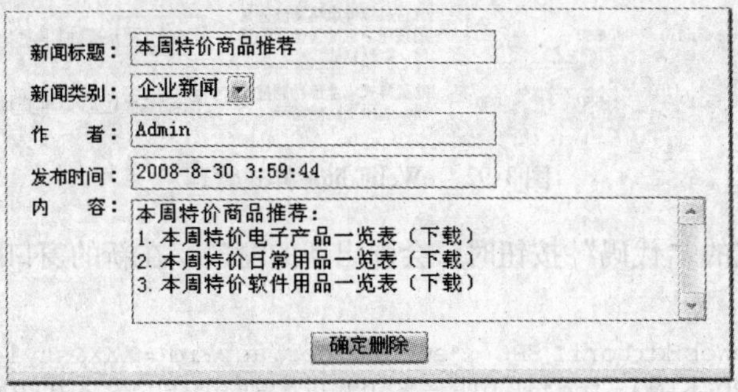

图 3-90 新闻删除页预览（部分）

至此，新闻删除页面制作完毕。

资讯五　新闻系统的功能增强

任务八　使用 eWebEditor

通过前面几节的学习，我们已经初步完成了新闻系统的制作，但显然，所制作的新闻系统仍有明显的不足。如添加新闻、修改新闻等页面，“新闻内容”部分均使用的是“文本区域”，不能插入图片等多媒体元素。

要解决这一问题，常用的方法是使用成熟的 Web 编辑器，这类编辑器很多，其中国产编辑器 eWebEditor 是较受欢迎的一种。官方提供的 eWebEditor 分商业版、精简版和免费版 3 种，下面介绍的是官方提供的 eWebEditor 2.8 免费版。如果使用的是其他版本，请参照官方提供的帮助文件进行设置。

下载 eWebEditor 并解压在工作目录之中，如本例将其解压到 E:\mysite\eWebEditor 文件夹中，打开浏览器，在地址栏中输入 http://localhost/eWebEditor/admin_login.asp，在打开的页面中输入用户名和密码，默认的用户名和密码都是 admin，如图 3-91 所示。

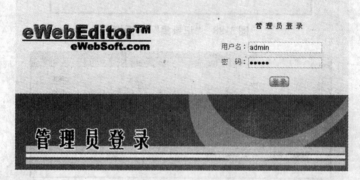

图 3-91　eWebEditor 登录页

成功登录并进入后台管理后，选择左侧菜单中的“样式管理”，这时出现了多种样式可供选择，可以先“预览”观察效果，满意后再单击其中的“代码”选项，如图 3-92 所示。

以下为当前所有样式列表：　新增样式

样式名	最佳宽度	最佳高度	说明	管理
standard	550	350	Office标准风格，部分常用按钮，标准适合界面宽度，默认样式	预览|代码|设置|工具栏|删除
s_full	550	650	酷蓝样式，全部功能按钮，适用于功能演示	预览|代码|设置|工具栏|删除

图 3-92　eWebEditor 样式管理

当单击相应样式的“代码”按钮时，会弹出新的窗口，在新的窗口中，将显示如下所示的“调用代码”：

```
<IFRAME ID = "eWebEditor1" SRC = "ewebeditor.asp?id = XXX&style = standard" FRAME-
BORDER = "0" SCROLLING = "no" WIDTH = "550" HEIGHT = "350" > </IFRAME >
```

注意： 本例是样式“standard”对应的调用代码。

将上述代码复制备用。

下面以"添加新闻"页面 add.asp 为例,介绍 eWebEditor 的使用。打开 add.asp,选中"新闻内容:"右侧的表单元素"文本区域",切换到"代码"视图,相应代码如下:

<textarea name="N_Content" id="N_Content" cols="45" rows="5"></textarea>

将其修改为:

<textarea name="N_Content" style="display:none"></textarea>

做上述修改的目的是将文本区域 N_Content 设置成"隐藏"。将前面复制的 eWebEditor 调用代码粘贴在这段代码之下,即:

<textarea name="N_Content" style="display:none"></textarea>
<IFRAME ID="eWebEditor1" SRC="ewebeditor.asp?id=XXX&style=standard" FRAMEBORDER="0" SCROLLING="no" WIDTH="550" HEIGHT="350"></IFRAME>

将上述代码中的 ewebeditor.asp 修改为 "../ewebeditor/ewebeditor.asp",将其中的 XXX 修改为 "N_Content",结果如下:

<textarea name="N_Content" style="display:none"></textarea>
<IFRAME ID="eWebEditor1" SRC="../ewebeditor/ewebeditor.asp?id=N_Content&style=standard" FRAMEBORDER="0" SCROLLING="no" WIDTH="550" HEIGHT="350"></IFRAME>

上述做法的目的是,使用内嵌框架 <IFRAME> 嵌入 eWebEditor 编辑器,编辑器所引用的表单为 N_Content。也就是说,我们将 eWebEditor 中输入的内容传送给 N_Content,然后由 N_Content 传送到数据库 mysite.mdb 中表 NewsCenter 中的字段 N_Content。

保存并按 F12 键预览,效果如图 3-93 所示。

图 3-93 增加了 eWebEditor 的添加新闻页面(局部)

应当注意的是,前面已经说过 eWebEditor 后台默认的用户名和密码均 admin,正式使用时务必修改,否则将会留下严重的安全隐患。

任务九 增强后台登录的安全性

通过前面的 8 个任务,已经完成了新闻系统的前台和后台设计。但细心的读者不难发现,程序的安全性仍然没有得到解决,还遗留了不少问题,例如,如果在 login.asp 中输入用户名或密码错误,程序仍可以返回到 login.asp 但没有任何提示。又如,任何人均可跳过

login.asp 直接进行新闻的添加、修改或删除操作。

要解决这些问题，就必须加强后台的保护机制。下面将几个常用的处理一并放在本任务中进行介绍。

一、登录不成功时的提示

打开 login.asp，打开"服务器行为"调板，如图 3-94 所示。双击面板中的"登录用户"，将弹出"登录用户"对话框，如图 3-95 所示。

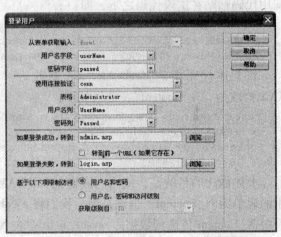

图 3-94 "服务器行为"面板　　　　图 3-95 "登录用户"对话框

在"登录用户"对话框中，将"如果登录失败，转到"中原有的 login.asp 修改为"login.asp?errinfo=用户名或密码不正确！"。

切换到 login.asp 的代码视图，在 <form> 之前添加这样一段代码：

```
<% If Request.QueryString("errinfo")<>"" Then %>
<p align="center"><%=Request.QueryString("errinfo")%></p>
<% End If %>
```

增加这段代码的目的是：如果 URL 参数 errinfo 不为空就显示这个 errinfo 的值。

此时，保存并按 F12 键预览，如果输入的用户名和密码均正确，则成功地转到 admin.asp。如果用户名或密码不正确，则虽然返回到 login.asp，但浏览器的地址栏中显示为：

http://localhost/news/login.asp?errinfo=用户名或密码不正确！

而页面中也增加了一句"用户名或密码不正确！"，如图 3-96 所示。

图 3-96 用户名或密码不正确时返回的状态

二、对后台各页面的保护

此处需要对 admin.asp、add.asp、edit.asp、delete.asp 等页面进行保护，以确保仅管理员才能访问，没有授权的用户运行 admin.asp、add.asp、edit.asp、delete.asp 中任何一项，均会自动返回到 login.asp。

分别选择上述四个文件，进行以下的操作。

（1）单击"服务器行为"调板上的"+"号，在菜单中执行"用户身份验证"—"限制对页的访问"命令。

（2）在弹出的"限制对页的访问"对话框中选择"用户名和密码"，在"如果访问被拒绝，则转到"中输入 login.asp。

这样一来，非管理员访问 admin.asp、add.asp、edit.asp、delete.asp 中任何一个就会自动跳转到 login.asp。

三、制作 logout.asp

logout.asp 的目的是使管理员退出登录状态，返回到新闻系统的首页。这一页面无法直接由 Dreamweaver CS5 生成，需要手工编写代码。

新建一个空白的页面，将文件保存为 logout.asp。切换到代码视图，删除其中原有的代码，添加下述代码：

```
<%  Session.Abandon
    Response.Redirect "index.asp"
%>
```

项目四　留言板设计

资讯一　系统概述

留言板是网站和用户沟通的桥梁，用户能借助留言板发表对网站的意见和建议，网站则能通过留言板倾听用户的呼声。因此，留言板在电子商务网站中有着极其重要的作用。

留言板的功能可强可弱，但功能大同小异，如图 4-1 所示。

图 4-1　留言板成品

留言板的用途极为广泛，其功能根据实际的不同也有所差异，但都是对数据库的一些基本操作，如添加、删除和修改等操作。

本项目我们将实现如图 4-1 所示的留言板设计，这个留言板包括如下功能：
用户功能——浏览留言、签写留言；
管理员功能——浏览留言、签写留言、修改、删除、回复留言。
这样一个简单的留言板至少包括以下 8 个页面，各个页面之间的关系如图 4-2 所示。
以上各页面功能如下：
conn.asp——数据库连接的基本信息；
index.asp——显示留言的页面；
write.asp——签写新的留言；
login.asp——管理员登录；
admin.asp——后台管理首页；

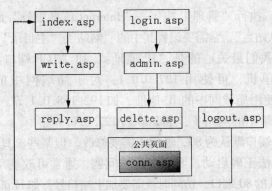

图4-2 留言板页面结构图

delete. asp——管理员删除留言；
reply. asp——管理员回复留言；
logout. asp——管理员退出管理状态，返回留言板首页。

其中，公共页面 conn. asp 由 Dreamweaver 进行数据库连接时自动产生，还是要用到数据库的页面都要用到它，其他页面引用它时，实际上用到了：

```
<!--#include file="Connections/conn.asp"-->
```

细心的读者会发现，我们的这个留言板没有管理员编辑留言功能，事实上，要实现这一功能并不困难，但是，管理员修改用户的留言是违背网络道德规范的，对于那些不合适的留言可以删除但不能修改，这是目前各留言板程序共同遵循的道德规则。正因为如此，此处，也没有介绍如何对留言进行编辑。

资讯二　准备工作

和前面制作新闻系统一样，制作留言板程序之前也需要做一系列的准备工作。这些准备工作和项目三中所介绍的类似，已经熟悉相关知识的读者，可以跳过本节。

一、建立工作目录

由于留言板将作为站点"我的网站"的成员之一，为了便于管理，我们建立 E:\mysite\Guestbook 作为留言板的工作目录，留言板所需的数据库文件放置在 E:\mysite\db 中。E:\mysite\images 用于存放站点"我的网站"公用的图片，而 E:\mysite\Guestbook\images 用于存放留言板专用的图片。当然，也可以根据需要，在 E:\mysite\Guestbook 下再建立其他的文件夹，用于存放留言板所需要的其他文件。

站点结构是否清晰对以后的管理和维护至关重要，建立站点前一定要在站点的结构上多花功夫。结构混乱的站点以后维护起来会十分困难，要预先有周密的规划，一旦确定，也不要中途修改。

二、启动 IIS

如前所述，设计动态网站时，为便于调试，必须先启动 Web 服务器。所以，设计基于 ASP 的新闻系统时，应该先启动 IIS。

打开"控制面板",执行"管理工具"—"Internet 信息服务"命令,启动 IIS。

对于 IIS 中的"默认站点",常需要设置其中的"网站"、"主目录"、"文档"3 个选项卡。

"文档"选项卡中我们最关心的是"IP 地址:"和"TCP 端口:",IP 地址默认的是"全部未分配"。对于单机,可使用 127.0.0.1;对于局域网中的计算机,除可使用 127.0.0.1 之外,还可使用局域网中的 IP 地址,如 192.168.0.1 等。因此,也可以通过 IP 地址访问建立在工作目录中的网站了,如 http://127.0.0.1/。

Web 服务器的 TCP 端口默认为 80,通常不需要修改。但某些工具软件可能会占用 80 端口,致使 Web 服务器无法正确启动,要解决这一问题,通常可改变 TCP 端口,如设为 81。但如果所设的端口非默认的 80 端口,访问时就需要加上端口号,如 http://127.0.0.1:81。

IIS 默认并未设置 index.asp 为默认文档,需要添加。可在"文档"选项卡中添加 index.asp 为默认文档,并将其置于第一个。

最后,应在"主目录"选项卡中将"连接到资源时的内容来源:"置于"此计算机上的目录",并将本地路径修改为 E:\mysite。正因为如此,以后访问留言板程序,应使用:

http://localhost/Guestbook 或:http://127.0.0.1/Guestbook

三、在 Dreamweaver CS5 中建立站点

配置好 IIS 后,需要在 Dreamweaver CS5 中建立一个站点。在 Dreamweaver CS5 中建立站点的方法有别于之前的 Dreamweaver 各个版本,详细的建立站点的方法请见项目一中的相关内容,限于篇幅,这里不做详细介绍。

在本项目中,仍然将所建的站点命名为"我的网站",本地站点文件夹为"E:\mysite",服务器模型为"ASP VBScript",如图 4-3 和图 4-4 所示。

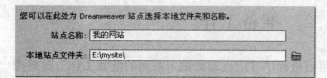
图 4-3 站点名称和本地站点文件夹

图 4-4 服务器模型

细心的读者可能发现,有 ASP JavaScript 和 ASP VBScript 两种 ASP 服务器模型,如图 4-5 所示。

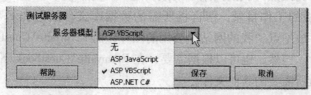
图 4-5 ASP JavaScript 和 ASP VBScript

为什么选择 ASP VBScript 而非 ASP JavaScript 呢?事实上,在服务器端,ASP 支持这两种脚本,不过新手多喜欢使用 VBScript;而在客户端,微软的 IE 浏览器对 VBScript 和 JavaScript 都支持,但部分浏览器仅支持 JavaScript。另外,JavaScript 有十分强大的交互性,在客户端用 JavaScript 能够实现许多复杂的功能。基于上述原因,我们认为,新手宜在服务器端使用 VBScript,而在客户端使用 JavaScript。

四、设计和使用数据库

1. 数据库设计

为了便于以后对"我的网站"进行整合,留言板所使用的数据库仍然使用mysite.mdb。也就是说,整个"我的网站"只使用一个数据库文件mysite.mdb,不同的子系统使用不同的表(如留言板),我们可在mysite.mdb中新建表GuestBook记录留言信息,管理员信息则可共用表Administrator。

表Administrator和GuestBook的结构如表4-1和表4-2所示。

表4-1 Administrator

字段名称	数据类型	备 注
ID	自动编号	
UserName	文本	管理员用户名
Passwd	文本	管理员密码

说明: Password是保留字,若用Password作为字段名,可能会出现意外错误,因此本例中我们使用Passwd作为"密码"的字段名。

表4-2 GuestBook

字段名称	数据类型	备 注
ID	自动编号	
G_Name	文本	留言者
G_Face	文本	留言人形象
G_Web	文本	留言人主页
G_Email	文本	留言人电子邮件
G_Title	文本	留言标题
G_Message	备注	留言内容
G_Revert	备注	管理员回复内容
G_AddTime	日期/时间	添加时间

在Access中,两表结构如图4-6所示。

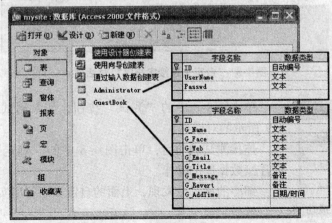

图4-6 留言板数据库结构图

2. 使用 Access 数据库

为了让 Dreamweaver CS5 能正确地使用 Access 数据库文件，必须进行数据库的连接。前面已经讲过，一个站点对同一个数据库只要进行一次数据库连接，如果在项目三的"我的网站"中已经对 mysite.mdb 进行了连接，本小节可以跳过。

执行"Access 连接字符串生成器"，单击其中的"浏览"按钮，选择数据库文件 E:\mysite\db\mysite.mdb，此时，会自动在"生成的连接字符串"文本区域内生成链接代码，如图 4-7 所示。

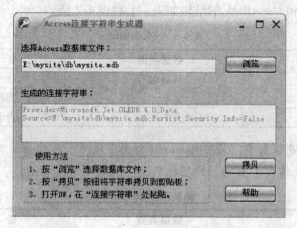

图 4-7 Access 连接字符串生成器

启动 Dreamweaver CS5，新建一个 ASP VBScript 页面并保存在站点"我的网站"中，执行"窗口"—"数据库"命令，打开"数据库"调板。单击其中的"+"按钮，在弹出的快捷菜单中执行"自定义连接字符串"命令，在弹出的"自定义连接字符串"对话框中，"连接名称"取为 conn，并将在图 4-7 中所"拷贝"的连接字符串粘贴在"连接字符串"右侧的区域内，如图 4-8 所示。

图 4-8 "自定义连接字符串"对话框

图 4-9 连接测试成功

单击图 4-8 中的"测试"按钮，如果测试通过，将弹出图 4-9 所示的对话框。

连接测试成功后，单击图 4-8 中的"确定"按钮，即可完成连接数据库的操作。

细心的读者会发现，上面的自定义字符串实际上就是：

Provider = Microsoft.Jet.OLEDB.4.0; Data Source = E:\mysite\db\mysite.mdb; Persist Security Info = False

这是一种基于 Microsoft Jet OLE DB 4.0 的连接方式。其实，也可以使用 Microsoft Access ODBC Driver 来实现，格式是：

Driver={Microsoft Access Driver (*.mdb)};DBQ=你的数据库的绝对路径

就本书所对应的站点"我的网站"，使用 Microsoft Access ODBC Driver 的自定义字符串是：

Driver={Microsoft Access Driver (*.mdb)};DBQ=E:\mysite\db\mysite.mdb

说明：一定注意 Driver 和（*.mdb）之间有个空格，否则会出错。

使用 Microsoft Access ODBC Driver 自定义字符串时，"Dreamweaver 应连接"应选择"使用此计算机上的驱动程序"。

图 4-10 所示是站点"我的网站"使用 Microsoft Access ODBC Driver 自定义字符串进行连接时的效果。

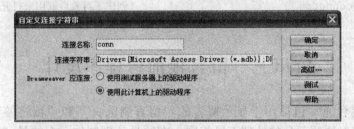

图 4-10　使用"Microsoft Access ODBC Driver"自定义字符串

前面虽然介绍了 3 种数据库连接方式（"数据源名称（DSN）"和两种自定义字符串），但细心的读者会发现，上面的方法虽然都能成功地在本机调试，但一旦上传至主机空间，又都存在一定的局限性，它们或者要求用户能在服务器端自由创建"系统数据源"，或者要求用户能准确获知网站在服务器的绝对路径，否则，程序将无法正常运行。对于初学者来说，要在服务器端解决上述问题并非易事。因此，初学者不妨重点考虑从程序自身出发，来解决这一问题。要解决这一问题，基本思路是使用数据库的相对路径来进行连接，在本例中，使用相对路径的"连接字符串"为：

"Provider=Microsoft.Jet.OLEDB.4.0;Data Source="&Server.Mappath("/db/epshop.mdb")

连接并测试成功后的效果如图 4-11 所示。

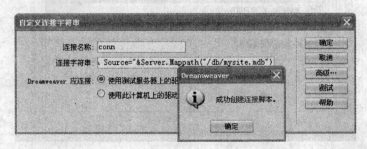

图 4-11　使用相对路径的自定义字符串

值得注意的是，此时"Dreamweaver 应连接"应该选择"使用测试服务器上的驱动程序"。

个别情况下，在使用这种方式进行连接时，会出现_mmServerScripts 目录找不到数据

库文件的提示,如:

  找不到 E:\mysite _ mmServerScripts \mysite.mdb

此时,可复制一个mysite.mdb到文件夹_mmServerScripts中,这个文件夹在程序开发完毕后可以删除。

不管使用的是哪种连接方式,数据库连接建立完成后,均会在站点根目录中创建一个名为Connections的文件夹,在这一文件夹中会建立一个以连接名称为文件名的asp文件(如:conn.asp),这一文件是用于保存连接字符串的。下面简单分析一下这一文件。

```
<%                                          'ASP 程序开始的标志
set conn = server.createobject("adodb.connection")
                                            '在服务器上创建了一个连接数据库的对象
connstr = "Provider = Microsoft.jet.oledb.4.0;data source = "&server.mappath("/
db/mysite.mdb")                             '告诉ASP数据库的接接方法以及路径
conn.open connstr                           '创建了对象后就用来打开数据库进行连接
%>                                          'ASP 程序结束
```

资讯三 留言板前台程序设计

留言板的前台通常包括用于显示留言的"留言浏览页"和"留言签写页"两部分,各种留言本程序对这两部分的处理不尽相同,有的是分别制作、有的是"合二为一"。为了便于讲解,本书将其作为两个页面index.asp(浏览)和write.asp(签写),作为两个任务分别进行介绍。

任务一 留言浏览页的设计

启动Dreamweaver CS5,在前面所建立的站点"我的网站"中,按图4-12所示新建文件,文件类型为ASP VBScript,并将文件保存为index.asp。

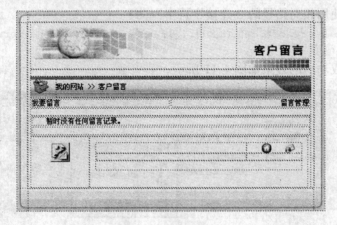

图4-12 留言板首页

打开"绑定"调板,执行"记录集"命令,打开"记录集"对话框,如图4-13所示。

记录集的"名称"取为Rs_GuestBook,"连接"使用conn,"表格"选择GuestBook。

考虑到习惯上是最新的留言显示在最前面，所以要对表中的记录按 ID 进行"降序"方式的排序。

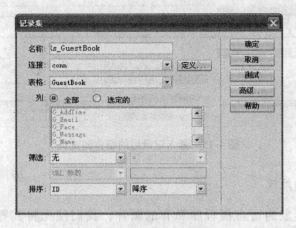

图 4-13 "记录集"对话框

一、判断数据库中是否有留言记录

首先我们实现留言本的如下功能：当留言数据库中没有任何留言的时候显示"暂时没有任何留言记录"。有记录时隐藏这个提示，显示数据库中记录的留言。

选择首页中文字"暂时没有任何留言记录"所在的表格，打开"服务器行为"调板，执行"显示区域"—"如果记录集为空则显示区域"命令。此时，将弹出"如果记录集为空则显示区域"对话框，如图 4-14 所示。

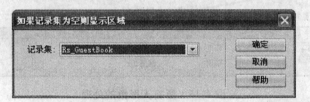

图 4-14 "如果记录集为空则显示区域"对话框

在这里，选择"记录集"为 Rs_GuestBook，单击"确定"按钮，即可实现。如果没有留言记录，则显示"暂时没有任何留言记录。"

同样的道理，选择留言显示部分对应的表格，执行"显示区域"—"如果记录集不为空则显示区域"命令，在弹出的"如果记录集不为空则显示区域"对话框中，选择"记录集"为 Rs_GuestBook。单击"确定"按钮，即可实现。如果有留言记录，则正常显示留言。

二、插入记录集中的记录

接下来，我们利用 Dreamweaver CS5 的记录集对页面上的数据进行绑定。在"绑定"调板中打开记录集，将相应的记录集字段拖放插入到留言显示的相应位置，插入完成后的效果如图 4-15 所示。

上面的插入记录操作和项目三中的介绍相似，但其中有几个比较特殊的插入项，如"留言人形象"、"留言人的主页"、"留言人 E-Mail"等，下面分别进行介绍。

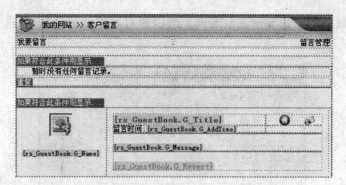

图 4-15　插入记录后的留言浏览页

1. 留言人形象的处理

考虑到留言人形象为留言板程序私有的图片，我们预先将其置于 E:\mysite\GuestBook\images\face 文件夹中。数据库 mysite 的表 GuestBook 中，对应的字段 G_Face 记录所选形象对应的文件名。

因此，要显示留言人的形象，就是要显示在 E:\mysite\Guestbook\images\face 中，并由表 GuestBook 中 G_Face 字段所指定的图像。

选择图 4-15 中的图形占位符，选择属性面板中"源文件"右侧的文件夹图标（即"浏览文件"按钮），弹出"选择图像源文件"对话框，如图 4-16 和图 4-17 所示。

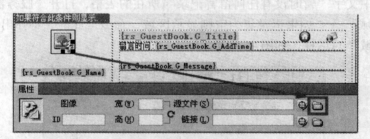

图 4-16　留言人形象的处理

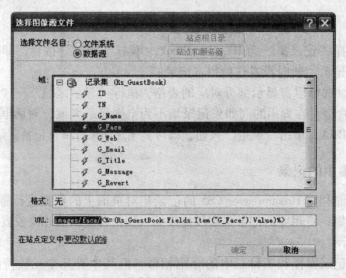

图 4-17　"选择图像源文件"对话框

在图 4-17 所示的"选择图像源文件"对话框中，将其中的"选择文件名自"由默认的"文件系统"修改为"数据源"。选择"域"中"记录集 Rs_GuestBook"中的 G_Face，此时，在"URL"中将会生成如下代码：

```
<% = (Rs_GuestBook.Fields.Item("G_Face").Value)% >
```

在此代码前添加前置字串 images/face/，即：

```
images/face/<% = (Rs_GuestBook.Fields.Item("G_Face").Value)% >
```

单击"确定"按钮，即完成显示留言人形象的设计。

2. 留言人主页的处理

选择图 4-15 中的"留言人主页"图标，在属性面板中选择"链接"右侧的文件夹图标（即"浏览文件"按钮），弹出"选择文件"对话框，将其中的"选择文件名自"由默认的"文件系统"修改为"数据源"。选择"域"中"记录集 Rs_GuestBook"中的 G_Web，单击"确定"按钮，即完成了"留言人主页"的设计。以后，用户浏览这一页并单击"留言人主页"图标时，就会使用浏览器访问留言人的主页。

3. 留言人 E-Mail 地址的处理

选择图 4-15 中的"留言人 E-Mail"图标，在属性面板中选择"链接"右侧的文件夹图标（即"浏览文件"按钮），弹出"选择文件"对话框，将其中的"选择文件名自"由默认的"文件系统"修改为"数据源"。选择"域"中"记录集 Rs_GuestBook"中的 G_EMail，此时，在 URL 中将会生成如下代码：

```
<% = (Rs_GuestBook.Fields.Item("G_Email").Value)% >
```

为上述代码添加前置的"mailto:"，将上述代码修改为：

```
mailto:<% = (Rs_GuestBook.Fields.Item("G_Email").Value)% >
```

单击"确定"按钮，即完成了"留言人 E-Mail"的设计。以后，用户浏览这一页并单击"留言人 E-Mail"图标时，就会打开邮件收发软件，向留言人发送邮件。

完成了上述记录集的绑定后，保存并按 F12 键预览，不难发现，此时我们能正确地显示表 GuestBook 中最新的一条留言记录了。

三、重复区域和分页导航

和项目三中显示多条新闻的处理手段一样，我们可以使用"重复区域"命令在首页显示多条留言记录，选择显示留言记录所对应的表格。打开"服务器行为"调板，执行"重复区域"命令，在弹出的"重复区域"对话框中，取"记录集"为 Rs_GuestBook，默认"显示"10 条记录，当然也可修改为显示"所有记录"，也可修改为指定条数的记录，如本例我们设置的是显示 5 条记录，如图 4-18 所示。

图 4-18 "重复区域"对话框

这样就设置好了重复循环显示 5 条留言记录。

当留言数超过 5 条时，一页无法全部显示。这时可设置导航条。和项目三中相应部分一样，我们需要进行"记录集分页"和"记录集导航状态"操作。

在适当位置插入"记录集分页：记录集导航条"，随后弹出"记录集导航条"对话框，如图 4-19 和图 4-20 所示。

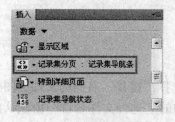

图 4-19 记录集分页

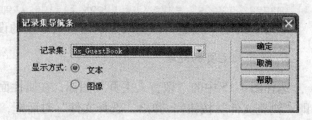

图 4-20 "记录集导航条"对话框

"记录集导航条"包括文本和图像两种显示方式，可根据实际需要选用。应当说明的是，Dreamweaver 自带的导航条并不美观，虽能满足一般的需要，但如果需要制作既美观、又实用的，则需要使用"记录集分页"中的其他功能，必要时手工编写代码。

例如，要制作如图 4-21 所示的分页，可将制作好的分页效果分别执行"记录集分页"中的"移至第一条记录"、"移至前一条记录"、"移至下一条记录"、"移至最后一条记录"和"移至特定记录"等操作，如图 4-22 所示。

图 4-21 分页导航示例

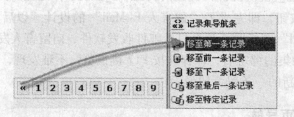

图 4-22 制作分页导航

有时，仅有分页导航还不够，还需要统计出留言的总数，并指出当前显示的是第几条。这需要使用"记录集导航状态"，在适当的位置插入"记录集导航状态"，效果如图 4-23 所示。

图 4-23 插入"记录集导航状态"

执行"记录集导航状态"后，插入的是：
记录 {rs_GuestBook_first} 到 {rs_GuestBook_last} (总共 {rs_GuestBook_total}
显然，这种表达极不规则，应将其修改为：

当前显示留言 {rs_GuestBook_first} 到 {rs_GuestBook_last} 条;共有 {rs_GuestBook_total} 条留言

至此，留言板显示页面已经制作完成，保存并按 F12 键即可预览，观察显示效果。

任务二　留言签写页的设计

留言板在处理新增加留言时，通常有两种方法：一种是在留言浏览页的上方或下方（以下方为多）增加一个留言窗口，浏览者可随时在这一窗口中添加留言；另一种是新建一留言页面，在首页上单击"我要留言"时打开新页面，用户可在新页面中添加留言。这两种做法处理时没有本质差别，学习其中任何一种均可。前面已经介绍，为了便于教学，我们采用的是后者，即在首页中单击"我要留言"后，链接到留言签写页 write.asp，用户可在留言签写页 write.asp 中添加留言。

注意：单击首页中"我要留言"后，链接至 write.asp。目标框架设置为 _self，即"相同的框架"。这样做的目的是，便于在签写留言后，无须再刷新首页即可显示新增的留言。

启动 Dreamweaver CS5，在前面所建立的站点"我的网站"中，按图 4-24 所示新建文件，文件类型为"ASP VBScript"，将文件保存为 write.asp。

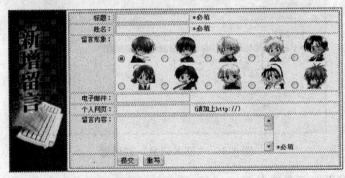

图 4-24　留言签写页 write.asp

在留言签写页 write.asp 中，应先建立表单，并将各表单元素置于表单中。各表单元素的 ID 应取为数据库 mysite.mdb 中表 GuestBook 所对应的字段名，如表 4-3 所示。

表 4-3　留言签写页 write.asp 表单元素一览

表单元素	表单元素的 ID
标题	G_Title
姓名	G_Name
留言形象	G_Face
电子邮件	G_Email
个人网页	G_Web
留言内容	G_Message

细心的读者可能会有疑问，将每一"留言形象"对应的单选按钮 ID 均取为 G_Face，会不会出现冲突。实际上，这种担心是多余的。"留言形象"中所使用的虽有 10 个图像，但因使用的是单选按钮，不管你怎么选择，只能选中其中的一个。因此，尽管 10 个单选按钮均使用 G_Face 为 ID，但真正生效的只有一个，如图 4-25 所示。

图 4-25 设置"留言形象"的 ID

由于"留言形象"的 ID 相同，为了区别各单选按钮，我们将各按钮元素的"选定值"取为对应图像的文件名。如图 4-25 所示按钮的"选定值"设为 1.gif，其他各按钮的"选定值"可分别取为 2.gif, 3.gif, …, 10.gif。

选定图 4-25 中各表单元素所在的表单，打开"服务器行为"调板，执行"插入记录"命令，在弹出的"插入记录"对话框中，选择"连接"为 conn，选择"插入到表格"为 GuestBook，"插入后，转到"设为首页 index.asp，如图 4-26 所示。

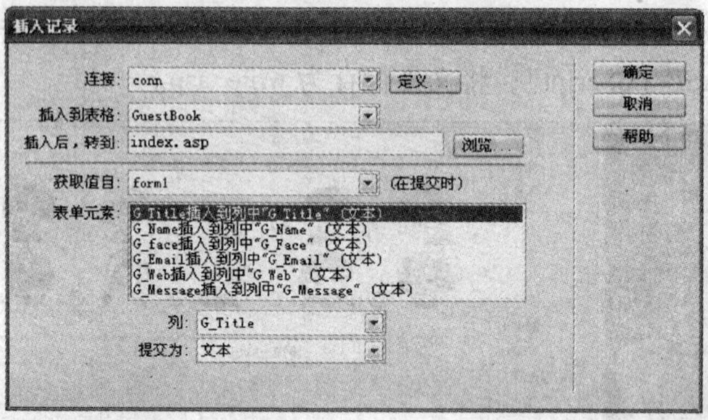

图 4-26 "插入记录"对话框

由于前面已经设置了各表单元素的 ID 和表 GuestBook 的对应字段相同，所以在图 4-26 中，"表单元素"内各表单元素会自动和表 GuestBook 中相应的字段匹配。但由于这种匹配是"自动"的，应认真检查核实。

如果前面没有将表单元素的 ID 设置成和表 GuestBook 的对应字段相同，则图 4-26 中"表单元素"会出现形如"〈未命名〉〈忽略〉"之类的警告，需要借助"列"及"提交为"进行修改。其中，"列"指表 GuestBook 对应的列（字段名），"提交为"指数据类型。

全部设置完成后，单击"确定"按钮，将出现如图 4-27 所示的效果。

图 4-27 "插入记录"后的留言签写页

至此，留言板设计已经基本完成。保存并按 F12 键预览，预览效果如图 4-28 所示。

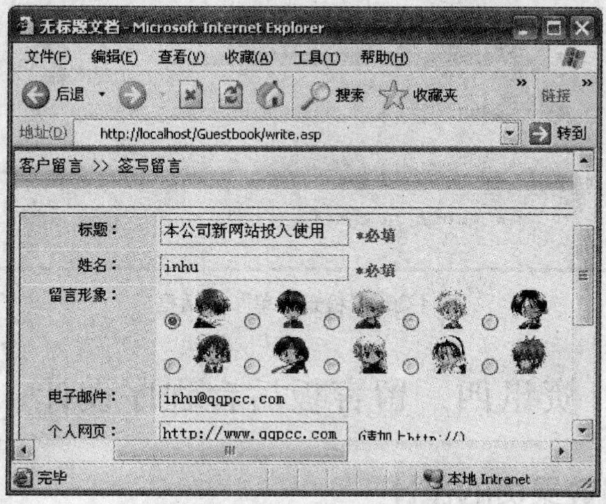

图 4-28 签写留言页预览效果

如项目三所介绍的一样，要对数据库进行写操作，需要给其赐予相应的权限。如果此时无法将新增加的留言提交，则应按照项目三中所介绍的方法，设置数据库的读写权限。

如果提交留言成功，数据库 mysite.mdb 中表 GuestBook 应增加了相应的记录，同时，主页中应有相应的更新，如图 4-29 所示。

图 4-29 添加记录后的 index.asp

虽然 write.asp 的设计已经基本完成，但细心的读者不难发现，此时是可以提交空记录的。为了解决这一问题，需要对表单元素进行限制。方法是：选中 write.asp 中的表单，执行"窗口"—"行为"命令，打开"标签检查器"调板，选择其中的"行为"子面板，执行"检查表单"命令，在弹出的"检查表单"对话框中，对各表单元素做相应的限制。如留言"标题"、留言人"姓名"、"留言内容"等可设为"必需的"，留言人"电子邮件"可设为"电子邮件地址"等，如图 4-30 所示。

通过对表单的限制，可以有效地避免空记录，同时也能限制一些特殊字段的类型，如电子邮件地址必须符合电子邮件的格式，非法的邮件格式均不能被接受。

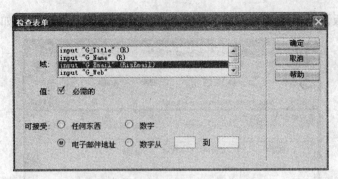

图 4-30 "检查表单"对话框

资讯四 留言板后台程序设计

任务三 管理员登录页的设计

启动 Dreamweaver CS5，在前面所建立的站点"我的网站"中，按图 4-31 所示新建文件，文件类型为"ASP VBScript"，并将文件保存为 login.asp。

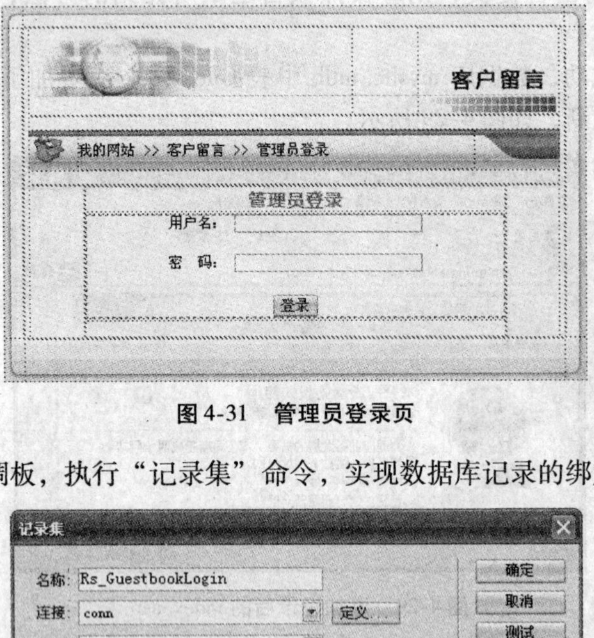

图 4-31 管理员登录页

打开"绑定"调板，执行"记录集"命令，实现数据库记录的绑定，如图 4-32 所示。

图 4-32 "记录集"对话框

记录集的"名称"取为 Rs_GuestbookLogin,"连接"选用 conn,"表格"选用 Administrator。考虑到 Administrator 中通常记录不多,可不做排序处理。

选择管理员登录页 login.asp 中的表单,打开"服务器行为"调板。执行"用户身份验证"—"登录用户"命令,如图 4-33 所示。

执行上述命令后,将弹出如图 4-34 所示的"登录用户"对话框。

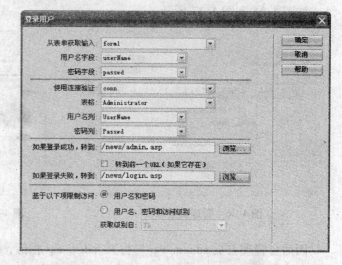

图 4-33 执行"登录用户"命令   图 4-34 "登录用户"对话框

在"登录用户"对话框中,"从表单获取输入"应选择 login.asp 中对应的表单名(表单 ID),本例为 form1,"用户名字段"选择 userName,"密码字段"选择 passwd;"使用连接验证"选用 conn,"表格"选用 Administrator,"用户名列"选用 UserName,"密码列"选择 Passwd;"如果登录成功,转到"admin.asp,"如果登录失败,转到"login.asp。这表明,如果登录成功,转到后台管理的首页;否则,返回到管理员登录页,供管理员重新输入用户名和密码,以便再次登录。

应当注意的是: 上述的"用户名字段"和"用户名列"是不相同的两个概念,"密码字段"和"密码列"亦不相同。前者指的是表单元素"用户名"或"密码"对应的 ID(即文本字段的名称),后者是表 Administrator 中"用户名"和"密码"所对应的字段名,如图 4-35 所示。

(a) 文本字段的ID   (b) 表Administrator的字段名

图 4-35 "登录用户"对话框中的"字段"和"列"

应当注意的是:"基于以下项限制访问"默认为"用户名和密码",也可选择"用户名、密码和访问级别",不同级别的用户可以访问不同的后台资源。

单击图 4-34"登录用户"对话框中的"确定"按钮,即完成了管理员登录页的设计。

任务四 后台管理首页的设计

本任务的内容相对比较简单,用户成功登录后自动跳转到后台管理首页 admin. asp,登录不成功,则返回管理员登录页 login. asp,供管理员输入用户名和密码,以便再次登录,如图 4-36 和图 4-37 所示。

图 4-36 管理员登录页

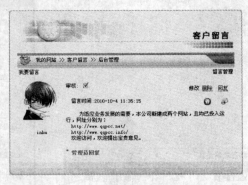
图 4-37 "留言板"之后台管理首页

因后台管理首页 admin. asp 与首页 index. asp 相似,仅仅是增加了"删除"留言、"回复"留言等管理员对留言的管理操作。因此,可以将 index. asp 复制一份,将其重命名为 admin. asp,并做相应的修改,如图 4-38 所示。

修改的部分主要是增加了管理员对留言进行"审核"、"删除"、"回复"等后台管理功能,如图 4-39 所示。

对"删除"和"回复"分别执行"转到详细页面"等命令,将参数 ID 传递给 delete. asp 及 Reply. asp。"转到详细页面"命令前面已经多次介绍,本任务中将介绍一种新的方法。下面以"回复"为例,介绍从 admin. asp 向 Reply. asp 传送 ID 参数的一种新的方法。

图 4-38 后台管理首页 admin. asp

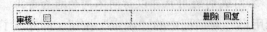
图 4-39 admin. asp 中的修改部分

选中其中的文字"回复",在属性面板中,切换到其中的 HTML 面板,单击"链接"右侧的文件夹图标("浏览文件"按钮),如图 4-40 所示。

图 4-40 属性面板

在弹出的"选择文件"对话框中,选择 Reply.asp,此时会在"URL"对应的文本字段框中会出现所选择的 Reply.asp,如图 4-41 所示。

图 4-41 "选择文件"对话框

上面的操作仅仅是完成了给文字"回复"插入超级链接,链接至 Reply.asp。我们还需要将对应的 ID 传递给 Reply.asp,以便 Reply.asp 处理 admin.asp 所传递 ID 对应的记录。为此,单击图 4-41 中的"参数…"按钮,弹出"参数"对话框,如图 4-42 所示。

在图 4-42 所示的对话框中,"+"号按钮可以用于添加参数,"-"号按钮用于删除已经存在的参数,方向键可以用于调整参数的顺序。

现在添加一个名称为"ID"的参数,在"名称"列输入 ID,"值"列不要手工输入,单击右侧的闪电标志,弹出"动态数据"对话框,如图 4-43 所示。

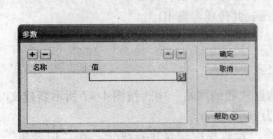

图 4-42 "参数"对话框

图 4-43 "动态数据"对话框

选择"域"中的记录集，单击左侧的"+"号展开，选择绑定的字段为 ID，单击"确定"按钮，返回"参数"对话框，此时，"参数"对话框如图 4-44 所示。

图 4-44 "参数"对话框（已添加参数）

单击"确定"按钮，返回"选择文件"对话框，但这时"选择文件"对话框中的 URL 已经被修改为 Reply.asp？ID = <% = （Rs_GuestBook.Fields.Item（"ID"）.Value)%>，如图 4-45 所示。

图 4-45 "选择文件"对话框（局部）

单击"确定"按钮，就已经实现了给"回复"插入链接同时传递 ID 参数。此时，在浏览器中单击"回复"按钮时，会自动打开 Reply.asp 并同时传递参数，如图 4-46 所示。

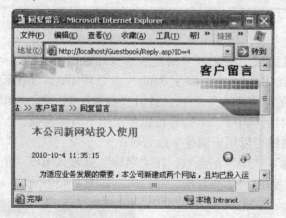

图 4-46 回复留言页预览效果

注意：如果需要同时传递多个参数，可按上面介绍的方法，同时添加多个参数。

同理，可对文字"删除"插入链接 Delete.asp 并传递参数 ID。

任务五 管理员回复留言页的设计

启动 Dreamweaver CS5，在前面所建立的站点"我的网站"中，按图 4-47 所示新建文件，文件类型为 ASP VBScript，并将文件保存为 Reply.asp。

打开"绑定"调板，执行"记录集"命令，对数据库记录进行绑定。在"记录集"对话框中，设置"名称"为 Rs_GuestbookReply，"连接"选用 conn，"表格"选用 Guest-

Book。要注意的是,由于 Reply. asp 接收来自 admin. asp 所传送的参数 ID,并显示和回复相应的记录。因此,"筛选"中应按图 4-48 所示进行设置。应当注意的是,这两个"ID"是不相同的,前者指 Reply. asp 所处理的记录的 ID,后者指 admin. asp 所传送的 ID。

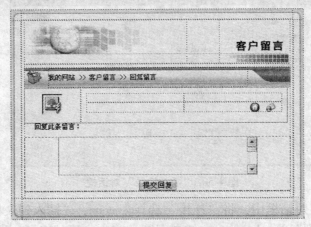

图 4-47 管理员回复留言页

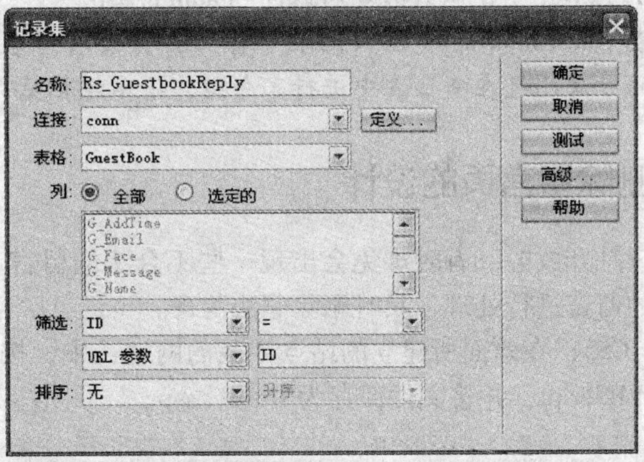

图 4-48 "记录集"对话框

将记录集中对应的记录插入(拖放)到页面中的适当位置,效果如图 4-49 所示。

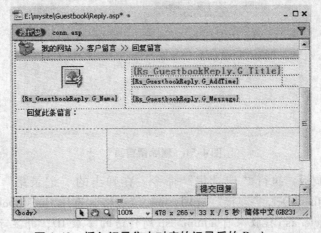

图 4-49 插入记录集中对应的记录后的 Reply. asp

选择 Reply.asp 中的表单，打开"服务器行为"调板，执行"插入记录"命令，打开"插入记录"对话框，如图 4-50 所示。

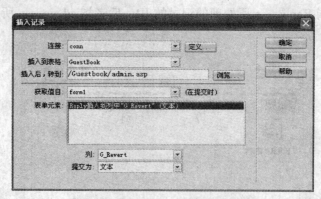

图 4-50 "插入记录"对话框

在"插入记录"对话框中，将"连接"选择为 conn，"插入到表格"选择为 GuestBook，"插入后，转到"为 admin.asp。也就是说，将文本区域 G_Revert 中的记录插入到表 GuestBook 的字段 G_Revert 中，插入成功后返回到 admin.asp。

注意：要完成对表 GuestBook 的"插入记录"操作，需要有对表 GuestBook 的"写"操作权限，设置权限的方法已经在项目三中进行了介绍，请参照相关部分进行设置。

任务六　管理员删除留言页的设计

由于留言板对用户是开放的，有时难免会出现一些不合法的留言（如广告等），管理员必须适时地对用户的留言进行处理，及时删除非法留言。

启动 Dreamweaver CS5，在前面所建立的站点"我的网站"中，按图 4-51 所示新建文件，文件类型为 ASP VBScript，并将文件保存为 Delete.asp。

图 4-51 删除留言页

打开"绑定"调板，执行"记录集"命令。在弹出的"记录集"对话框中，设置"名称"为 Rs_GuestbookDel，"连接"选用 conn，"表格"选用 GuestBook。

注意：由于 Delete.asp 接收来自 admin.asp 所传送的参数 ID，并显示和删除相应的记录。因此"筛选"中的参数应按图 4-52 所示进行设置。

项目四 留言板设计 109

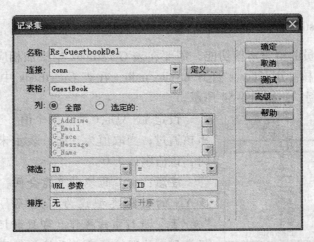

图 4-52 "记录集"对话框

将记录集中对应的记录插入到 Delete.asp 中的适当位置，这样做的目的是要让管理员在确定删除前做进一步的确定，以免误删。

选择 Delete.asp 中的表单，打开"服务器行为"调板，执行"删除记录"命令，打开"删除记录"对话框，如图 4-53 所示。

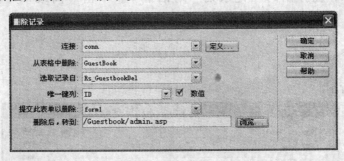

图 4-53 "删除记录"对话框

在"删除记录"对话框中，选择"连接"为 conn，"从表格中删除"选择表 GuestBook，"选取记录自"选用记录集 Rs_GuestbookDel，"唯一键列"选择 ID，"删除后，转到"文件 admin.asp。

注意：删除记录也需要有对数据库"写"操作的权限。

任务七 实现管理员的留言审核功能

通常，简易的留言板并不需要审核功能，即用户可以随时发布留言，不需要管理员审核通过，随时发布、随时显示。为了能有效地管理留言，避免用户发布非法留言，可给留言板设置管理员审核功能，只有通过管理员审核的留言，才能在前台显示。

注意：设置了审核权限可能会影响用户留言的积极性，应该慎重。

要给留言板添加审核功能，需要做两个方面的工作。一是将留言首页修改为：只有通过审核的留言，才能在 index.asp 中显示，没有通过审核的不显示；二是要在后台添加管理员的审核功能。

1. 修改表 GuestBook

为了实现管理员的留言审核功能,需要在表 GuestBook 中添加相应的字段,用于判断留言是否经过了审核。用 Access 打开 mysite.mdb,在表 GuestBook 中添加新的字段 YN,数据类型选择"数字",如图 4-54 所示。

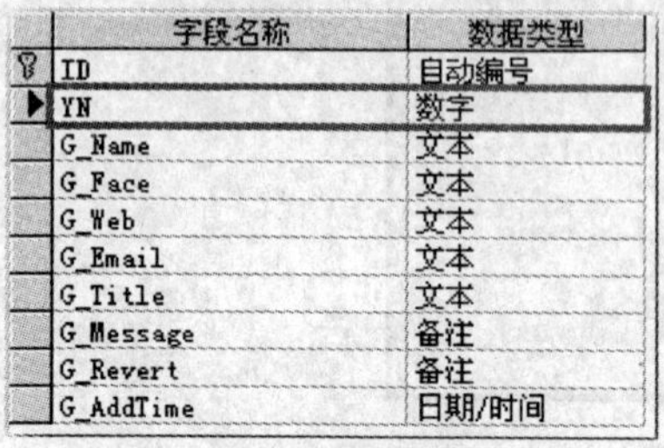

设定 YN 只取 0 和 1 两个值,当取值为 1 时,表示审核通过;当取值为 0 时,表示未审核。当用户留言时,该值默认为 0。

注意:细心的读者可能会问,为什么不直接将字段 YN 的数据类型设为"是/否",即逻辑型。因取"是/否"进行审核操作(即更新记录)时需要转换数据类型,处理较复杂,而使用数字型则能大大地简化上述操作。因此,我们在此使用数字型的 YN 字段。

图 4-54 在 GuestBook 中添加字段 YN

2. 添加审核功能后的 index.asp

启动 Dreamweaver CS5,打开 index.asp。打开"绑定"调板,双击已经建立好的记录集 Rs_GuestBook,在弹出的"记录集"对话框中,单击"高级…"按钮,将其中的"SQL"修改为:

```
SELECT *
FROM GuestBook
WHERE YN = 1
```

如图 4-55 所示。

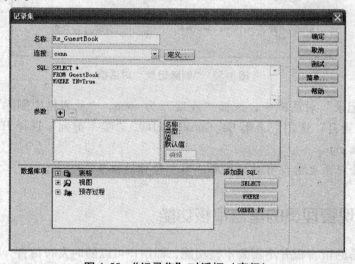

图 4-55 "记录集"对话框(高级)

这表明,index.asp 仅显示表 GuestBook 中满足 YN = 1 的记录,也就是说,仅显示通过了审核的记录。

3. 后台审核功能的实现

在 admin.asp 中添加如图 4-56 所示的表单,在表单中添加表单元素复选框和"提交"按钮,如图 4-56 所示。

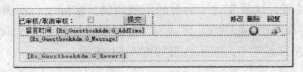

图 4-56　添加表单元素

"复选框名称"取为 YN,"初始状态"设置为"未选中",如图 4-57 所示。

图 4-57　复选框的属性面板

选取表单元素 YN,在属性面板上单击"动态…"按钮,弹出"动态复选框"对话框,单击"选取,如果"右侧的闪电标志,弹出"动态数据"对话框,如图 4-58 所示。

在"动态数据"对话框中,选取"记录集 Rs_GuestBook"中的 YN,单击"确定"按钮,返回"动态复选框",设"等于"为 1,如图 4-59 所示。

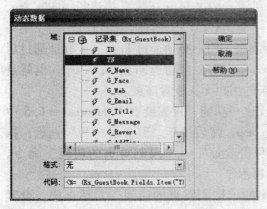

图 4-58　"动态数据"对话框

图 4-59　"动态复选框"对话框

上述各操作的目的是,使复选框 YN 的取值由表 GuestBook 中 YN 字段的值确定。当 YN=1 时,复选框被选中;当 YN=0 时,不被选中。

选中图 4-56 中的表单,打开"服务器行为"调板,执行"更新记录"命令,弹出"更新记录"对话框,如图 4-60 所示。

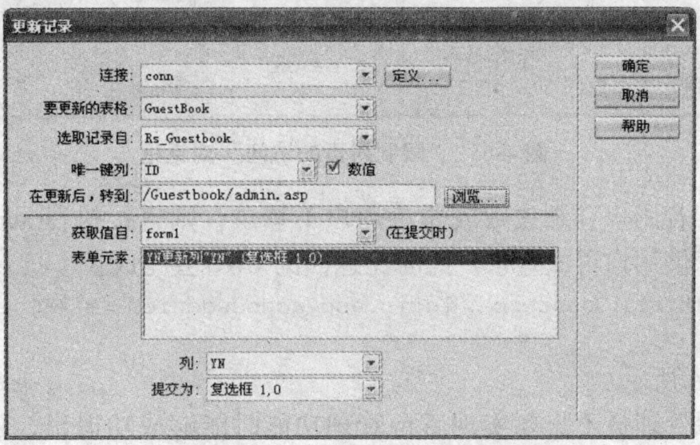

图 4-60　"更新记录"对话框

单击"确定"按钮，这就实现了后台的审核功能。实际上，所做的就是：如果将复选框 YN 选中，则向表 GuestBook 中 YN 字段写 1；如果将复选框 YN 取消（即不选择），则向表 GuestBook 中 YN 字段写 0，演示效果如图 4-61 所示。

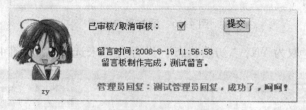

图 4-61　后台审核功能

任务八　留言板的安全设计

要确保留言板程序的安全，必须将后台部分的 admin.asp、delete.asp、reply.asp 等文件设置适当的权限，如果仅仅只是通过了 login.asp 的验证而不做其他限制就能成功地执行后台中的删除、回复等功能，那就有可能被人利用，绕过 login.asp 直接运行 admin.asp、delete.asp、reply.asp 等程序。

下面以 admin.asp 为例，对其访问权限进行限制，用户必须通过 login.asp 验证通过后才能成功地运行 admin.asp；若直接运行 admin.asp，则会自动返回到 login.asp。也就是说，未登录的用户无权查看该页。

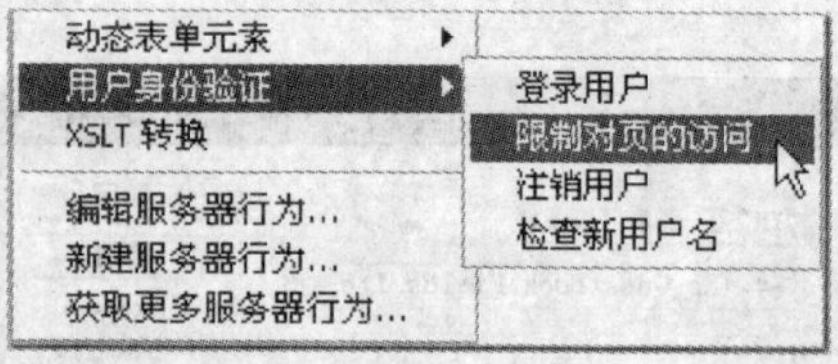

要实现这一功能，首先要在 Dreamweaver CS5 中打开 admin.asp，然后打开"服务器行为"调板，执行"用户身份验证"—"限制对页的访问"命令，如图 4-62 所示。

图 4-62　限制对页的访问

在弹出的"限制对页的访问"对话框中，设置"基于以下内容进行控制"为"用户名和密码"，设置"如果访问被拒绝，则转到："文件 login.asp，如图 4-63 所示。

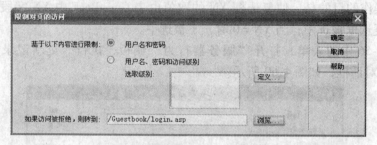

图 4-63　"限制对页的访问"对话框

如此设置后，若用户登录失败或非法用户不登录，则直接执行 admin.asp，则会自动跳转到 login.asp，供用户再次登录。此时，返回的 URL 会变成：

http://localhost/Guestbook/login.asp?accessdenied=%2FGuestbook%2Fadmin%2Easp

效果如图 4-64 所示。

最后，为确保管理员不需要实现后台管理功能时能够成功退出，还需要制作一个 logout.asp，用于让管理员退出登录状态，返回到留言板的首页。这一页面无法直接由 Dreamweaver CS5 生成，需要手工编写代码，方法如下所述。

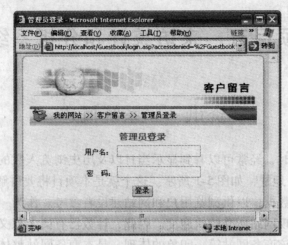

图4-64 重新返回登录页

新建一个空白的页面，将文件保存为 logout.asp。切换到代码视图，删除其中原有的代码，添加下述代码：

```
<%   Session.Abandon
     Response.Redirect "index.asp"
%>
```

项目五　来访统计和分析系统

资讯一　系统概述

在浏览网站首页时，经常可以看到显示当日以及历史浏览人数的统计量，有的网页还能显示当前用户的 IP 地址，如图 5-1 所示。这个就是本项目将要讲解的网站计数器，它针对不同需求统计多个数据，以供浏览用户和网站建设者参考。作为一个商务网站，浏览人数在一定程度上能体现网站所受的欢迎度。因此，计数器有诸多意义。首先，对于浏览用户而言，计数器是对该商务网站第一印象的体现，是本商务网站整体运营状况以及关注度的一个体现；其次，对于网站建设者而言，可以通过这样的统计方式初步了解网站风格、内容等是否具有足够的吸引力，宣传是否到位等；再则，计数器可以通过不同时间段的在线人数统计知道哪些促销手段或是活动，更加吸引客户，哪个版面风格更胜一筹等。而且一些好的数据是对网站建设者最为正面和有效的认同及鼓励。

网站计数器记录进入网站的访客数据，这些数据可以是客户的 IP 信息、访问时间等，通过有关表和查询功能实现日后的分析和比较。

本项目将实现如图 5-1 所示的计数器设计，这个计数器包括以下功能：

统计功能——日访问量、历史访问量等；

显示功能——网站流量分析。

这样的一个计数器结构比较简单，主要页面只有两个页面，各页面之间关系如图 5-2 所示。

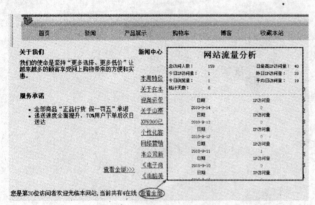

图 5-1　网站计数器流量和在线人数显示

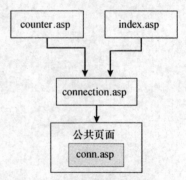

图 5-2　计数器页面结构图

Conn. asp——数据库连接的基本信息；

Connect. asp——打开数据库连接；

Index. asp——显示网站流量分析的页面；

Counter. asp——获取和统计用户信息页面。

资讯二 准备工作

和前面制作留言板系统一样,制作计数器程序之前也需要做一系列的准备工作。这些准备工作和前面项目中所介绍的类似,已经熟悉相关知识的读者,可以跳过本节。

一、建立工作目录

由于计数器将作为站点"我的网站"的模块之一,为了便于管理,建立 E:\mysite\countsystem 作为计数器的工作目录,计数器所需的数据库文件放置在 E:\mysite\db 中。E:\mysite\images 用于存放站点"我的网站"公用的图片,而 E:\mysite\countsystem\images 用于存放计数器专用的图片。当然,也可以根据需要,在 E:\mysite\countsystem 下再建立其他的文件夹,用于存放留言板所需要的其他文件。

站点结构是否清晰对以后的管理和维护至关重要,建立站点前一定要多花功夫在站点的结构上。结构混乱的站点以后维护起来会十分困难,要预先有周密的规划,一旦确定,也不要中途修改。

二、启动 IIS

如前所述,设计动态网站时,为便于调试,必须先启动 Web 服务器。因此,设计基于 ASP 的新闻系统时,应该先启动 IIS。

打开"控制面板",执行"管理工具"——"Internet 信息服务"命令,启动 IIS。

对 IIS 中的"默认站点",常需要设置其中的"网站"、"主目录"、"文档"3 个选项卡。

"文档"选项卡中我们最关心的是"IP 地址"和"TCP 端口",IP 地址默认的是"全部未分配",对于单机,可使用 127.0.0.1;对于局域网中的计算机,除了可使用 127.0.0.1 之外,还可使用局域网中的 IP 地址,如:192.168.0.1 等。因此,此处也可以通过 IP 地址访问建立在工作目录中的网站,如 http://127.0.0.1/。

Web 服务器的 TCP 端口默认为 80,通常不需要修改。但某些工具软件可能会占用 80 端口,致使 Web 服务器无法正确启动,要解决这一问题,通常可改变 TCP 端口,如设为 70。但如果所设的端口为非默认的 80 端口,访问时就需要加上端口号,如:http://127.0.0.1:70。

IIS 默认并未设置 index.asp 为默认文档,需要添加。可在"文档"选项卡中添加 index.asp 为默认文档,并将其置于第一个。

最后,应在"主目录"选项卡中将"连接到资源时的内容来源"置于"此计算机上的目录",并将本地路径修改为 E:\mysite。正因为如此,以后访问计数器程序时,应使用:http://localhost/countsystem 或者 http://127.0.0.1/countsystem

三、在 Dreamweaver CS5 中建立站点

配置好 IIS 后,需要在 Dreamweaver CS5 中建立一个站点。在 Dreamweaver CS5 中建立站点的方法有别于之前的 Dreamweaver 各个版本,详细的建立站点的方法请见项目一中的

相关内容,限于篇幅,这里不做详细介绍。

在本项目中,仍然将所建的站点命名为"我的网站","本地站点文件夹"为 E:\mysite,"服务器模型"为 ASP VBScript,如图 5-3 和图 5-4 所示。

图 5-3　站点名称和本地站点文件夹　　　　图 5-4　服务器模型

四、设计和使用数据库

1. 数据库设计

为了便于以后对"我的网站"进行整合,计数器所使用的数据库仍然使用 mysite.mdb。也就是说,整个"我的网站"只使用一个数据库文件 mysite.mdb,不同的子系统使用不同的表,如计数器,我们可在 mysite.mdb 中新建表 stat、表 Userandip、表 history 记录计数信息,管理员信息则可共用表 Administrator,如表 5-1 所示。

表 5-1　Administrator

字段名称	数据类型	备　注
ID	自动编号	
UserName	文本	管理员用户名
Passwd	文本	管理员密码

网站计数器根据要求首先必须对浏览者访问的网址和 IP 信息进行统计,以便日后的显示和数据分析,对此设计一个表 Userandip 统计这些信息,其数据结构如表 5-2 所示;再者,每日访问量需要一个表统计,在此用表 history 来统计每日流量信息,其数据结构如表 5-3 所示;最后,一个网站计数器不单单只是统计当日访问量就不用管了,还需要能够对历史访问总量、统计的天数等信息记录,以便网站管理者进行分析,在此用表 stat 来记录这些数据,其数据结构如表 5-4 所示。

表 5-2　Userandip 表数据结构

字　段	类　型	字段大小	必填字段	允许空字符串	说　明
id	自动编号	—	—	—	自动编号
user	文本	100	否	否	访问地址
Ip	文本	50	否	否	访问 IP

表 5-3　history 表数据结构

字　段	类　型	字段大小	必填字段	默认值	说　明
id	自动编号	—	—	—	自动编号
h_date	日期/时间	—	否	—	访问日期
h_ips	数字	长整型	否	0	每天的 IP 量
h_clicks	数字	长整型	否	0	每天的访问量

表 5-4 stat 表数据结构

字　段	类　型	字段大小	必填字段	说　明
v_sum	数字	长整型	否	总访问人数
y_ips	数字	长整型	否	昨日 IP 访问量
t_ips	数字	长整型	否	今日 IP 访问量
t_date	日期/时间	—	否	今天日期
top_ips	数字	长整型	否	最高 IP 访问量
v_days	数字	长整型	否	统计天数
t_clicks	数字	长整型	否	今日浏览量

说明： stat 表用于统计汇总流量信息，不用来保存用户数据记录，因此不需要设置必填字段。

在 Access 中，表结构如图 5-5 所示。

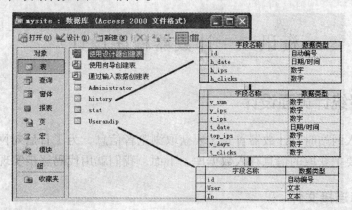

图 5-5 计数器数据库结构图

2. 使用 Access 数据库

为了让 Dreamweaver CS5 能正确地使用 Access 数据库文件，必须进行数据库的连接。前面已经讲过，一个站点对同一个数据库只需要进行一次数据库连接即可，如果在项目三的"我的网站"中已经对 mysite.mdb 进行了连接，本节可以跳过。

执行"Access 连接字符串生成器"，单击其中的"浏览"按钮，选择数据库文件"E:\mysite\db\mysite.mdb"，此时，会自动在"生成的连接字符串"文本区域内生成链接代码，如图 5-6 所示。

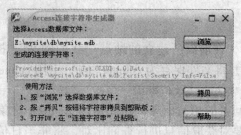

图 5-6 Access 连接字符串生成器

启动 Dreamweaver CS5，新建一个 ASP VBScript 页面并保存在站点"我的网站"中，执行"窗口"—"数据库"命令，打开"数据库"调板。单击其中的"+"按钮，在弹出的快捷菜单中执行"自定义连接字符串"命令，在弹出的"自定义连接字符串"对话框中，"连接名称"取为 conn，并将在图 5-6 中所"拷贝"的连接字符串粘贴在"连接字符串"右侧的区域内，如图 5-7 所示。

单击图 5-7 中的"测试"按钮，如果测试通过，将弹出图 5-8 所示的对话框。

连接测试成功后，单击图 5-8 中的"确定"按钮，即可完成连接数据库的操作。

图 5-7 "自定义连接字符串"对话框

图 5-8 连接测试成功

资讯三 计数器程序设计

任务一 流量统计页面设计

在浏览者进入网站时，计数器首先需要获取浏览者信息，为了日后对网站流量情况分析，计数器还需要把获取的信息存入数据库。下面，我们就用代码逐步实现该功能。

一、建立数据库连接文件

启动 Dreamweaver CS5，在前面所建立的站点"我的网站"中，新建空白文件，文件类型为"ASP VBScript"，并将文件保存为 connection.asp，引用前面建立的 conn.asp 文件，用来定义与数据库的链接。切换到"代码"视图，输入以下代码：

```
<!--#include file = "Connections/conn.asp" -->
<% '打开数据库连接
Dim conn
Set conn = Server.CreateObject("ADODB.Connection")
on error resume next
conn.open MM_conn_STRING
% >
```

二、建立流量统计页面

启动 Dreamweaver CS5，在前面所建立的站点"我的网站"中，新建空白文件，文件类型为"ASP VBScript"，并将文件保存为 counter.asp，引用 connect.asp 文件，代码如下：

```
<!--#include file = "connection.asp" -->
```

该页面首先要获取访问者的相关信息，在此使用 Request 对象来实现。此外，为了实现流量信息连续存储，需要对获取信息进行查询比对，将非当日信息的重要数据转移保存到表 Userandip 和表 history 中。为此，在获取信息后需要查询数据库统计表 stat，获取该表中的字段 t_date，并将其与现在时间比较。若相同，则表明是今天数据，累计更新部分数据即可；若不同，则需要全部删除记录，并重新进行统计，同时转移重要数据。

1. 获取用户名和IP地址

```
dim rs,Userip,User,t_date,history,stat,v_sums,t_ips,v_days,y_ips,Top,Stats,t_clicks
User = Request.QueryString("User")
Userip = Request.ServerVariables("HTTP_X_FORWARDED_FOR")
If Userip = "" Then Userip = Request.ServerVariables("REMOTE_ADDR")
```

2. 定义记录集，为了获取"t_date"字段值，进行比对，需要定义一个记录集

```
Set rs = Server.CreateObject("adodb.RecordSet")
Sql = "Select * from stat"
rs.open Sql,conn,1,3
t_date = rs("t_date")
If t_date < >date() then              '判断是否是当天日期
    application.lock                  '独占应用程序操作
conn.Execute"Updatestat Set t_ips = 0,t_clicks = 0,t_date = date(),v_days = v_days +1,
y_ips = "&rs("t_ips")&""              '更新数据库表 stat 记录
    conn.Execute"Insert into history(h_date,h_ips,h_clicks) values ("& t_date &"
',"&rs("t_ips")&","&rs("t_clicks")&")"        '在 history 表相应字段插入新记录
    application.unlock                '解除应用程序独占

    '定义记录集删除UserandIP表中记录
    Set rs = Server.CreateObject("adodb.recordSet")
    Sql = "delete from UserandIP"
    rs.open Sql,conn,1,3
    rs.close
    Set rs = nothing
Else               '如果是当天,则增加 stat 表中流量字段 t_clicks 值
    application.lock
    conn.Execute "Update stat Set t_clicks = t_clicks +1"
    '定义新记录集,向 UserandIP 表中增加信息
    Set rs = Server.CreateObject("adodb.recordSet")
    Sql = "Select * from UserandIP where IP ='"&Userip&"' order by Id desc"
    rs.open Sql,conn,1,3
    If rs.bof and rs.eof then
        rs.addnew
        rs("IP") = Userip
        rs("User") = User
        rs.update
        conn.Execute"Update stat Set v_sum = v_sum +1,t_ips = t_ips +1"
    End If
    rs.close
    Set rs = nothing
    application.unlock
End If
'统计最高 IP 访问量
Set rs = Server.CreateObject("adodb.RecordSet")
Sql = "Select * from stat"
rs.open Sql,conn,1,3
If rs("top_ips") < rs("t_ips") then
    conn.Execute "Update stat Set top_ips = "&rs("t_ips")&""
End If
```

```
'关闭 RecordSet 和 Connection 对象,释放资源
rs.close
Set rs = nothing
conn.close
Set conn = nothing
```

任务二 网站流量显示页面的实现

网站流量显示主要是针对网站管理者方便分析网站而设计的。在该页面中可以显示当前网站的不同信息流量信息，如总访问人数、日最高 IP 数等，如图 5-9 所示。

1. 网站流量显示页面的设计

启动 Dreamweaver CS5，在前面所建立的站点“我的网站”中，新建如图 5-9 所示的文件，文件类型为 ASP VBScript，并将文件保存为 index. asp。

网站流量分析

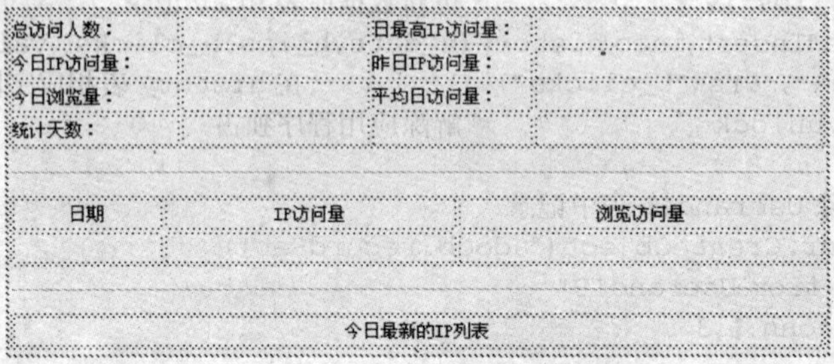

总访问人数：
日最高IP访问量：
今日IP访问量：
昨日IP访问量：
今日浏览量：
平均日访问量：
统计天数：
日期
IP访问量
浏览访问量
今日最新的IP列表

图 5-9 index. asp 页面设计图

2. 定义记录集并绑定记录集中的字段

(1) 在“代码”面板中，在顶端输入如图 5-10 所示的代码，包含 connection. asp 文件，并定义一个记录集，查询表 stat 中的数据。

```
<!-- #include file="connection.asp" -->
<%
'定义一个记录集，查询stat表中所有字段记录
Set rs=Server.CreateObject("adodb.recordSet")
Sql="Select * from stat"
rs.open Sql,conn,1,3
%>
```

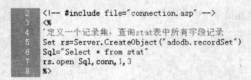

图 5-10 index. asp 顶端代码

在 index. asp 中的代码 body 中通过输入如图 5-11 所示的代码绑定记录集中的字段。

(2) 关闭前面的记录集，再用同样的方法定义一个记录集访问 history 表的数据。如果记录集非空，则利用循环语句来循环显示 history 表中的所有记录，具体代码如图 5-12 所示。

之后，将同 (1) 中的操作，将 history 表中各个字段绑定，效果如图 5-13 所示。

(3) 同 (2) 查询表 Userandip 中的记录并显示用户的 IP。具体代码如图 5-14 和 5-15 所示。

```
16  <table border="0" cellpadding="2" cellspacing="1" style="border-collapse: collapse" width="550" bgcolor="#F9F9F9" align="center">
17    <tr valign="top" bgcolor="#F9F9F9">
18      <td align="center"><table border="0" cellpadding="0" style="border-collapse: collapse" width="100%">
19        <tr onMouseOver="javascript:this.bgColor='#F4F4F4';" onMouseOut="javascript:this.bgColor='#F9F9F9';">
20          <td width="112">总访问人数:</td>
21          <td><%=rs("v_sum")%></td>
22          <td width="106">日最高IP访问量:</td>
23          <td width="191"><%=rs("top_ips")%></td>
24        </tr>
25        <tr onMouseOver="javascript:this.bgColor='#F4F4F4';" onMouseOut="javascript:this.bgColor='#F9F9F9';">
26          <td>今日IP访问量:</td>
27          <td><%=rs("t_ips")%></td>
28          <td>昨日IP访问量:</td>
29          <td><%=rs("y_ips")%></td>
30        </tr>
31        <tr onMouseOver="javascript:this.bgColor='#F4F4F4';" onMouseOut="javascript:this.bgColor='#F9F9F9';">
32          <td>今日浏览量:</td>
33          <td><%=rs("t_clicks")%></td>
34          <td>平均日访问量:</td>
35          <td><%=int(rs("v_sum")/rs("v_days"))%></td>
36        </tr>
37        <tr onMouseOver="javascript:this.bgColor='#F4F4F4';" onMouseOut="javascript:this.bgColor='#F9F9F9';">
38          <td>统计天数:</td>
39          <td><%=rs("v_days")%></td>
40          <td> </td>
41          <td> </td>
42        </tr>
43      </table>
```

图 5-11 index.asp 绑定表 stat 中的记录集字段

```
45  <%
46  rs.close          '关闭记录集
47  dim h_date, h_ips, h_clicks
48  Sql="Select top 7 * from history order by h_date desc"    ←用新的SQL查询字符串打开记录集
49  rs.open Sql,conn,1,3
50  If rs.eof and rs.bof then                                 ←判断记录集是否为空
51      Response.Write "<p align=center>暂时没有往日统计记录</p>"
52  else
53      rs.movefirst                                          ←把记录集指针移到第1条记录
54      while not rs.eof                                      ←用循环语句把记录集循环显示出来
55          h_date=rs("h_date")
56          h_ips=rs("h_ips")
57          h_clicks=rs("h_clicks")
58  %>
```

图 5-12 index.asp 中表 history 查询代码

日期	IP访问量	浏览访问量
数据	数据	数据

图 5-13 绑定表 history 记录字段

```
76  <%
77  rs.close
78  sql = "Select * from Userandip order by id desc"
79  rs.open sql,conn,1,1
80  If Not(rs.eof and rs.bof) then
81  %>
```

图 5-14 定义记录集查询表 Userandip 代码

```
88  <%
89  For I = 1 to 10
90      Response.Write "<tr>"
91      For J=1 to 3
92          Ip=rs("Ip")
93          Response.Write "<td><font color=""#000000"">"&ip&"</font></td>"
94          rs.movenext
95          If rs.eof then exit for
96      Next
97      Response.Write "</tr>"
98      If rs.eof then exit for
99  Next
100 %>
```

图 5-15 显示表 Userandip 中记录代码

(4) 流量信息字段绑定完毕，效果如图 5-16 所示。关闭记录集，并销毁记录集对象实例。具体代码如下：

```
<%
    End If
    End If
    rs.close
    set rs = nothing
%>
```

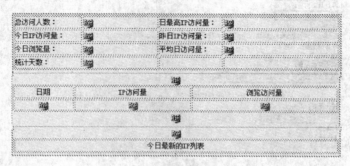

图 5-16　流量信息字段绑定完毕

至此，网站流量信息页面制作完成。

但是这样的计数器还不能够工作，需要指定具体需要统计的页面或站点，并在对应页面插入如下代码：

```
<SCRIPT LANGUAGE=JavaScript src="counter.asp"></SCRIPT>
```

这样通过 JavaScript 脚本调入 counter.asp 文件，实现流量统计。如果管理者或浏览用户想详细了解网站流量，则可以建立连接（连接页面设为 index.asp），即可查看统计分析结果。

任务三　在线人数统计的实现

在浏览网站和页面时常常看见显示"当前在线人数"以及"第几位访客"等内容。如图 5-1 所示。当前在线人数是指，在一个时段内的访问者人数统计，时间的长短由设计者设定，如 5 分钟，10 分钟都可以。在这个时段内统计各个不同 IP 的访客数，即为当前在线人数。在此，使用 session 对象来统计。

一、gobal.asa 文件使用

1. gobal.asa 文件结构

```
<SCRIPT LANGUAGE="VBScript" RUNAT="Server">
Sub Session_OnStart
End Sub
Sub Session_OnEnd
End Sub
sub Application_OnStard
End Sub
sub Application_OnEnd
    End Sub </SCRIPT>
```

Gobal.asa 文件结构如上所示。当有一个会话发生时（用户浏览网页，向 Web 服务器

发出请求），如果为自服务器启动后第一个用户发出请求，就会同时发生 Application_OnStard 和 Session_OnStart 这两个事件；之后，再有别的用户发出请求，就只发生 Session_OnStart 这个事件，而 session 的生存期是可以设定的，Session.timeout = X（分钟）。为此，总计人数用一个 application 变量来保存。

2. gobal.asa 文件的使用

必须把 gobal.asa 放在正确的 Web 应用程序根目录上，并且单独为这个统计新建一个 Web 应用程序，不要与其他的程序混在一起。在此，对 gobal.asa 文件具体应用如下：

```
< SCRIPT LANGUAGE = VBScript RUNAT = Server >
sub Application_OnStart
    '统计在线人数初始化
    Application("OnlineUsr") = 0
end sub

sub Application_OnEnd
    Application("OnlineUsr") = 0
end sub

sub Session_Onstart
    Application.Lock
    Application("OnlineUsr") = Application("OnlineUsr") + 1
    Application.UnLock
end sub

sub Session_OnEnd
    Application.Lock
    Application("OnlineUsr") = Application("OnlineUsr") - 1
    Application.UnLock
end sub
< /SCRIPT >
```

注意："OnlineUsr"是应用变量名，可以根据读者习惯更改，只是一个被统计的页面只能使用一次 gobal.asa，在下面的程序段中介绍了两种统计方法，为了区别两者，将此 ASA 文件命为 gobal_1。在使用第一种记事本统计方法时，将应用变量名更改为 OnLine，并做了些许更改，命名为 gobal，具体如下：

```
< SCRIPT LANGUAGE = VBScript RUNAT = Server >
Sub Application_onStart
    Application("OnLine") = 0
End Sub
Sub Session_onStart
    Application.Lock
    Application("OnLine") = Application("OnLine") + 1
    Application.Unlock
End Sub
Sub Session_OnEnd
    Application.Lock
    Application("OnLine") = Application("OnLine") - 1
    Application.Unlock
End Sub
< /SCRIPT >
```

二、在线人数统计的实现

统计的实现可以用多种方法实现,在此介绍两种。

1. 记事本统计方法

ASP 内含 5 个内置的 Active Server Components(ActiveX 服务器组件),即 Database Access component(数据库访问组件)、File Access component(文件访问组件)、Ad Rotator component(广告轮播器组件)、Brower Capabilities component(浏览器信息组件)、Content Linking component(内容链接组件)。这里要设计是通过其中的 File Access component(文件访问组件)来读写服务器文件来实现的。利用记事本实现统计的方法是最为简单,也是最为容易实现的。具体思路是,在服务器端用一个文本(ASCII)文件存放计数数值,每当页面被访问时就从文件中读出数值,显示给用户,并且使数值加 1,把增加后的数值写回到文件。在此,对部分语句先进行说明。

(1)把数据写入到一个服务器计数文件的 ASP 语句和说明

```
CounFile = Server.MapPath("用来存放计数器值的文件名")
'Server 服务器访问方法 MapPath(path)是将存放计数器值文件所在的路径转换成物理路径
SET FileObject = Server.CreateObject("Scripting.FileSystemObject")
  '使用方法 CreateObject 定义对象 FileSystemObject
SET OutStream = Server.CreateTextFile(FileObject,True,False)
  '使用对象 FileSystemObject 提供方法 CreateTextFile 产生文本文件,其中参数"True"表示覆盖原来的文件,"False"表示文件为 ASCII 类型
  OutStream.WriteLine "要写入的数据"   'OutStream.WriteLine 往文件写入一行数据
```

(2)从一个服务器文件读取数据的 ASP 语法

```
CounFile = Server.MapPath("用来存放计数器值的文件名")
SET FileObject = Server.CreateObject("Scripting.FileSystemObject")
SET InStream = Server.OpenTextFile(FileObject,1,false,false)
'使用对象 FileSystemObject 提供方法 OpenTextFile 产生文本文件,其中参数"True"表示覆盖原来的文件,"False"表示文件为 ASCII 类型,"要读取的数据" = InStream.ReadLine
'其中,InStream.ReadLine 为从文件中读取的一行数据
```

下面介绍具体的实现方法。

启动 Dreamweaver CS5,打开需要统计的网站首页 index.asp,切换到"代码"面板,在需要显示统计结果的部分插入如图 5-17 所示代码,位置是可以根据读者需要设置的。

然后将文件 gobal.asa 放置于文件 index.asp 同根目录下,这一步很关键,请注意。统计在线人数的关键是利用 gobal.asa 文件来实现的。

最后,在文件 index.asp 同根目录下新建文本文档并命名为 simplecounter。注意:此时该文本文档的内容需为 0,表示从初始开始统计。

当然,为了方便统计其他页面,也可以对此统计方法稍作修改,将其更改为独立的统计页面。

启动 Dreamweaver CS5,在前面所建立的站点"我的网站"中,新建空白文件,文件类型为 ASP VBScript,并将文件保存为 txtcounter.asp。

在图 5-17 代码的基础上修改如图 5-18 所示。

```
<%
CountFile=Server.MapPath("simplecounter.txt")
'文件aspcounter.txt是用来储存数字的文本文件,初始内容一般是0
Set FileObject=Server.CreateObject("Scripting.FileSystemObject")
Set Out=FileObject.OpenTextFile(CountFile,1,FALSE,FALSE)
counter=Out.ReadLine
'读取计数器文件中的值
Out.Close
'关闭文件
SET FileObject=Server.CreateObject("Scripting.FileSystemObject")
Set Out=FileObject.CreateTextFile(CountFile,TRUE,FALSE)
Application.lock
'方法Application.lock禁止别的用户更改计数器的值
counter= counter + 1
'计数器的值增加1
Out.WriteLine(counter)
'把新的计数器值写入文件
Application.unlock
'使用方法Application.unlock后,允许别的用户更改计数器的值
Response.Write("您是第")
Response.Write("<font color=red>")
Response.Write(counter)
'把计数器的值传送到浏览器,以红(red)色显示给用户
Response.Write("</font>")
Response.Write("位访问者")
Out.Close
'关闭文件
%>
欢迎光临本网站,当前共有<%=Application("OnLine")%>在线
```

图 5-17　记事本统计方法代码

```
<%
CountFile=Server.MapPath("txtcounter.txt")
Set FileObject=Server.CreateObject("Scripting.FileSystemObject")
Set Out=FileObject.OpenTextFile(CountFile,1,FALSE,FALSE)
counter=Out.ReadLine
'读取计数器文件中的值
Out.Close
'关闭文件
SET FileObject=Server.CreateObject("Scripting.FileSystemObject")
Set Out=FileObject.CreateTextFile(CountFile,TRUE,FALSE)
Application.lock
'方法Application.lock禁止别的用户更改计数器的值
counter= counter + 1
'计数器的值增加1
Out.WriteLine(counter)
'把新的计数器值写入文件                          修改的代码
Application.unlock
'使用方法Application.unlock后,允许别的用户更改计数器的值
Response.Write"document.write("&counter&")"
'为了在页面正确显示计数器的值,调用VBScript函数Document.write
Out.Close
%>
```

图 5-18　txtcounter.asp 代码段

而在需要统计的页面只需输入以下代码：

```
<p>
您是第
<font color=red>
<script language="JavaScript" src="../txtcounter.asp">
//引用时注意统计页面所在的服务器及目录路径
</script>
</font>
位来客
</p>
```

欢迎光临本网站,当前共有<% =Application("OnLine")% >在线

最后，在需要统计页面的根目录下创建如图 5-18 所示的内容为 0，名为"txtcounter"的文本文档，以及 gobal.asa 文件即可。

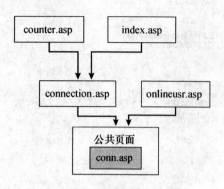

图 5-19 计数器页面结构修改

2. 链接数据库统计方法

此方法需要将数据采集到数据库，因此，需要建立数据库表，并对数据库表进行相应操作，与前者稍有不同，会使数据库以及页面结构有所变化，下面逐步讲述。

启动 Dreamweaver CS5，在前面所建立的站点"我的网站"中，新建空白文件，文件类型为 ASP VBScript，并将文件保存为 onlineusr.asp，则计数器页面结构图更改如图 5-19 所示。

onlineusr.asp——在线人数统计页面。

启动 Access，新建 CountSystem 表，其结构如表 5-5。此时，对应的 mysite.mdb 结构图更改如图 5-20 所示。

表 5-5 CountSystem 表数据结构

字 段	类 型	字段大小	必填字段	默认值	说 明
Count_id	自动编号	—	—	—	自动编号
Count_ip	文本	—	否	—	访客户端 IP
Count_time	日期/时间	—	否	Now()	记录访问时间
Count_User_Agent	备注	—	否	0	记录客户浏览器用户代理字符串

说明：此表中的 Count_time 设置它的默认值为 "Now()"，在添加设置时就可以利用此函数自动获取浏览者进入网站的时间，并自动存入表中。

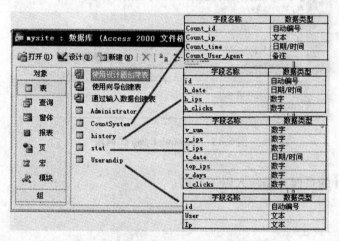

图 5-20 mysite.mdb 更改后的结构图

在"设计"面板输入文字"欢迎光临本站，您是第位访客，谢谢！"以及"在线人数："。

切换到"代码"面板，输入代码 <!--#include file="../Connections/conn.asp"-->，连接数据库。

添加应用程序变量。首先切换到"绑定"面板，单击"+"按钮，在弹出的菜单中选中"应用程序变量"；然后，在弹出的"应用程序变量"窗口输入"OnlineUsr"，如图 5-21 和图 5-22 所示，单击"确定"按钮。

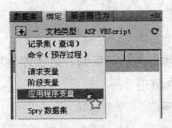 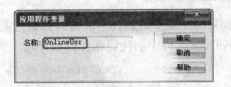

图 5-21　绑定应用程序变量　　　　　图 5-22　应用程序变量命名

在"绑定"面板，单击"+"按钮，在弹出的菜单中选中"记录集"，再在弹出的"记录集"窗口中按照图 5-23 所示进行设置，最后单击"确定"按钮。

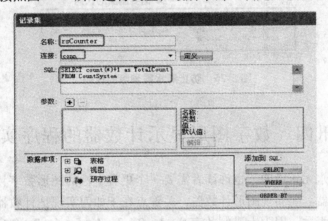

图 5-23　绑定记录集统计人数

说明：窗口中的 SQL 语句是通过 count( ) 函数统计总人数。

此处将使用"命令"来辅助实现记录添加客户端的地址信息。切换到"服务器行为"面板，单击"+"按钮，选择"命令"，如图 5-24 所示，之后，在弹出的"命令"窗口中按照图 5-25 所示进行设置。

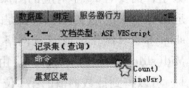

图 5-24　选择"命令"菜单项

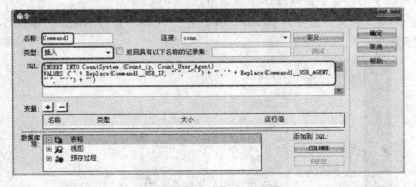

图 5-25　"命令"窗口设置

说明：使用"INSER INTO 表名称（字段名称）VALUES 插入值"语法获取客户端信息。

此时，在线人数统计页面制作完毕，网站要使用在线统计功能，只需使用 script 语句引用 onlineusr.asp 页面即可。

三、防止灌水功能

如果网站需要得到真实的访问数据，需要对灌水行为进行限制。要实现该功能，只需将 gobal.asa 文件中的代码稍作修改即可，如图 5-26 所示。

```
<SCRIPT LANGUAGE=VBScript RUNAT=Server>
Sub Application_onStart
    Application("OnLine") = 0
End Sub

Sub Session_onStart
    Application.Lock
    Application("OnLine") = Application("OnLine") + 1
    Application.Unlock
End Sub
Sub Session_OnEnd          ←需要删除的代码
    Application.Lock
    Application("OnLine") = Application("OnLine") - 1
    Application.Unlock
End Sub
</SCRIPT>
```

图 5-26　防止灌水需删除的代码

资讯四　数字图形显示计数器的程序实现

人们的追求是永无止境的，也许读者需要一个更有个性的图形数字计数器，而不是简单的文本数字计数器。要实现图形计数器，关键点在于如何实现把计数器文件中的数据值转变为对应的图像表示。因为十进制数有 0、1、2、3、4、5、6、7、8、9 共 10 个不同的数字，需要有 10 个对应的图像，且图像的文件名字要与显示的数字对应起来，比如 0 对应的数字图像的文件名字就是 0.gif，1 对应的就是 1.gif，……（图像自己可以用 Photoshop 等工具制作，或者从网络上下载）。这里要用到 VBScript 函数 Len(string|varname)、Mid(string, start [, length])。由 Len(counter) 可得到计数器值的位数，由 Mid(counter, i, 1) 可以得到计数器值的第 i 位上的数字，可利用这个值来调用相应的数字图像。用 For 循环语句，不难得出计数器值各个位上的数字并转化成对应的数字图像，这样，就能实现文本数值到图像数字的转变。具体操作步骤如下。

（1）将 index.asp 文件另存为 picnum.asp。在"代码"窗口的底部按照图 5-27 所示定义一个自定义函数。

```
112  '把数字替换为图形
113  Function picnum(counter )
114      Dim S, i, G
115      S = CStr( counter )
116      For i = 1 to Len(S)
117          If Mid(S, i, 1) = "-" Then
     '如果是字符"-"，则替换为字符"-"，并定义蓝色显示
118              G = G & "<font color='blue'>-</font>"
119          Elseif Mid(S, i, 1) = "." Then
     '如果是字符"."，则替换为字符"."，并定义蓝色显示
120              G = G & "<font color='blue'>.</font>"
121          Else
     '如果是数字，则用图片进行替换，请注意图片路径设置要准确
122              G = G & "<IMG SRC=images/" & Mid(S, i, 1) & ".gif Align=middle>"
123          End If                    ←注意图片文件引入的路径
124      Next
125      Response.write G
126  End Function
127  %>
```

图 5-27　自定义函数

（2）用 picnum( ) 函数套用各个绑定的字段，如：rs("top_ips") 替换为：
<% =picnum(rs("top_ips"))%>.

（3）输入完毕后，在浏览器中浏览效果，如图 5-28 所示。

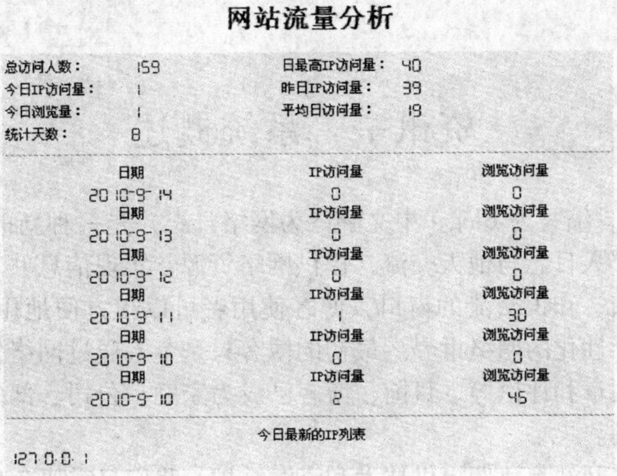

网站流量分析

总访问人数：	159	日最高IP访问量：	40
今日IP访问量：	1	昨日IP访问量：	39
今日浏览量：	1	平均日访问量：	19
统计天数：	8		

日期	IP访问量	浏览访问量
2010-9-14	0	0
2010-9-13	0	0
2010-9-12	0	0
2010-9-11	1	30
2010-9-10	0	0
2010-9-10	2	45

今日最新的IP列表
127.0.0.1

图 5-28　数字流量分析显示

项目六 博客系统

资讯一 系统概述

博客（Webblog，缩写为 Blog，中文翻译为网络日志）是一种新的 Web 应用，用户可以在其中即时发布个人日志与他人交流，提供网络资源，实现信息共享。博客为每一个人提供了一个信息发布、知识交流的窗口，博客使用者可以很方便地用文字、链接、影音、图片等建立起自己个性化的网络世界。最初的博客只是个人通过网络发布自己写的一些文字或者收藏相关的文章和评论等，目前，博客已成为家庭、公司、部门和社会群体之间越来越重要的沟通工具。

目前，很多博客网站都免费提供技术和资源维护，我们只需要免费在博客网站上申请注册，就可以拥有属于自己的一方领地，如图 6-1 所示。

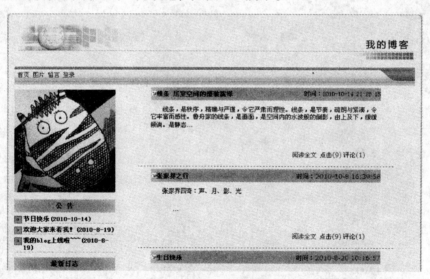

图 6-1 博客成品（局部）

博客系统包括前台页面和后台管理页面，各个页面之间的关系如图 6-2 所示。
各页面功能如下：
index.asp——个人博客主页面；
logshow.asp——日志内容显示、日志评论显示、发表评论；
message.asp——留言显示、发表留言；
pic.asp——博客图片显示；
title.asp——日志列表显示；
login.asp——管理员登录；
logadd.asp——管理员添加日志；

logdel. asp——管理员删除日志；
logedit. asp——管理员修改日志；
logclass. asp——管理员添加、删除日志类别；
logcomment. asp——后台评论列表显示；
commentdel. asp——管理员删除评论；
upimg. asp——管理员添加图片；
picdel. asp——管理员删除图片；
picmy. asp——博客首页图片管理页面；
admessage. asp——管理员删除留言；
adbulletin. asp——管理员添加、删除公告；
adlink. asp——管理员添加、删除友情链接；
exit. asp——管理员退出管理状态，返回博客首页。

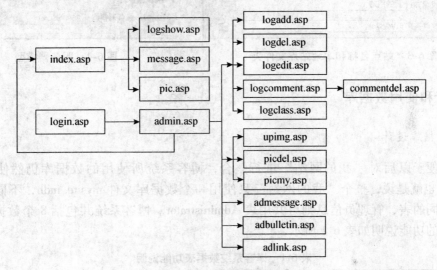

图 6-2　博客页面结构图

资讯二　准备工作

一、建立工作目录

在 Dreamweaver 中建立站点时，需要先建立本地文件夹，也就是所谓的工作目录。我们建立 E:\mysite\blog 作为博客系统的工作目录，博客系统所需的数据库文件放置在 E:\mysite\db 中。E:\mysite\images 用于存放"我的网站"公用的文件，而 E:\mysite\blog\images 用于存放博客系统专用的图片。由于博客系统后台管理功能较多，E:\mysite\blog\admin 文件夹专门存放这些文件。

二、启动 IIS

执行"控制面板"—"管理工具"—"Internet 信息服务"，将"默认网站"的"主目录"指向我们的工作目录 E:\mysite。值得注意的是，只有正确地启动 IIS，基于 ASP 的网络程序才能调试成功。IIS 的详细设置请见项目一中的相关内容，限于篇幅，这里不做详细介绍。本项目中访问博客系统，应使用：

http://localhost/blog 或者 http://127.0.0.1/blog

三、建立站点

配置好 IIS 后，需要在 Dreamweaver CS5 中建立一个站点。在 Dreamweaver CS5 中建立站点的方法有别于之前的 Dreamweaver 各个版本，详细的建立站点的方法请见项目一中的相关内容，限于篇幅，这里不做详细介绍。

在本项目中，仍然将所建的站点命名为"我的网站"，本地站点文件夹为 E:\mysite，服务器模型为 ASP VBScript，如图 6-3 和图 6-4 所示。

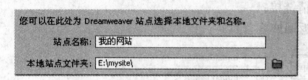

图 6-3 站点名称和本地站点文件夹

图 6-4 服务器模型

四、设计和使用数据库

1. 数据库设计

为了便于以后对"我的网站"进行整合，博客系统所使用的数据库仍然使用 mysite.mdb。也就是说，整个"我的网站"只使用一个数据库文件 mysite.mdb，不同的子系统使用不同的表，管理员信息则可共用表 Administrator。博客系统共包括 8 个数据表，这些数据表的功能说明如表 6-1 所示。

表 6-1 博客系统数据表功能说明

数据表	说 明
blogContent	该表负责存储日志内容
blogStyle	该表负责存储博客分类信息
blogBulletin	该表负责博客系统的公告信息的存储和管理
blogImg	该表负责存储用户上传的图片信息
blogLink	该表负责存储博客站点的友情链接
blogMessage	该表负责存储用户留言信息
blogPicmy	该表负责存储首页的个人照片信息
blogComment	该表负责存储网友对具体日志的评价

各数据表结构如表 6-2～表 6-9 所示。

表 6-2 blogStyle

字 段	类 型	字段大小	必填字段	说 明
id	自动编号	—	—	自动编号
sty	文本	50	否	博客日志分类名称

表 6-3 blogBulletin

字段	类型	字段大小	必填字段	说明
id	自动编号	—	—	自动编号
bulletin	备注	—	否	博客公告内容
time	日期/时间	—	—	博客公告时间,"默认值"设置为"Date( )"

表 6-4 blogImg

字段	类型	字段大小	必填字段	说明
id	自动编号	—	—	自动编号
name	文本	50	否	图片的名称(或者url的名称)
title	文本	50	否	图片提示信息
text	备注	—	—	图片说明的内容
sty	文本	50	否	图片分类

表 6-5 blogLink

字段	类型	字段大小	必填字段	说明
id	自动编号	—	—	自动编号
link	文本	50	否	博客友情链接名称
url	文本	50	否	博客友情链接url的名称

表 6-6 blogMessage

字段	类型	字段大小	必填字段	说明
id	自动编号	—	—	自动编号
name	文本	50	否	留言名称
message	备注	—	—	留言信息
time	日期/时间	—	—	留言时间,"默认值"设置为"Now( )"
web	文本	50	—	留言者的个人站点

表 6-7 blogPicmy

字段	类型	字段大小	必填字段	说明
id	自动编号	—	—	自动编号
picmy	文本	50	否	博客首页个人照片名称

表 6-8 blogComment

字段	类型	字段大小	必填字段	说明
idd	自动编号	—	—	自动编号
re	备注	—	—	评价内容
id	数字	长整型	否	评价的日志编号
time	日期/时间	—	—	评价时间,"默认值"设置为"Now( )"
name	文本	50	否	评价者的姓名
qq	文本	50	否	评价者的QQ号码

表 6-9　blogContent

字　　段	类　　型	字段大小	必填字段	说　　明
id	自动编号	—	—	自动编号
title	文本	50	否	日志标题
content	备注	—	—	日志内容
comment	备注	—	—	日志回复信息
time	日期/时间	—	—	日志发布时间，"默认值"设置为"Now()"
sty	文本	50	否	日志分类
hitnum	数字	长整型	否	日志被单击的次数
renum	数字	长整型	否	日志被回复评价的次数

2. 使用 Access 数据库

为了让 Dreamweaver CS5 能正确地使用 Access 数据库文件，必须进行数据库的连接。前面已经讲过，一个站点对同一个数据库只要进行一次数据库连接，如果在项目三的"我的网站"中已经对 mysite.mdb 进行了连接，读者可以跳过本节。

执行"Access 连接字符串生成器"，单击其中的"浏览"按钮，选择数据库文件 E:\mysite\db\mysite.mdb，此时，会自动在"生成的连接字符串"文本区域内生成连接代码，如图 6-5 所示。

图 6-5　Access 连接字符串生成器

启动 Dreamweaver CS5，新建一个 ASP VBScript 页面并保存在站点"我的网站"中，执行"窗口"—"数据库"命令，打开"数据库"调板。单击其中的"+"按钮，在弹出的快捷菜单中执行"自定义连接字符串"命令，在弹出的"自定义连接字符串"对话框中，"连接名称"取为 conn，并将在图 6-6 中所"拷贝"的连接字符串粘贴在"连接字符串"右侧的区域内，如图 6-6 所示。

图 6-6　"自定义连接字符串"对话框

单击图 6-6 中的"测试"按钮,如果测试通过,将弹出如图 6-7 所示的对话框。

连接测试成功后,单击图 6-6 中的"确定"按钮,即可完成连接数据库的操作。

图 6-7 连接测试成功

资讯三 博客前台主页面

从前面给出的系统功能来看,可以发现个人博客前台和后台登录都由很多模块组合而成,不同模块之间协同工作,共同实现整个系统的功能。它们之中有专用模块,也有很多共同模块。本资讯会把公共模块提取出来,详细介绍它们的实现方法。

博客前台主页面应用了样式表 style.css,该文件也应该放在站点"我的网站"中,在本例中,采用外联式来引用该文件,代码如下:

`<link href="/blog/images/style.css" rel="stylesheet" type="text/css" />`

style.css 文件可在本书配套的网站 www.qqpcc.com 中提供给读者。

任务一 主页左侧列表的设计

一、博客照片

在博客主页面的左边这一栏,有博客作者的照片,发布的公告和最新日志链接等信息。我们把每一个模块都作为一个单独页面,最后在主页面里用 #include 命令把这些文件包括进来,并且这些页面的设计和实现都基本相同。博客作者可以更新个人照片,为了实现这个功能,需要后台数据库的支持,在数据库中数据表 blogPicmy 用来存储博客照片的信息,这样用户可以通过后台管理页面更新该信息,在前台实现动态显示。

在站点"我的网站"中,按图 6-8 所示新建文件 left_pic.asp,文件类型为"ASP VBScript"。

记录集的"名称"取为 Rs_picmy,"连接"使用 conn,"表格"选择 blogPicmy。

打开"绑定"调板,执行"记录集"命令,打开"记录集"对话框,如图 6-9 所示。

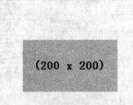

图 6-8 博客照片页面

图 6-9 "记录集"对话框

博客照片为博客作者私有的照片,我们将其置于 E:\mysite\blog\photo 文件夹中。数据库 mysite 的表 blogPicmy 中,对应的字段 picmy 记录当前主页显示的照片文件名。

选择图 6-10 中的图形占位符，选择属性面板中"源文件"右侧的文件夹图标（即"浏览文件"按钮），弹出"选择图像源文件"对话框，如图 6-11 所示。

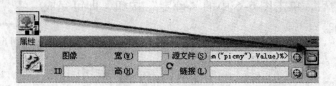

图 6-10　博客照片的处理

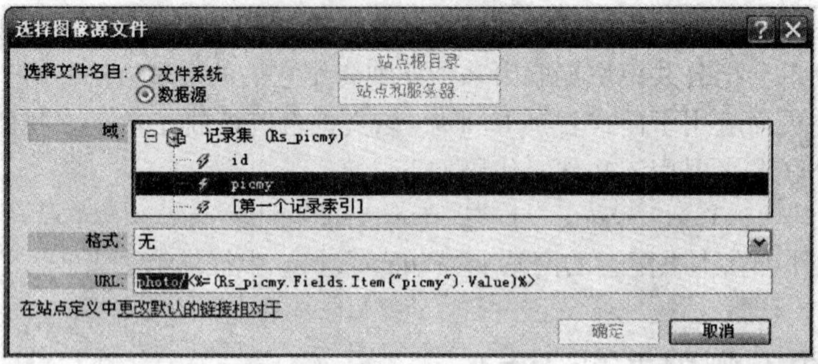

图 6-11　"选择图像源文件"对话框

在图 6-11 所示的"选择图像源文件"对话框中，将其中的"选择文件名自"由默认的"文件系统"修改为"数据源"。选择"域"中记录集 Rs_picmy 中的 picmy，此时，在 URL 中将会生成如下代码：

`<% =(Rs_picmy.Fields.Item("picmy").Value)% >`

在此代码前添加前置字串 photo/，即：

`photo/<% =(Rs_picmy.Fields.Item("picmy").Value)% >`

单击"确定"按钮，即完成了博客作者照片的设计。

二、博客公告

在站点"我的网站"中，按图 6-12 所示新建文件 left_bulletin.asp，文件类型为 ASP VBScript。

打开"绑定"调板，执行"记录集"命令，实现数据库记录的绑定，如图 6-13 所示。

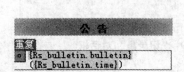

图 6-12　博客公告页

图 6-13　"记录集"对话框

公告栏一般显示博客作者的最新动态，所以在定义记录集时设置记录集按 id 字段降序排列，这样就可以保证最新的公告显示在前面。公告栏可以显示多条公告，用"服务器行为"的"重复区域"命令就可以实现这一功能。

执行"服务器行为"—"重复区域"命令，弹出"重复区域"对话框，默认重复显示 5 条记录，可以根据实际需要修改，甚至可以直接显示所有记录。设置好后会发现先前所选取要重复区域的左上角出现一个"重复"的灰色卷标，这表示已经完成设定，如图 6-14 所示。

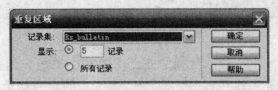

图 6-14 "重复区域"对话框

三、日志分类列表

日志分类列表也是博客站点中一个重要的功能模块，日志分类可以方便日志的管理和浏览。在站点"我的网站"中，按图 6-15 所示新建文件 left_class.asp，文件类型为 ASP VBScript。

打开"绑定"调板，执行"记录集"命令，实现数据库记录的绑定，如图 6-16 所示。

图 6-15 日志分类列表页　　　　图 6-16 "记录集"对话框

执行"服务器行为"—"重复区域"命令，弹出"重复区域"对话框。注意，这里要显示博客作者所有的日志类别，"显示"选择"所有记录"，如图 6-17 所示。

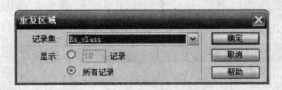

图 6-17 "重复区域"对话框

通过单击每个分类进入分类日志列表，即 title.asp 页面，这需要"服务器行为"中的"转到详细页面"命令。选中记录 Rs_class.sty，执行"服务器行为"—"转到详细页面"命令，弹出"转到详细页面"对话框，如图 6-18 所示。

图 6-18 "转到详细页面"对话框

"详细信息页"选择 title.asp,"列"及"传递 URL 参数"均选择为日志类别的 id。这表明,执行时,每单击一次"日志类别"就会将对应的 id 传送给 title.asp,同时跳转到页面 title.asp 中去。

四、最新日志列表

图 6-19 最新日志列表页

最新日志列表显示用户最新的日志,在站点"我的网站"中,按图 6-19 所示新建文件 left_log.asp,文件类型为 ASP VBScript。

打开"绑定"调板,执行"记录集"命令,实现数据库记录的绑定,如图 6-20 所示。

执行"服务器行为"—"重复区域"命令,设置重复记录条数,如图 6-21 所示。

图 6-20 "记录集"对话框

图 6-21 "重复区域"对话框

和日志分类列表一样,通过单击日志标题,要能够进入日志详细页面。选中记录 Rs_logtitle.title,执行"服务器行为"—"转到详细页面"命令,弹出"转到详细页面"对话框,如图 6-22 所示。

图 6-22 "转到详细页面"对话框

"详细信息页"选择为 logshow.asp,"列"及"传递 URL 参数"均选择为日志的 id。这表明,在执行时,每点一次"最新日志标题"就会将对应的 id 传送给 logshow.asp;同时,跳转到页面 logshow.asp 中去。

五、日历

在博客首页一般都会设计一个日历,这样便于网友查看时间。有些博客网站还能够在日历中智能显示日志信息,当用户在某天写过日志后,会在日历的具体日期上显示一个超链接,单击该链接,可以快速跳转到当日具体日志的详细页面,这样能够方便网友按日历查看日志。

本例中代码如下:

```
<dl class = "left">
<dt>日  历</dt>
<dd class = "bg_none">
<table width = "180" border = "0" align = "center" cellpadding = "0" cellspacing = "1">
<%
If Trim(Request("ReqDate")) = "" or (not IsDate(Trim(Request("ReqDate")))) then
  CurrentDate = Date
else
  CurrentDate = Trim(Request("ReqDate"))
end if
PreviousMonthDate = DateAdd("m", -1,CurrentDate)
NextMonthDate = DateAdd("m",1,CurrentDate)
%>
    <tr align = "LEFT">
      <td width = "14%" height = "19" align = "center"></td>
      <td colspan = "5" align = "center"><% = year(CurrentDate)&"年"& month(CurrentDate) & "月"%></td>
      <td width = "14%" align = "center"></td>
    </tr>
    <tr align = "LEFT">
      <td width = "14%" height = "19">日</td>
      <td width = "14%">一</td>
      <td width = "14%">二</td>
      <td width = "14%">三</td>
      <td width = "14%">四</td>
      <td width = "14%">五</td>
      <td width = "14%">六</td>
    </tr>
    <%
ym = year(CurrentDate)&" - "&month(CurrentDate)&" - "
i = 1
do while i < 33
  j = 1
  response.write("<tr height =19>")
  do while j < 8
    If IsDate(ym&i) then
CurrentWeekDay = weekday(ym&i)
     if j = CurrentWeekDay then
      If Datediff("d",ym&i,now) > -1 then
      LinkText = ""&i&"</a>"
```

```
        else
            LinkText = i
        end if
        if i < > Day(now) then
            response.write("<td> "&LinkText&"</td>")
        else
            response.write("<td bgcolor = #33CCFF> "&LinkText&"</td>")
        end if
        i = i + 1
    else
        response.write("<td></td>")
    end if
    else
        response.write("<td></td>")
        i = i + 1
        'exit do
    end if
    j = j + 1
    loop
    response.write("</tr>")
loop
%>
</table>
</dd>
</dl>
```

按 F12 键进行预览, 预览效果如图 6-23 所示。

图 6-23 日历页面预览效果

六、最新评论列表

图 6-24 最新评论列表页

最新评论列表显示网友最新的对日志的评论, 在站点 "我的网站" 中, 按图 6-24 所示新建文件 left_comment.asp, 文件类型为 ASP VBScript。打开 "绑定" 调板, 执行 "记录集" 命令, 实现数据库记录的绑定, 如图 6-25 所示。

执行 "服务器行为" — "重复区域" 命令, 设置重复记录条数, 如图 6-26 所示。

和最新日志列表一样, 在单击某条评论时, 会进入这条评论所对应的日志详细页面, 这里, 利用超链接的方式跳转到 logshow.asp 页面, 只要把该日志的 id 编号利用查询字符串的方式传递给 logshow.asp 文件即可, 这样就可以利用 id 编号显示日志详细内容以及网友对该日志的评论。

图 6-25 "记录集"对话框

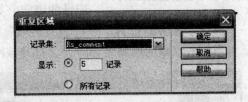

图 6-26 "重复区域"对话框

七、最新留言列表

最新留言列表的实现方法和最新日志列表、最新评论列表一样。在站点"我的网站"中,按图 6-27 所示新建文件 left_message.asp,文件类型为 ASP VBScript。

打开"绑定"调板,执行"记录集"命令,实现数据库记录的绑定,如图 6-28 所示。

图 6-27 最新留言列表页

执行"服务器行为"—"重复区域"命令,设置重复记录条数,如图 6-29 所示。

图 6-28 "记录集"对话框

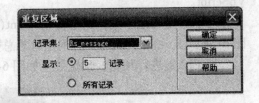

图 6-29 "重复区域"对话框

和最新日志列表一样,单击某条留言,会进入留言的详细页面。我们为字段 message 定义一个超链接,单击该链接将会跳转到 message.asp 文件,并把留言的 id 编号利用查询字符串的方式传递给 message.asp 文件,然后利用该 id 编号在页面中显示留言的详细内容。

通常评论、留言都比较长,在最新列表里全部显示出来就会显的过于零乱,常用的做法是:如果文字超过指定的长度,只显示一定长度的字符,超出部分用省略号表示。这里用 ASP 的 left 函数,left 函数可从字符串的左侧返回指定数目的字符,代码如下:

```
<% =(left(Rs_message.Fields.Item("message").Value,25))% >…
```

八、友情链接列表

博客里放置友情链接可以方便访问其他网友的博客或者自己感兴趣的网站,实现起来

图 6-30 友情链接列表页

也非常简单。

在站点"我的网站"中,按图 6-30 所示新建文件 left_link.asp,文件类型为 ASP VBScript。

打开"绑定"调板,执行"记录集"命令,实现数据库记录的绑定,如图 6-31 所示。

执行"服务器行为"—"重复区域"命令,设置重复记录条数,如图 6-32 所示。

当单击收藏的网站名称时,会打开该网站页面,这里也是用链接的方式实现。

图 6-31 "记录集"对话框   图 6-32 "重复区域"对话框

九、博客统计

博客统计主要是针对数据库中的数据进行统计分析,比如日志总数、评论总数、留言总数等。

在站点"我的网站"中,按图 6-33 所示新建文件 left_count.asp,文件类型为 ASP VBScript。

之后,定义记录集,这里使用 count(*) 函数返回符合查询中指定搜索条件的信息。图 6-34、图 6-35、图 6-36 分别是日志总数、评论总数和留言总数的记录集。

按 F12 键进行预览,预览效果如图 6-37 所示。

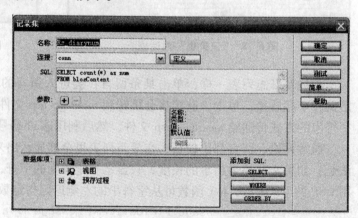

图 6-33 插入记录后的博客统计页   图 6-34 "记录集"对话框

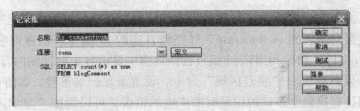

图 6-35 "记录集"对话框（局部）

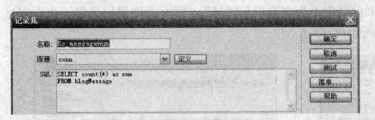

图 6-36 "记录集"对话框（局部）　　　　图 6-37 博客统计预览页面

任务二　日志列表的设计

在前台主页面上还有一个很重要的版块就是日志列表，它按日志发布时间显示日志标题、日志部分内容，及其他相关信息。在站点"我的网站"中，按图 6-38 所示新建文件 log_main.asp，文件类型为 ASP VBScript。

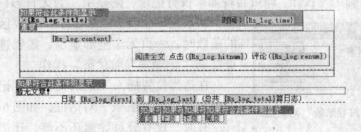

图 6-38 日志列表页

打开"绑定"调板，执行"记录集"命令，实现数据库记录的绑定。设置记录集按 id 字段降序排列，保证最新发布的日志排列在前面，如图 6-39 所示。

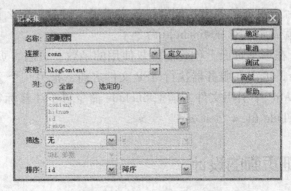

图 6-39 "记录集"对话框

注意：这里也只是显示部分日志内容，所以和留言列表一样，使用 left 函数选取部分字符显示，超过长度的用省略号代替。

可以通过页面上的"阅读全文"显示日志详细内容，也可以为该绑定字段定义一个超链接，单击该链接会跳转到 logshow.asp，并把该日志的 id 编号利用查询字符串的方式传递给 logshow.asp 文件，然后利用该 id 编号在该页面中显示日志的详细内容。

执行"服务器行为"—"重复区域"命令，设置重复记录条数，如图 6-40 所示。

为了防止当没有找到要查询的记录时而产生的错误，可以增加"显示区域"服务器行为。选择显示日志列表的区域，单击"服务器行为"中的"+"号按钮，在弹出的菜单中执行"显示区域"—"如果记录集不为空则显示区域"，弹出"如果记录集不为空则显示区域"对话框，如图 6-41 所示。

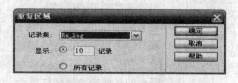

图 6-40 "重复区域"对话框

图 6-41 "如果记录不为空则显示区域"对话框

选择"记录集"为 Rs_log，单击"确定"按钮，即可实现如果有日志记录，则正常显示日志。

同理，选择"暂无日志！"所在的区域，执行"显示区域"—"如果记录集为空则显示区域"，在弹出的"如果记录集为空则显示区域"对话框中，选择"记录集"为 Rs_log，单击"确定"按钮，即可实现如果没有记录，则显示"暂无日志！"。

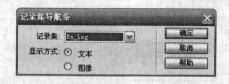

图 6-42 "记录集导航条"对话框

当数据库中日志条数多于"重复区域"中所约定的条数时，一页无法全部显示，需要进行"记录集分页"和"记录集导航状态"操作。

在适当位置插入"记录集分页：记录集导航条"，弹出"记录集导航条"对话框，如图 6-42 所示。

有时，仅有分页导航还不够，还需要统计出日志的总数，并指出当前显示的是第几篇。在适当的位置插入"记录集导航状态"，修改文字如下：

日志 {Rs_log_first} 到 {Rs_log_last}（总共 {Rs_log_total} 篇日志）

至此，博客的前台主页面的各个功能模块就完成了，可是，怎么让这些单独文件在一个页面上显示呢？这就需要 ASP 的 #include 命令了。

#include 命令用于在多重页面上创建需重复使用的函数、页眉、页脚或者其他元素等。通过使用#include 命令，可以在服务器执行 ASP 文件之前，把另一个 ASP 文件插入到这个文件中。如果需要在 ASP 中引用文件，请把#include 命令置于注释标签之中。

例如：<!--#include file = "left.asp" -->

任务三　日志详细页面的设计

前面讲过，通过单击最新日志列表、最新评论列表、日志列表里的链接都会跳转到日志详细页面 logshow.asp。该页面里也包括 3 个基本模块：日志内容显示、评论显示和发表评论。下面就详细说明这 3 个模块。

一、日志内容显示

在站点"我的网站"中,按图 6-43 所示新建文件 logshow_content.asp,文件类型为 ASP VBScript。

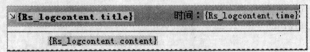

图 6-43 日志内容显示页

打开"绑定"调板,执行"记录集"命令,打开"记录集"对话框,注意,该记录集是根据查询字符串中传递的 id 参数来查询指定的日志记录,如图 6-44 所示。

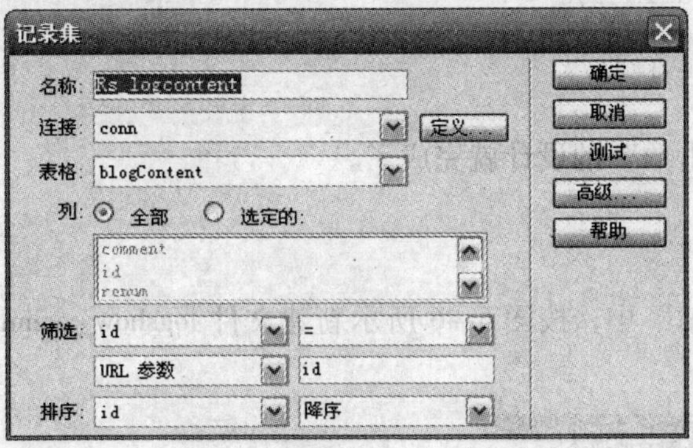

图 6-44 "记录集"对话框

用户阅读日志内容意味着日志的单击数增加了,为此,要更新数据表 blogContent。打开"绑定"面板,单击"+"按钮,执行"命令",弹出"命令"对话框,如图 6-45 所示。

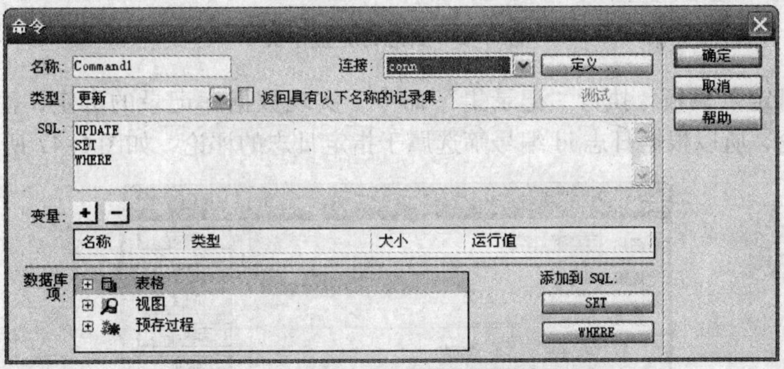

图 6-45 "命令"对话框

在对话框中,"名称"填入 Command1,"连接"选择 conn,"类型"选择"更新",最后,单击"确定"按钮。

切换到"代码"视图,找到下述代码:

```
<%
Set Command1 = Server.CreateObject ("ADODB.Command")
Command1.ActiveConnection = MM_conn_STRING
Command1.CommandText = "UPDATE SET WHERE "
Command1.CommandType = 1
```

```
Command1.CommandTimeout = 0
Command1.Prepared = true
Command1.Execute()
%>
```

将其替换为：

```
<% if(Request.QueryString("id") <> "")
then Command1_newnum = Request.QueryString("id")%>
<%
Set Command1 = Server.CreateObject ("ADODB.Command")
Command1.ActiveConnection = MM_conn_STRING
Command1.CommandText = "UPDATE blogContent SET hitnum = hitnum + 1 WHERE id = " +
Replace(Command1_newnum,"'","''") + ""
Command1.CommandType = 1
Command1.CommandTimeout = 0
Command1.Prepared = true
Command1.Execute()
%>
```

至此，日志"单击数"的设计就完成了。

二、日志评论显示

在站点"我的网站"中，按图 6-46 所示新建文件 logshow_comment.asp，文件类型为 ASP VBScript。

图 6-46 日志评论显示页

打开"绑定"调板，执行"记录集"命令，实现数据库记录的绑定，注意是显示日志对应的评论，所以根据日志 id 编号筛选属于指定日志的评论，如图 6-47 所示。

图 6-47 "记录集"对话框

执行"服务器行为"—"重复区域"命令，显示所有记录，如图 6-48 所示。

选择显示日志评论的区域，单击"服务器行为"中的"＋"号按钮，在弹出的菜单中执行"显示区域"—"如果记录集不为空则显示区域",弹出"如果记录集不为空则显示区域"对话框,如图 6-49 所示。

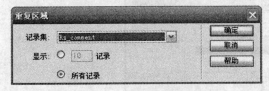
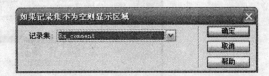

图 6-48 "重复区域"对话框　　　　图 6-49 "如果记录集不为空则显示区域"对话框

选择"记录集"为 Rs_comment,单击"确定"按钮,即可实现如果有日志评论,则正常显示评论。

同理,选择"暂无评论!"所在的区域,执行"显示区域"—"如果记录集为空则显示区域",在弹出的"如果记录集为空则显示区域"对话框中,选择"记录集"为 Rs_comment,单击"确定"按钮,即可实现如果没有记录,则显示"暂无评论!"。

三、发表评论

网友在阅读日志后,可对该日志评论,因此在 logshow_form.asp 中建立表单为用户提供一个发表评论的交互界面,如表 6-10 所示。在站点"我的网站"中,按图 6-50 所示新建文件 logshow_form.asp,文件类型为 ASP VBScript。

表 6-10　发表评论页 logshow_form.asp

表单元素一览

表单元素	表单元素的 ID
昵称	name
内容	Re
提交	submit
重置	submit2

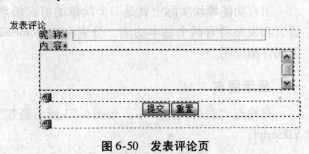

图 6-50　发表评论页

执行"插入"—"表单"—"隐藏域"命令,在表单 form1 中插入一个隐藏域,在属性面板中设置"值"等于 <% =(Rs.Fields.Item("id").Value)% >,其中 id 就是获取用户请求页面时传递的参数。

当网友提交评论时,表单送出,该记录加入数据库中,这需要"插入记录"命令来完成。打开"服务器行为"调板,执行"插入记录"命令,在弹出的"插入记录"对话框中,选择"连接"为 conn,选择"插入到表格"为 blogComment,"插入后,转到"为 logshow.asp,如图 6-51 所示。

至此,插入记录就完成了。但是有可能会发生网友在评论时没有填写任何数据而直接提交的情况,这样数据库中就会自动产生一条空白记录,为了杜绝这种现象发生,需要加入"检查表单"行为。选中表单,执行"窗口"—"行为"命令,打开"标签检查器"调板,选择其中的"行为"子面板,执行"检查表单"命令,在弹出的"检查表单"对话框中,对各表单元素做相应的限制。"域"中列出了表单中对应的表单元素,选中后可以通过下方的"值"和"可接受"来加以限制。在本例中,"昵称"和"内容"是"必需的",如图 6-52 所示。

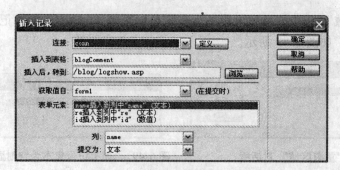

图 6-51 "插入记录"对话框

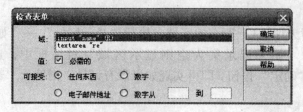

图 6-52 "检查表单"对话框

任务四　留言页面的设计

留言功能模块实际上就是一个简单的留言板系统。在本例中，留言模块主要包括显示留言和发布留言两个基本功能，分别由文件 message_main.asp 和 message_form.asp 完成，下面详细说明。

一、显示留言

在站点"我的网站"中，按图 6-53 所示新建文件 message_main.asp，文件类型为 ASP VBScript。

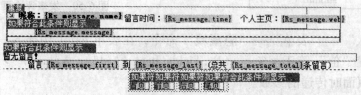

图 6-53 留言显示页

打开"绑定"调板，执行"记录集"命令，实现数据库记录的绑定，如图 6-54 所示。

图 6-54 "记录集"对话框

和显示评论页面一样,在页面中添加"重复区域"、"显示区域"、"记录集分页"和"记录集导航状态"操作,这里就不重复了。

二、发表留言

和发表评论一样,发表留言也是由表单完成。在站点"我的网站"中,按图6-55所示新建文件 message_form.asp,文件类型为 ASP VBScript,如表6-11所示。

表6-11 发布留言页 message_form.asp

表单元素	表单元素的ID
昵称	name
主页	web
内容	Re
提交	submit
重置	submit2

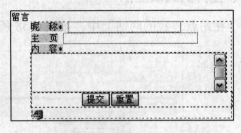

图6-55 发表留言页

打开"服务器行为"调板,执行"插入记录"命令,在弹出的"插入记录"对话框中,"连接"选择为 conn,"插入到表格"选择为 blogMessage,"插入后,转到"选择为 message.asp,如图6-56所示。

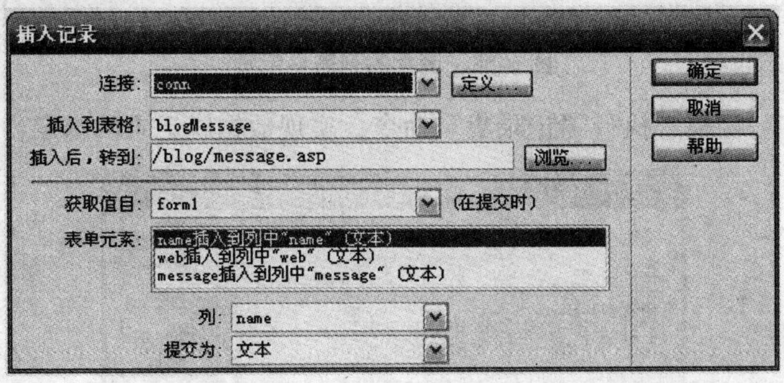

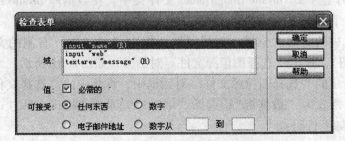

图6-56 "插入记录"对话框

和发表评论一样,这里执行"窗口"—"行为"命令,打开"标签检查器"调板,选择其中的"行为"子面板,执行"检查表单"命令,弹出"检查表单"对话框。本例中,"昵称"和"内容"的值是"必需的",如图6-57所示。

图6-57 "检查表单"对话框

任务五 图片页面的设计

博客系统的图片功能是一个简单的相册系统。本任务中,图片功能包括图片的列表显示和大图显示两个基本功能,分别由文件 pic.asp 和 picshow.asp 完成。

一、图片的列表显示

在站点"我的网站"中,按图 6-58 所示新建文件 pic.asp,文件类型为 ASP VBScript。

图 6-58 图片的列表显示页

打开"绑定"调板,执行"记录集"命令,实现数据库记录的绑定,如图 6-59 所示。

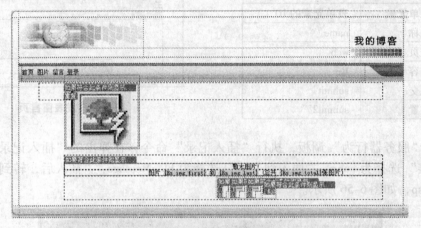

图 6-59 "记录集"对话框

博客中的图片置于 E:\mysite\blog\photo 文件夹中。在数据库 mysite 的表 blogImg 中,对应的字段 name 记录图片文件名。

选择图 6-60 中的图形占位符,选择属性面板中"源文件"右侧的文件夹图标(即"浏览文件"按钮),弹出"选择图像源文件"对话框,如图 6-61 所示。

在图 6-61 所示的"选择图像源文件"对话框中,将其中的"选择文件名自"由默认的"文件系统"修改为"数据源";选择"域"中记录集 Rs_img 中的 name,此时,在 URL 中将会生成如下代码:

<%=(Rs_img.Fields.Item("name").Value)%>

在此代码前添加前置字串 photo/,即:

```
photo/<%=(Rs_img.Fields.Item("name").Value)%>
```
单击"确定"按钮即可。

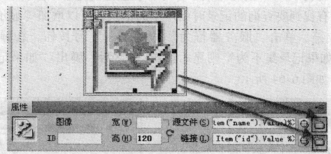

图 6-60 图片的处理

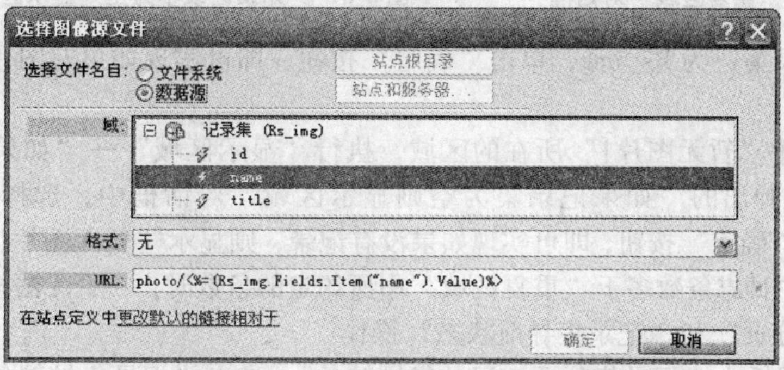

图 6-61 "选择图像源文件"对话框

单击图片列表里的图片可以查看原始图片，选择图 6-60 中的图形占位符，选择属性面板中"链接"右侧的文件夹图标（即"浏览文件"按钮），弹出"选择文件"对话框，如图 6-62 所示。

图 6-62 "选择文件"对话框

在图 6-62 所示的"选择文件"对话框中，"选择文件名自"默认选择"文件系统"，"查找范围"指向博客的工作目录 E:\mysite\blog，选择文件 picshow.asp，此时，在 URL 中将会生成如下代码：

```
/blog/picshow.asp
```

单击"确定"按钮即可。

执行"服务器行为"—"重复区域"命令，设置重复记录条数，如图6-63所示。

为了防止当没有找到要查询的记录时而产生的错误，可以增加"显示区域"服务器行为。选择图形占位符，单击"服务器行为"中的"＋"号按钮，在弹出的菜单中执行"显示区域"—"如果记录集不为空则显示区域"，之后，弹出"如果记录集不为空则显示区域"对话框，如图6-64所示。

图6-63 "重复区域"对话框　　　　图6-64 "如果记录不为空则显示区域"对话框

选择"记录集"为Rs_img，单击"确定"按钮，即可实现如果有图片记录，则正常显示图片。

同理，选择"暂无图片！"所在的区域，执行"显示区域"—"如果记录集为空则显示区域"，在弹出的"如果记录集为空则显示区域"对话框中，选择"记录集"为Rs_img，单击"确定"按钮，即可实现如果没有记录，则显示"暂无图片！"。

当数据库中日志条数多于"重复区域"中所约定的条数时，一页无法全部显示，需要进行"记录集分页"和"记录集导航状态"操作。

在适当位置插入"记录集分页：记录集导航条"，弹出"记录集导航条"对话框，如图6-65所示。

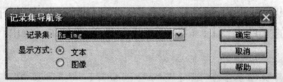

图6-65 "记录集导航条"对话框

在适当的位置插入"记录集导航状态"，修改文字如下：
图片 {Rs_img_first} 到 {Rs_img_last} （总共 {Rs_img_total} 张图片）

二、图片的大图显示

在站点"我的网站"中，按图6-66所示新建文件picshow.asp，文件类型为ASP VBScript。

打开"绑定"调板，执行"记录集"命令，实现数据库记录的绑定，如图6-67所示。

图6-66 大图显示页

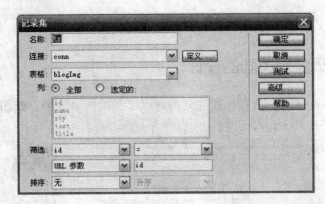

图 6-67 "记录集"对话框

注意：该记录集是根据查询字符串中传递的 id 参数来查询指定的图片记录，所以我们根据图片 id 编号筛选查看的图片。

选择图 6-68 中的图形占位符，选择属性面板中"源文件"右侧的文件夹图标（即"浏览文件"按钮），弹出"选择图像源文件"对话框，如图 6-69 所示。

图 6-68 图片处理

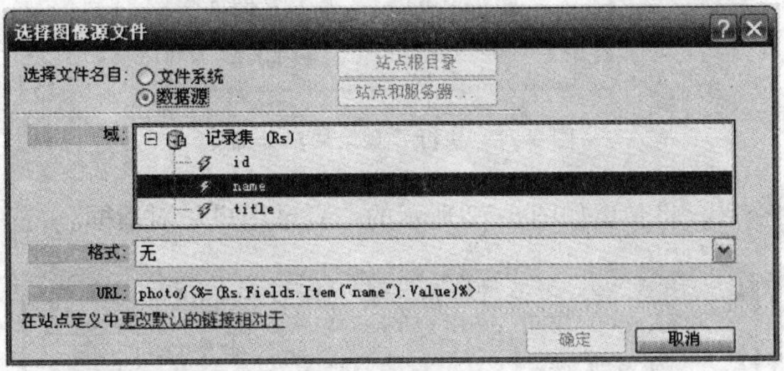

图 6-69 "选择图像源文件"对话框

在图 6-69 所示的"选择图像源文件"对话框中，将其中的"选择文件名自"由默认的"文件系统"修改为"数据源"。选择"域"中"记录集 Rs"中的 name，此时，在"URL"中将会生成如下代码：

`<% =(Rs.Fields.Item("name").Value)% >`

在此代码前添加前置字串 photo/，即：

`photo/<% =(Rs.Fields.Item("name").Value)% >`

单击"确定"按钮，即完成了图片显示的设计。

资讯四 博客后台管理页面

一个功能强大的博客系统，一定有非常完善的后台管理功能。在本资讯中后台管理主要包括系统管理、日志管理、留言管理、公告管理和友情链接管理。我们把所有后台页面文件存放在博客工作目录下的 admin 文件夹中。

任务六　管理员登录页面的设计

启动 Dreamweaver CS5，在前面所建立的站点"我的网站"中，按图 6-70 所示新建文件，文件类型为 ASP VBScript，并将文件保存为 login.asp。

图 6-70　管理员登录页

选择管理员登录页 login.asp 中的表单，打开"服务器行为"面板。执行"用户身份验证"—"登录用户"命令，如图 6-71 所示。

图 6-71　执行"登录用户"命令

执行上述命令后，将弹出如图 6-72 所示的"登录用户"对话框。

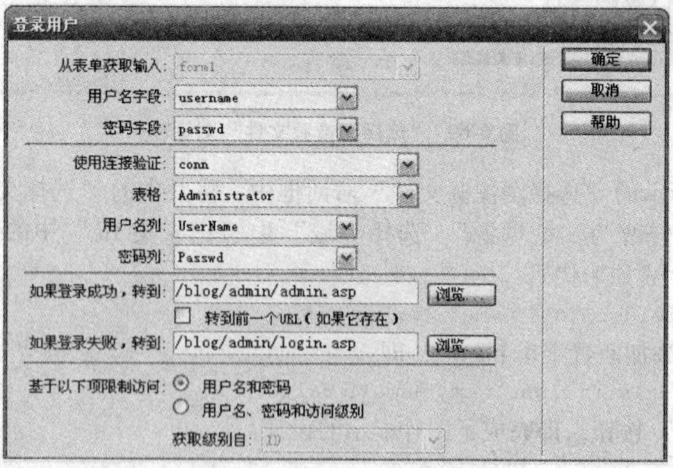

图 6-72　"登录用户"对话框

在"登录用户"对话框中，"从表单获取输入"选择 login.asp 中对应的表单名（表单 ID），本例为 form1。"用户名字段"选择 username，"密码字段"选择 passwd。"使用连接验证"选用 conn,"表格"选用 Administrator,"用户名列"选用 UserName,"密码列"选择 Passwd。"如果登录成功,转到"admin.asp,"如果登录失败,转到"login.asp。这表明,如果登录成功,转到后台管理的首页;否则,返回到管理员登录页,供管理员重新输入用户名和密码,以便再次登录。

单击图6-72"登录用户"对话框中的"确定"按钮,即完成管理员登录页的设计,预览效果如图6-73所示。

图6-73 管理员登录页

任务七 后台管理页面的设计

用户成功登录后会自动跳转到后台管理首页 admin.asp,如图6-74所示。

博客后台管理涉及日志、图片、留言、公告、评论等添加、删除操作,页面较多,因此采用框架页面。

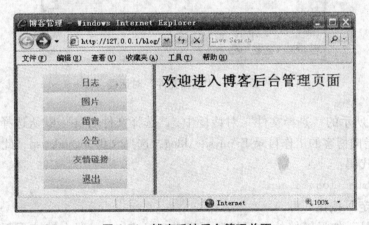

图6-74 博客系统后台管理首页

在站点"我的网站"中,按图6-75所示新建文件 admin.asp,文件类型为 ASP VB-Script。

网络上已经有很多成熟的模板供大家下载,大家也可以根据需要自己设计。

树形菜单里的菜单项采用链接的方式,单击可以进入指定的页面。选择图6-76中的"日志添加",选择属性面板中"链接"右侧的文件夹图标(即"浏览文件"按钮),弹出"选择文件"对话框,如图6-77所示。

图 6-75 后台管理页

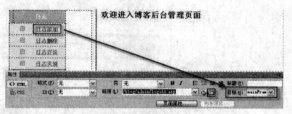

图 6-76 链接处理

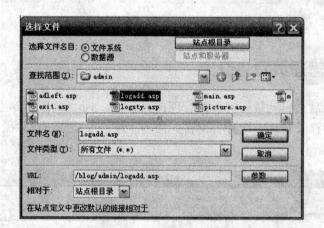

图 6-77 "选择文件"对话框

在图 6-77 所示的"选择文件"对话框中,"选择文件名自"默认选择"文件系统","查找范围"指向博客的工作目录 E:\mysite\blog,选择文件 logadd.asp,此时,在 URL 中将会生成如下代码:

/blog/admin/logadd.asp

单击"确定"按钮即可。

要注意的是,如果链接的"目标"设置为 mainFrame,那么链接页面会在右侧框架"mainFrame"中显示,而不需要打开新的空白页面。

其他菜单项都可以此来进行设置,"退出"能让管理员退出登录状态,返回博客前台主页面。

任务八 日志管理页面的设计

日志管理是对日志的添加、修改和删除,评论的查看和删除,以及日志类别的查看和删除，分别由多个页面完成，下面详细介绍。

1. 日志添加页面

在站点"我的网站"中，按图6-78所示新建文件logadd.asp，文件类型为ASP VBScript。

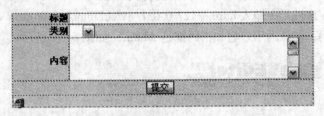

图6-78　日志添加页

表单中"类别"是"列表/菜单"类型，需要把所有的日志类别填充到下拉菜单里。定义记录集，查询数据表blogStyle中的记录。在"动态列表/菜单"属性面板中，单击"动态"按钮，打开"动态列表/菜单"对话框，设置参数如图6-79所示。

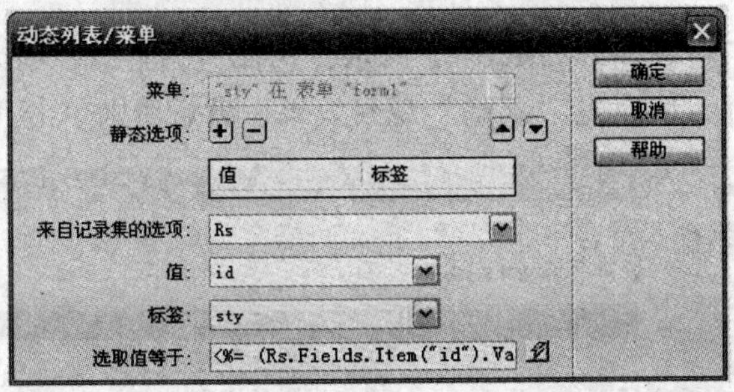

图6-79　"动态列表/菜单"对话框

打开"服务器行为"调板，执行"插入记录"命令，在弹出的"插入记录"对话框中，选择"连接"为conn，选择"插入到表格"为blogContent，"插入后，转到"logadd.asp，如图6-80所示。

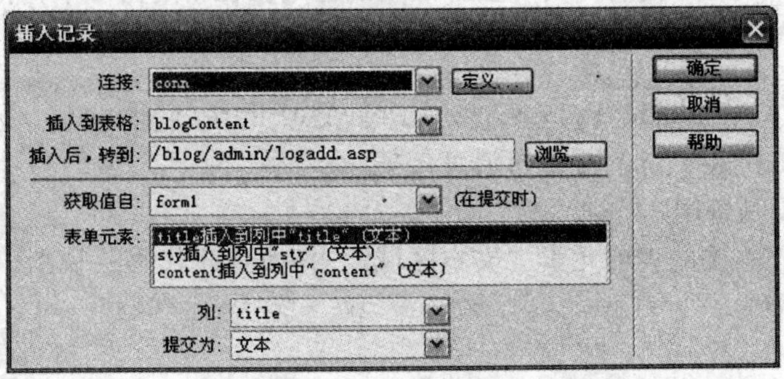

图6-80　"插入记录"对话框

日志添加页面完成了，但是有一个问题，"日志内容"部分使用的是"文本区域"，不能插入图片等元素。

要解决这一问题,常用的方法是使用成熟的 Web 编辑器,这类编辑器很多,其中国产编辑器 eWebEditor 是较受欢迎的一种。官方提供的 eWebEditor 分商业版、精简版和免费版三种,下面介绍的是官方提供的 eWebEditor 2.8 免费版。如果使用的是其他版本,请参照官方提供的帮助文件进行设置。

下载 eWebEditor 并解压在工作目录中,本例将其解压到 E:\mysite\blog\eWebEditor 文件夹中,打开浏览器,在地址栏中输入 http://127.0.0.1/eWebEditor/adminlogin.asp,在打开的页面中输入用户名和密码,默认的用户名和密码都是 admin,如图 6-81 所示。

图 6-81 eWebEditor 登录页

成功登录并进入后台管理,如图 6-82 所示,选择左侧菜单中的"样式管理",这时出现了多种样式可供选择,可以先"预览"观察效果,满意后则单击其中的"代码"。

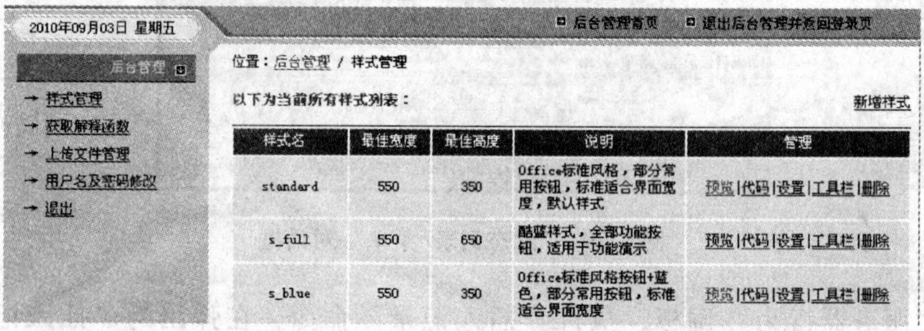

图 6-82 eWebEditor 样式管理

当单击相应样式的"代码"时,会弹出新的窗口,在新的窗口中,将显示如下一段所谓的"调用代码":

`<IFRAME ID = "eWebEditor1" SRC = "ewebeditor.asp?id=XXX&style=s_blue" FRAMEBORDER = "0" SCROLLING = "no" WIDTH = "550" HEIGHT = "350" ></IFRAME>`

注意:本例是样式 s_blue 对应的调用代码。

将上述代码复制备用。

选中"内容"右侧的表单元素"文本区域",切换到"代码"视图,相应代码如下:

`<textarea name = "content" cols = "57" rows = "17" ></textarea>`

将其修改为:

`<textarea name = "content" cols = "57" rows = "17" style = "display:none" ></textarea>`

作上述修改的目的是将文本区域 content 设置成"隐藏",将前面的 eWebEditor 调用代码复制到这段代码之下,即:

`<textarea name = "content" id = "content" cols = "45" rows = "5" style = "display:`

none">
</textarea>
<IFRAME ID = "eWebEditor1" SRC = "ewebeditor.asp?id = XXX&style = s_blue" FRAMEBORDER = "0" SCROLLING = "no" WIDTH = "550" HEIGHT = "350"></IFRAME>

将上述代码中的 ewebeditor.asp 修改为/blog/eWebEditor/ewebeditor.asp，将其中的 XXX 修改为 content，结果如下：

<textarea name = "content" id = "content" cols = "45" rows = "5" style = "display: none">
</textarea>
<IFRAME ID = "eWebEditor1"
SRC = "/blog/eWebEditor/ewebeditor.asp?id = content&style = s_blue" FRAMEBORDER = "0" SCROLLING = "no" WIDTH = "550" HEIGHT = "350"></IFRAME>

上述做法的目的是，使用内嵌框架<IFRAME>嵌入 eWebEditor 编辑器，编辑器所引用的表单为 form1。也就是说，我们将 eWebEditor 中输入的内容传送给 form1，然后由 form1 传送到数据库 blog.mdb 中表 blogContent 中的字段 content。

按 F12 键进行预览，预览效果如图 6-83 所示。

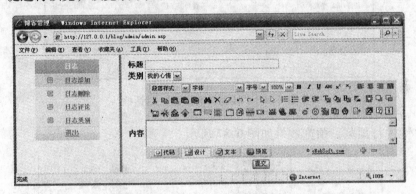

图 6-83　日志添加页预览效果

2. 日志删除页面

在站点"我的网站"中，按图 6-84 所示新建文件 logdel.asp，文件类型为 ASP VBScript。该页面完成对日志的删除，提供日志修改链接。

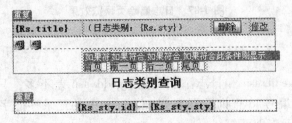

图 6-84　日志删除页

选择 logdel.asp 中的表单 form1，打开"服务器行为"调板，执行"删除记录"命令，在弹出的"删除记录"对话框中，选择"连接"为 conn，"从表格中删除"选择表 blogContent，"选取记录自"选用记录集 Rs，"唯一键列"选择 id，"删除后，转到" logdel.asp，如图 6-85 所示。

"修改"要跳转到日志修改页面 logedit.asp,执行"服务器行为"—"转到详细页面"命令,弹出"转到详细页面"对话框,如图 6-86 所示。

图 6-85 "删除记录"对话框

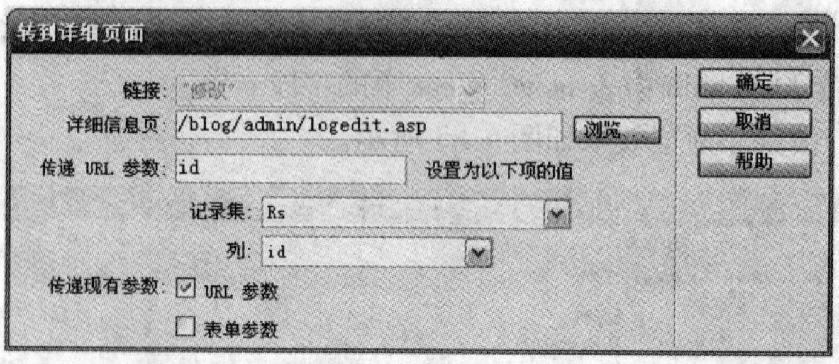

图 6-86 "转到详细页面"对话框

按 F12 键进行预览,预览效果如图 6-87 所示。

图 6-87 日志删除页预览效果

3. 日志修改页面

日志修改页面 logedit.asp 和日志添加页面 logadd.asp 差不多,只是要根据 logdel.asp 文件传递过来的日志编号 id 查询数据表 blogContent 中的记录,把字段 title、sty、content 绑定到页面相应表单元素即可。

选择 logedit.asp 中的表单,打开"服务器行为"调板,执行"更新记录"命令,在弹出的"更新记录"对话框中,选择"连接"为 conn,"要更新的表格"选择表 blogContent,"选取记录自"选用记录集 Rs_edit,"唯一键列"选择 id,"在更新后,转到"logdel.asp,如图 6-88 所示。

图6-88 "更新记录"对话框

4. 评论管理页面

在站点"我的网站"中,按图6-89所示新建文件logcomment.asp,文件类型为ASP VBScript,该页面显示日志标题和评论链接。

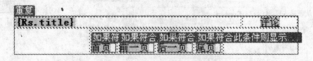

图6-89 评论管理页

"评论"要跳转到评论删除页面commentdel.asp,执行"服务器行为"—"转到详细页面"命令,弹出"转到详细页面"对话框,如图6-90所示。

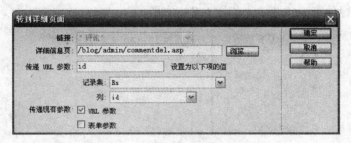

图6-90 "转到详细页面"对话框

按F12键进行预览,预览效果如图6-91所示。

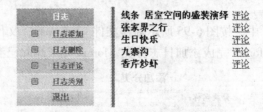

图6-91 评论管理页预览效果

5. 评论删除页面

在站点"我的网站"中,按图6-92所示新建文件commentdel.asp,文件类型为ASP VBScript。

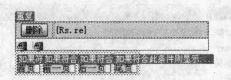

图 6-92 评论删除页

评论删除页面 commentdel.asp 根据 logcomment.asp 传递过来的日志编号 id 查询数据表 blogComment 中所有属于该日志的评论。

选择 commentdel.asp 中的表单，打开"服务器行为"调板，执行"删除记录"命令，在弹出的"删除记录"对话框中，选择"连接"为 conn，"从表格中删除"选择表 blogComment，"选取记录自"选用记录集 Rs，"唯一键列"选择 idd，"删除后，转到"commentdel.asp，如图 6-93 所示。

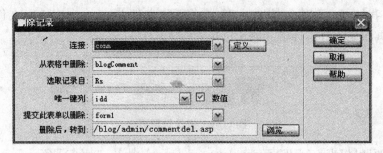

图 6-93 "删除记录"对话框

按 F12 键进行预览，预览效果如图 6-94 所示。

图 6-94 日志评论删除页预览效果

6. 日志分类管理页面

在站点"我的网站"中，按图 6-95 所示新建文件 logsty.asp，文件类型为 ASP VBScript。该页面用两个表单完成，form1 完成添加日志分类，form2 完成删除已有日志分类。

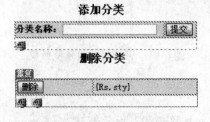

图 6-95 日志分类管理页

打开"服务器行为"调板,执行"插入记录"命令,在弹出的"插入记录"对话框中,选择"连接"为 conn,选择"插入到表格"为 blogStyle,"插入后,转到"logsty.asp,如图 6-96 所示。

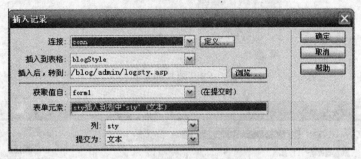

图 6-96 "插入记录"对话框

打开"服务器行为"调板,执行"删除记录"命令,在弹出的"删除记录"对话框中,选择"连接"为 conn,"从表格中删除"选择表 blogStyle,"选取记录自"选用记录集 Rs,"唯一键列"选择 id,"删除后,转到"logsty.asp,如图 6-97 所示。

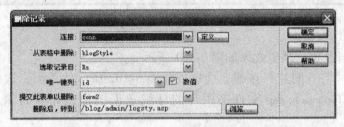

图 6-97 "删除记录"对话框

按 F12 键进行预览,预览效果如图 6-98 所示。

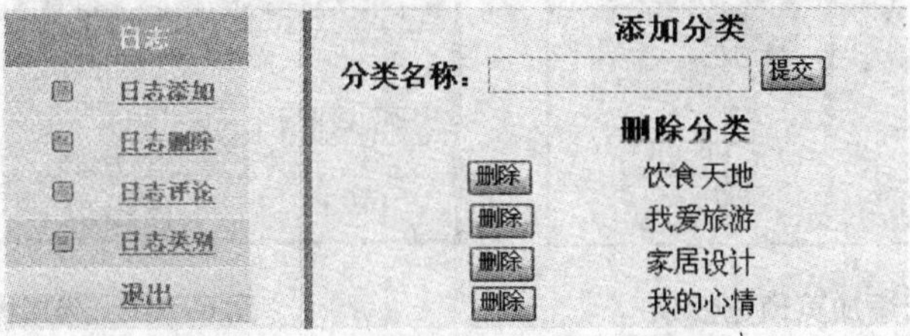

图 6-98 日志分类管理页预览效果

任务九 图片管理页面的设计

图片管理是对图片的添加和删除,以及博客前台页面的博客照片的管理。

1. 图片添加页面

图片添加涉及图片上传技术的实现。在站点"我的网站"中,按图 6-99 所示新建文件 upimg.asp,文件类型为 ASP VBScript。

该表单允许用户在本地计算机中查找图片文件,然后应用"插入记录"服务器行为,把用户选择的图片文件存储到 blogImg 数据表中,如图 6-100 所示。

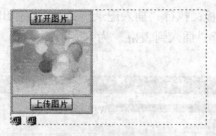

图 6-99 图片添加页

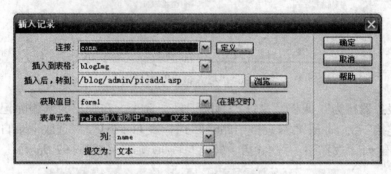

图 6-100 "插入记录"对话框

按 F12 键进行预览，预览效果如图 6-101 所示。

当用户单击"打开图片"按钮，会出现如图 6-102 所示的页面，选择要上传的图片后，会自动调用 fupaction.asp 文件把图片的详细数据上传到站点目录下的 photo 文件夹中。

图 6-101 图片添加页预览效果

图 6-102 选择图片页面

2. 图片删除页面

在站点"我的网站"中，按图 6-103 所示新建文件 picdel.asp，文件类型为 ASP VBScript。

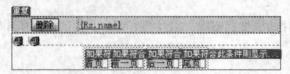

图 6-103 图片删除页

图片删除页面 picdel.asp 以列表的形式显示图片名，单击图片名可以查看图片，单击"删除"按钮就可以删除相应的图片。

选择 picdel.asp 中的表单，打开"服务器行为"调板，执行"删除记录"命令，在弹出的"删除记录"对话框中，选择"连接"为 conn，"从表格中删除"选择表 blogImg，"选取记录自"选用记录集 Rs_img，"唯一键列"选择 id，"删除后，转到"picdel.asp，如图 6-104 所示。

图 6-104 "删除记录"对话框

执行"插入"—"表单"—"隐藏域"命令，在表单 form1 中插入一个隐藏域，在属性面板中设置"值"等于 <% = Rs_img.Fields.Item("id").Value %>，其中 id 就是要删除图片的编号。

按 F12 键进行预览，预览效果如图 6-105 所示。

3. 首页图片管理页面

在博客前台主页面上，可以显示博客作者自己的照片，后台的首页图片管理页面 picmy.asp 就是完成这个功能的，如图 6-106 所示。

图 6-105 图片删除页预览效果

图 6-106 首页图片管理页

选择 pic.asp 中的表单，打开"服务器行为"调板，执行"更新记录"命令，在弹出的"更新记录"对话框中，选择"连接"为 conn，"要更新的表格"选择表 blogPicmy，"选取记录自"选用记录集 Rs，"唯一键列"选择 id，"在更新后，转到"picmy.asp，如图 6-107 所示。

按 F12 键进行预览，预览效果如图 6-108 所示。

图 6-107 "更新记录"对话框

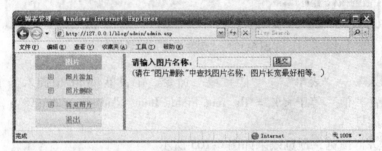

图 6-108 首页图片管理页预览效果

任务十 留言管理页面的设计

留言管理的功能就很简单了，主要就是留言的删除。

在站点"我的网站"中，按图 6-109 所示新建文件 admessage.asp，文件类型为 ASP VBScript。

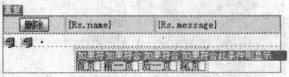

图 6-109 留言删除页

选择 admessage.asp 中的表单，打开"服务器行为"调板，执行"删除记录"命令，在弹出的"删除记录"对话框中，选择"连接"为 conn，"从表格中删除"选择表 blogMessage，"选取记录自"选用记录集 Rs，"唯一键列"选择 id，"删除后，转到" admessage.asp，如图 6-110 所示。

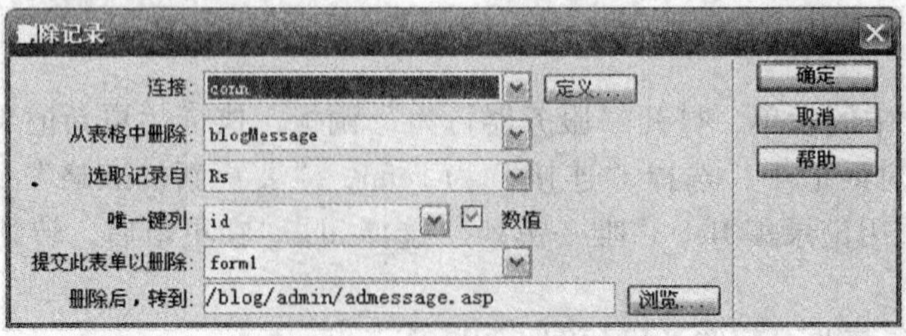

图 6-110 "删除记录"对话框

按 F12 键进行预览，预览效果如图 6-111 所示。

图 6-111　留言删除页预览效果

任务十一　公告管理页面的设计

公告管理包括用户发布新公告和删除旧公告。

在站点"我的网站"中，按图 6-112 所示新建文件 adbulletin.asp，文件类型为 ASP VBScript。下面用两个表单完成，form1 完成删除已有公告，form2 完成添加公告。

打开"服务器行为"调板，执行"插入记录"命令，在弹出的"插入记录"对话框中，选择"连接"为 conn，选择"插入到表格"为 blogBulletin，"插入后，转到"adbulletin.asp，如图 6-113 所示。

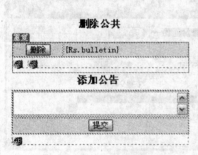

图 6-112　公告管理页

图 6-113　"插入记录"对话框

打开"服务器行为"调板，执行"删除记录"命令，在弹出的"删除记录"对话框中，选择"连接"为 conn，"从表格中删除"选择表 blogBulletin，"选取记录自"选用记录集 Rs，"唯一键列"选择 id，"删除后，转到"adbulletin.asp，如图 6-114 所示。

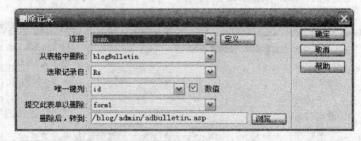

图 6-114　"删除记录"对话框

按 F12 键进行预览，预览效果如图 6-115 所示。

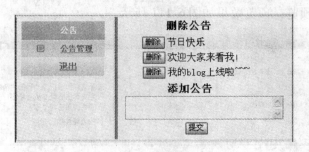

图 6-115　公告管理页预览效果

任务十二　友情链接管理页面的设计

友情链接管理包括友情链接添加和删除操作。

在站点"我的网站"中,按图 6-116 所示新建文件 adlink.asp,文件类型为 ASP VB-Script。我们用两个表单完成,form1 完成删除已有友情链接,form2 完成添加友情链接。

打开"服务器行为"调板,执行"插入记录"命令,在弹出的"插入记录"对话框中,选择"连接"为 conn,选择"插入到表格"为 blogLink,"插入后,转到" adlink.asp,如图 6-117 所示。

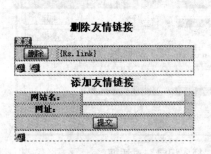

图 6-116　友情链接管理页

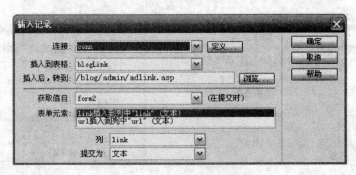

图 6-117　"插入记录"对话框

打开"服务器行为"调板,执行"删除记录"命令,在弹出的"删除记录"对话框中,选择"连接"为 conn,"从表格中删除"选择表 blogLink,"选取记录自"选用记录集 Rs,"唯一键列"选择 id,"删除后,转到" adlink.asp,如图 6-118 所示。

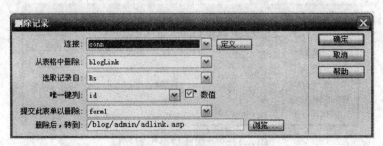

图 6-118　"删除记录"对话框

按F12键进行预览，预览效果如图6-119所示。

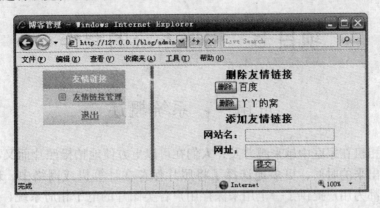

图6-119　友情链接管理页预览效果

此外，需要对admin.asp等后台页面进行保护，以确保仅博客作者自己才能访问，没有授权的用户运行这些页面，均会自动返回到login.asp。

分别选择上述文件，进行以下的操作：

（1）单击"服务器行为"面板上的"+"号，在菜单中选择"用户身份验证"—"限制对页的访问"。

（2）在弹出的"限制对页的访问"对话框中选择"用户名和密码"，在"如果访问被拒绝，则转到"中输入login.asp。

这样一来，非管理员访问后台页面就会自动跳转到login.asp。

项目七　相册系统的制作

资讯一　系统概述

随着数码相机在家庭中越来越普及，人们在可以更方便地拍摄照片而又不需要把拍摄的照片都冲印出来的时候，更多地选择了将照片保存在计算机或网络中。现在，Internet 上很多的网站都为用户提供了一个用来保存用户各类图片的电子相册系统，比如 QQ 空间相册、新浪博客相册等。电子相册具有传统相册无法比拟的优越性：图、文、声并茂的表现手法，随意修改编辑的功能，快速的检索方式，永不褪色的恒久保存特性，以及廉价复制分发的优越手段。

本项目将详细介绍一个简单的相册系统的制作过程，分成相册主页面的设计和相册管理页面的设计两个大任务来分别进行讲解。

本相册系统包括如下功能：
- 用户功能——浏览相册、浏览图片、发表评论；
- 管理员功能——浏览相册、浏览图片、创建相册、编辑和删除相册、上传图片、编辑和删除图片、删除和回复评论等。

根据本相册系统的功能，共需建立 17 个页面，各页面之间的关系如图 7-1 所示。

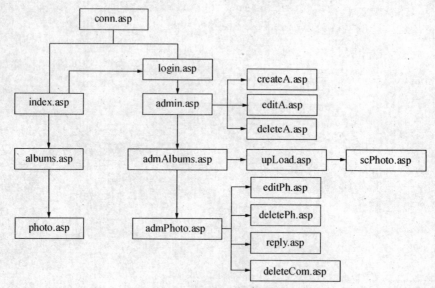

图 7-1　本相册系统的组织结构图

以上各页面的功能如下：
- conn.asp——数据库连接的基本信息；
- index.asp——显示相册列表；
- albums.asp——显示单个相册的详细信息；

- photo. asp——显示单张图片的详细信息；
- login. asp——管理员登录；
- admin. asp——管理相册列表；
- admAlbums. asp——管理相册信息；
- admPhoto. asp——管理图片信息；
- createA. asp——创建新相册；
- editA. asp——编辑相册信息；
- deleteA. asp——删除相册；
- upLoad. asp——上传图片主页面；
- scPhoto. asp——实现图片文件的上传；
- editPh. asp——编辑图片信息；
- deletePh. asp——删除图片；
- reply. asp——回复留言；
- deleteCom. asp——删除留言。

其中，公共页面 conn. asp 由 Dreamweaver 进行数据库连接时自动产生，凡是要用到数据库的页面都要用到它。其他页面引用该页面时，实际上用到了：

```
<!--#include file="Connections/conn.asp"-->
```

资讯二　准备工作

和前面制作新闻文章系统一样，制作相册系统之前也需要做一系列的准备工作。这些准备工作和项目三中所介绍的类似，已经熟悉相关知识的读者，可以跳过本节。

一、建立工作目录

由于相册系统将作为站点"我的网站"的成员之一，为了便于管理，建立 E:\mysite\Albums 作为相册系统的工作目录，相册系统所需的数据库文件放置在 E:\mysite\db 中。E:\mysite\images 用于存放站点"我的网站"公用的图片，而 E:\mysite\Albums\images 用于存放相册系统专用的图片。当然，也可以根据需要，在 E:\mysite\Albums 下再建立其他的文件夹，用于存放相册系统所需要的其他文件。

站点结构是否清晰对以后的管理和维护至关重要，建立站点前一定要多花功夫在站点的结构上。结构混乱的站点以后维护起来会十分困难，要预先有周密的规划，一旦确定，也不要中途修改。

二、启动 IIS

如前所述，设计动态网站时，为便于调试，必须先启动 Web 服务器。因此，设计基于 ASP 的新闻系统时，应该先启动 IIS。

打开"控制面板"，执行"管理工具"—"Internet 信息服务"命令，启动 IIS。

对于 IIS 中的"默认站点"，常需要设置其中的"网站"、"主目录"、"文档"3 个选项卡。

"文档"选项卡中最关心的是"IP 地址"和"TCP 端口",IP 地址默认的是"全部未分配",对于单机,可使用 127.0.0.1;对于局域网中的计算机,除可使用 127.0.0.1 之外,还可使用局域网中的 IP 地址,如 192.168.0.1 等。因此,我们可以通过 IP 地址访问建立在工作目录中的网站,如 http://127.0.0.1/。

Web 服务器的 TCP 端口默认为 80,通常不需要修改。但某些工具软件可能会占用 80 端口,致使 Web 服务器无法正确启动,要解决这一问题,通常可改变 TCP 端口,如设为 81。但如果所设的端口非默认的 80 端口,访问时就需要加上端口号,如:http://127.0.0.1:81。

IIS 默认并未设置 index.asp 为默认文档,需要添加。可在"文档"选项卡中添加 index.asp 为默认文档,并将其置于第一个。

最后,应在"主目录"选项卡中将"连接到资源时的内容来源"置于"此计算机上的目录",并将本地路径修改为 E:\mysite。正因为如此,以后访问相册系统,应使用:

http://localhost/Albums　或:http://127.0.0.1/Albums

三、在 Dreamweaver CS5 中建立站点

配置好 IIS 后,需要在 Dreamweaver CS5 中建立一个站点。在 Dreamweaver CS5 中建立站点的方法有别于之前的 Dreamweaver 各个版本,详细的建立站点的方法请见项目一中的相关内容,限于篇幅,这里不做详细介绍。

本项目中,仍然将所建的站点命名为"我的网站",本地站点文件夹为"E:\mysite",服务器模型为"ASP VBScript",如图 7-2 和图 7-3 所示。

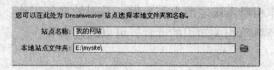
图 7-2　站点名称和本地站点文件夹

图 7-3　服务器模型

细心的读者可能发现,有 ASP JavaScript 和 ASP VBScript 两种 ASP 服务器模型,如图 7-4 所示。

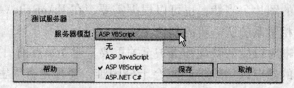
图 7-4　ASP JavaScript 和 ASP VBScript

为什么我们选择"ASP VBScript"而非"ASP JavaScript"呢?事实上,在服务器端,ASP 支持这两种脚本,不过新手多喜欢使用 VBScript。而在客户端,微软的 IE 浏览器对 VBScript 和 JavaScript 都支持,但部分浏览器仅支持 JavaScript。另外,JavaScript 有十分强大的交互性,在客户端用 JavaScript 能够实现许多复杂的功能。基于上述原因,我们认为,新手宜在服务器端使用 VBScript,而在客户端使用 JavaScript。

四、设计和使用数据库

1. 数据库设计

本相册系统使用的数据库为公共数据库 mysite.mdb,保存在 E:\mysite\db 中,共包括 5 张表,各表的功能和设计结构如下。其中,表 Administrator 用来存储管理员信息,其结构如表 7-1 所示。表 Albums 用来存储相册信息,其结构如表 7-2 所示。表 Photograph 用来存储相册中的图片信息,其结构如表 7-3 所示。表 Comment 用来存储图片评论信息,其结构如表 7-4 所示。表 Reply 用来存储回复评论信息,其结构如表 7-5 所示。

表 7-1 表 Administrator 的结构

字段名	数据类型	说明
ID	自动编号	主关键字
UserName	文本	管理员用户名
Passwd	文本	管理员密码

表 7-2 表 Albums 的结构

字段名	数据类型	说明
A_ID	自动编号	主关键字
A_Title	文本	相册标题
A_Date	日期/时间	创建时间
N_Photo	数字	包含的相片张数

表 7-3 表 Photograph 的结构

字段名	数据类型	说明
P_ID	自动编号	主关键字
P_Title	文本	图片标题
Address	文本	图片存储地址
P_Date	日期/时间	上传时间
A_ID	数字	所属相册主键
Describe	文本	图片描述
N_Browse	数字	浏览次数
N_Comment	数字	评论数

表 7-4 表 Comment 的结构

字段名	数据类型	说明
C_ID	自动编号	主关键字
C_Title	文本	评论标题
C_Date	日期/时间	评论时间
P_ID	数字	所针对的图片主键
C_Name	文本	评论人
Comment	文本	评论内容

表 7-5　表 Reply 回复评论信息

字段名	数据类型	说　明
R_ID	自动编号	主关键字
R_Date	日期/时间	回复时间
C_ID	数字	所针对的评论主键
R_Name	文本	回复人
Reply	文本	回复内容

建立各表之间的对应关系如图 7-5 所示。其中，表 Albums 中的 A_ID 字段与表 Photograph 中的 A_ID 字段、表 Photograph 中的 P_ID 字段与表 Comment 中的 P_ID 字段、表 Comment 中的 C_ID 字段与表 Reply 中的 C_ID 字段分别建立"一对多"的关系，且"实施参照完整性"、"级联更新相关字段"和"级联删除相关记录"，如图 7-6 所示。

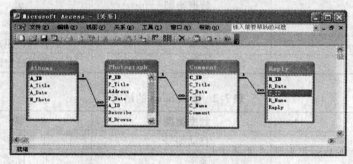

图 7-5　建立各表之间的对应关系

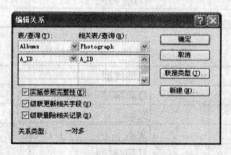

图 7-6　编辑两张表的对应关系

2. 使用 Access 数据库

为了让 Dreamweaver CS5 能正确地使用 Access 数据库文件，必须进行数据库的连接。前面已经讲过，一个站点对同一个数据库只要进行一次数据库连接，如果在项目三的"我的网站"中已经对 mysite.mdb 进行了连接，本节可以跳过。

执行"Access 连接字符串生成器"，单击其中的"浏览"按钮，选择数据库文件 E:\mysite\db\mysite.mdb，此时，会自动在"生成的连接字符串"文本区域内生成链接代码，如图 7-7 所示。

启动 Dreamweaver CS5，新建一个 ASP VBScript 页面并保存在站点"我的网站"中，执行"窗口"—"数据库"命令，打开"数据库"调板。单击其中的"+"按钮，在弹出快捷菜单中执行"自定义连接字符串"命令，在弹出的"自定义连接字符串"对话框中，"连接名称"取为 conn，并将在图 7-7 中所"拷贝"的连接字符串粘贴在"连接字符串"右侧的区域内，如图 7-8 所示。

项目七 相册系统的制作 175

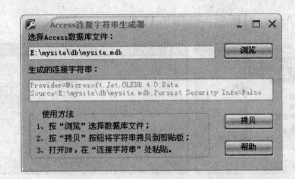

图 7-7 Access 连接字符串生成器

图 7-8 "自定义连接字符串"对话框

单击图 7-8 中的"测试"按钮，如果测试通过，将弹出图 7-9 所示的对话框。

连接测试成功后，单击图 7-8 中的"确定"按钮，即可完成连接数据库的操作。

图 7-9 连接测试成功

资讯三　相册主页面的设计

首先要制作的是相册系统的主页面，包括相册首页、相册信息页面和图片信息页面。

任务一　相册首页的设计

在前面所建立的站点"我的网站"中，新建类型为 ASP VBScript 的文件，并将文件保存为 index.asp。该文件是相册首页文件，用来显示相册分类等信息，首页头部设计如图 7-10 所示。

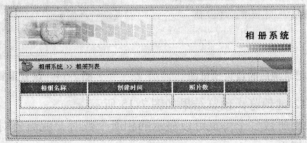

图 7-10 相册首页头部

在相册列表中，要进行相应数据的绑定。选择"窗口"→"绑定"命令，打开"绑定"面板，单击"＋"号按钮，在弹出的快捷菜单中，选择其中的"记录集（查询）"绑定数据表,弹出"记录集"对话框,如图 7-11 所示。

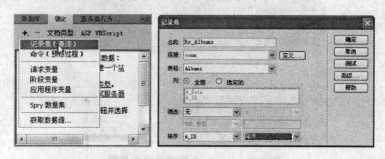

图 7-11 绑定记录集

展开"绑定"面板中的所有记录集,将相应记录拖放到 index.asp 的相应位置,如图 7-12 所示。

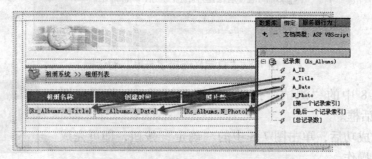

图 7-12 将相应记录拖放到相册首页的相应位置

将上述页面保存并按 F12 键预览,可以看到图 7-13 所示的页面效果。

图 7-12 中所显示的一行相册信息实际上是数据库中最新的一个相册记录。为了显示多个相册信息,就需要进行下面的操作。

首先将有数据记录的行选中,然后单击"服务器行为"面板中的"+"号按钮,在弹出的快捷菜单中选择"重复区域"命令,弹出"重复区域"对话框。对话框中默认重复显示 10 条记录,可以根据实际需要修改,甚至可以直接显示所有记录,如图 7-14 所示。

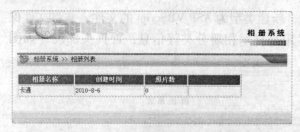

图 7-13 绑定记录集后的首页预览图

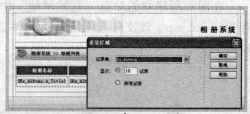

图 7-14 设置重复显示多条记录

保存页面后按 F12 键预览,预览结果如图 7-15 所示。

如果数据库中的相册数多于每页可以显示的相册个数时,就需要对所有相册信息进行分页显示,具体操作如下。

首先将光标置于适当位置(相册记录下面),然后在"插入"面板中选中"数据"类型,再执行"记录集分页"→"记录集导航条"命令。在弹出的"记录集导航条"对话框中选择"文本"显示方式,其效果如图 7-16 所示。

图 7-15 相册首页预览图　　　　图 7-16 以文本方式显示的记录导航条

任务二　相册信息页面的设计

新建文件 albums.asp，用来显示单个相册的详细信息。该页面不能单独显示，必须接收来自首页的"指令"，在首页中单击某一个相册标题，就打开相应的相册信息页面，显示该相册的详细内容。

为了正确显示 albums.asp 页面，首先要在 index.asp 页面中选中"标题"部分，执行"服务器行为"中的"转到详细页面"命令，如图 7-17 所示。

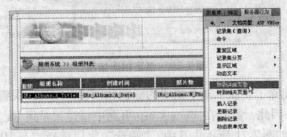

图 7-17　相册首页转到相册信息页

在弹出的"转到详细页面"对话框中，"详细信息页"选择为 albums.asp，"列"及"传递 URL 参数"均选择为记录集 Rs_Albums 中的 A_ID，如图 7-18 所示。这样一来，当在 index.asp 页面中单击某个相册标题时，就会将对应的 A_ID 传送给 albums.asp，同时跳转到 albums.asp 页面中。

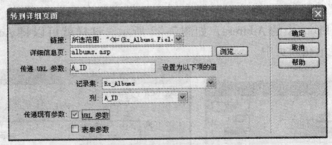

图 7-18　设置"转到详细页面"对话框

为了使 albums.asp 页面能够准确地接收 index.asp 页面传递过来的参数，在 albums.asp 页中进行如下的操作。

（1）在"绑定"面板单击"+"号按钮，在弹出的快捷菜单中，选择其中的"记录集（查询）"绑定数据表，弹出"记录集"对话框。定义好"名称"、"连接"和"表格"之后，将"筛选"选择为 A_ID，如图 7-19 所示。

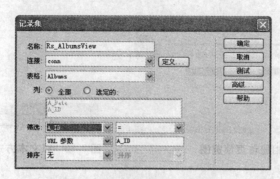

图 7-19 对所有相册进行筛选

（2）将新建记录集 Rs_AlbumsView 中的 Title 和 Date 分别拖放到 albums.asp 中的相应位置，且将"相册列表"链接到 index.asp 页面，如图 7-20 所示。

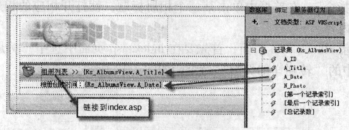

图 7-20 绑定相册信息

（3）相册信息页面除了要显示某个相册的标题和创建时间外，关键是要显示该相册中包含的所有图片的信息。因此，需要在 albums.asp 页面中新建记录集 Rs_Photo，用来绑定 Photography 表中的数据，如图 7-21 所示。其中，"筛选"字段选择"A_ID = URL 参数 A_ID"，这样就可以在 albums.asp 页面中显示与从 index.asp 页面中传递过来的相册编号相对应的所有图片的信息。

（4）新建好相册记录集之后，就要在 albums.asp 页面的适当位置显示相册中所有图片的信息，包括图片的缩略图、图片名称、评论条数等，具体操作如下。

① 将光标置于 albums.asp 页的空白区域中，执行"插入"—"图像"命令，弹出"选择图像源文件"对话框。将该对话框中的"选择文件名自"选择为"数据源"，"域"选择为记录集 Rs_Photo 中的 Address，如图 7-22 所示。这样就可以将 Address 字段中的路径所对应的图片显示在网页中。

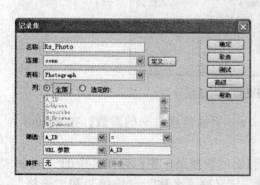

图 7-21 新建相册记录集

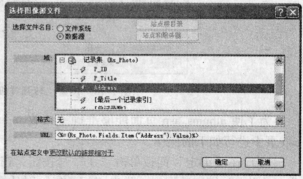

图 7-22 选择插入图像的源文件

② 为了能够在 albums.asp 页面中显示所有图片的缩略图，可以缩小图片显示的尺寸，如修改图像的"宽"为100，"高"为75，如图7-23所示。

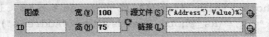

图 7-23　改变图片的显示大小

③ 在图片的下方分别插入记录集 Rs_Photo 中的 P_Title 和评论条数 N_Comment，如图 7-24 所示。

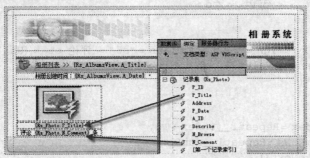

图 7-24　插入图片名称和评论

④ 单击选择图像区域，在"服务器行为"面板中添加一个重复区域，选择记录集为 Rs_Photo。这样就可以在 albums.asp 页面中显示某个相册中所有图片的信息，如图7-25所示。

图 7-25　相册信息页面预览

细心的读者会发现，页面中的图片不能横排显示。这是因为 Dreamweaver CS5 中的重复区域默认是纵向重复的，如果想得到横向排列的重复区域，需将"代码"视图中的如下代码：

```
<%
While ((Repeat1__numRows < > 0) AND (NOT Rs_Photo.EOF))
%>
  <table width = "187" border = "0" >
    <tr>
```

```asp
            <td scope="col"><div align="center"><A HREF="photo.asp?<%=
              Server.HTMLEncode(MM_keepNone) & MM_joinChar(MM_keepNone) & "P_
              ID=" &
              Rs_Photo.Fields.Item("P_ID").Value %>"><img
              src="<%=(Rs_Photo.Fields.Item("Address").Value)%>" width="
              100"
              height="75"></A></div></td>
        </tr>
        <tr>
            <td><div align="center" class="s5"><%=(Rs_Photo.Fields.Item("P_
  Title").Value)%></div></td>
        </tr>
        <tr>
            <td><div align="center" class="s6">评论<%=(Rs_Photo.Fields.Item
            ("N_Comment").Value)%>条</div></td>
        </tr>
      </table>
      <%
      Repeat1__index=Repeat1__index+1
      Repeat1__numRows=Repeat1__numRows-1
      Rs_Photo.MoveNext()
  Wend
  %>
```

替换成下面的代码即可:

```asp
      <table>
        <%
        startrw = 0
        endrw = HLooper1__index
        numberColumns = 3
        numrows = 3
        while((numrows <> 0) AND (Not Rs_Photo.EOF))
            startrw = endrw + 1
         endrw = endrw + numberColumns
        %>
            <tr align="center" valign="top">
         <%
           While ((startrw <= endrw) AND (Not Rs_Photo.EOF))
         %>
              <td><table width="187" border="0">
                <tr>
                <td scope="col"><div align="center"><A HREF="photo.asp?<%=
                Server.HTMLEncode(MM_keepNone) & MM_joinChar(MM_keepNone) & "P_ID=" &
                Rs_Photo.Fields.Item("P_ID").Value %>"><img
                src="<%=(Rs_Photo.Fields.Item("Address").Value)%>" width="100"
                height="75"></A></div></td>
                </tr>
                <tr>
                    <td><div align="center"
                    class="s5"><%=(Rs_Photo.Fields.Item("P_Title").Value)%>
                    </div></td>
                </tr>
                <tr>
                    <td><div align="center" class="s6">评论
                    <%=(Rs_Photo.Fields.Item("N_Comment").Value)%>条</div></td>
```

```
        </tr>
      </table></td>
<%
   startrw = startrw + 1
   Rs_Photo.MoveNext()
   Wend
%>
     </tr>
<%
   numrows = numrows - 1
   Wend
%>
</table>
```

修改后的 albums.asp 页面预览效果如图 7-26 所示。

图 7-26　实现图片横排后的相册信息页面

至此，相册信息页面 albums.asp 的设计已经基本完成。

任务三　图片信息页面的设计

在 albums.asp 页面中单击某张图片的缩略图后，应该能够看到该图片的详细信息。为了实现这一功能，首先新建文件 photo.asp，用来显示单张图片的详细信息。然后在 albums.asp 页面中选中图像图标，再在"服务器行为"面板中添加"转到详细页面"，其设置如图 7-27 所示。

为了能够在 photo.asp 页中显示图片所对应的相册标题，在"绑定"面板中添加记录集 Rs_AlbumsView。在"记录集"对话框中单击"高级…"按钮后，在"SQL"字段中添加如下查询语句：

```
SELECT A_Title
FROM Albums,Photograph
WHERE Albums.A_ID = Photograph.A_ID and P_ID = MMColParam
```

在"参数"字段中单击"编辑"按钮，弹出"编辑参数"对话框。将"名称"字段设置为查询语句中的 MMColParam；"类型"字段选择为 Numeric；"值"字段设置为 Request.QueryString ("P_ID")，也就是 albums.asp 页面传递过来的参数 P_ID。整个过程如图 7-28 所示。

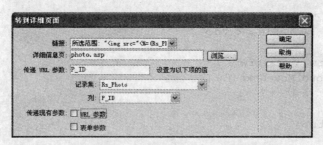

图 7-27 转到详细信息页面设置

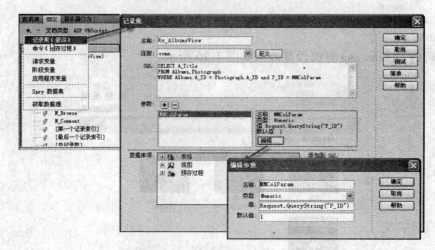

图 7-28 记录集的"高级"设置

同样地，为了能够在 photo.asp 页面中显示正确的图片信息，就要在 photo.asp 页面的"绑定"面板中添加新的记录集 Rs_PhotoView，"筛选"字段选择为"P_ID = URL 参数 P_ID"，用来接收 albums.asp 页传递过来的参数，如图 7-29 所示。

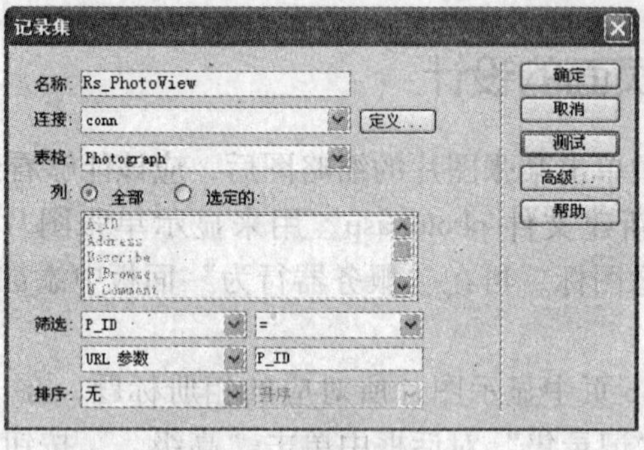

图 7-29 添加记录集

将记录集 Rs_AlbumsView 中的 A_Title 和 Rs_PhotoView 中的 P_Title 分别拖放到 photo.asp 中的相应位置，且将 Rs_AlbumsView.A_Title 字段设置为"转到详细页面"albums.asp，如图 7-30 所示。

在 photo.asp 页面中，不仅要显示图片的详细信息，如图片名称、图片描述、上传时间等，还要显示图片的评论信息。因此，要在 photo.asp 页面中新建记录集 Rs_Comment 用来绑定评论信息，如图 7-31 所示。其中，"筛选"字段选择"P_ID = URL 参数 P_ID"，这样就可以在 photo.asp 页面中显示与从 albums.asp 页面中传递过来的图片编号相对应的所有评论的信息。

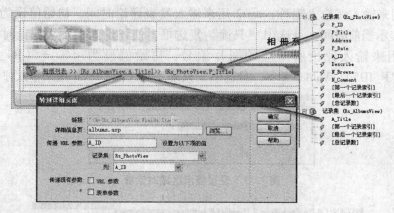

图 7-30　定图片名称及对应的相册标题

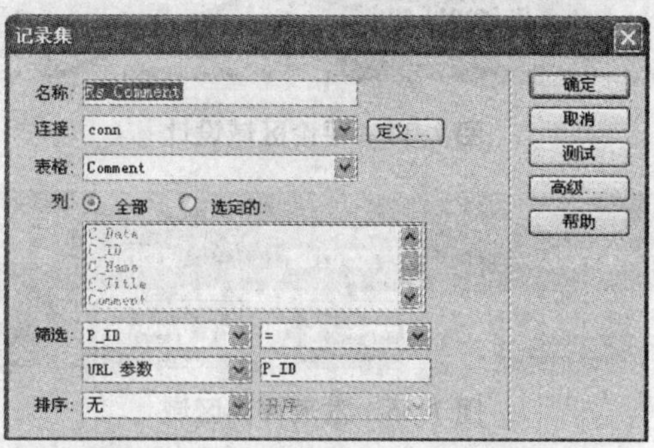

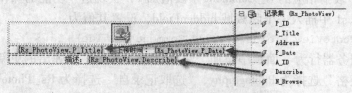

图 7-31　添加评论记录集

在 photo.asp 页面的空白区域中插入"图像"，其"选择文件名自"选择为"数据源"，"域"选择为记录集 Rs_PhotoView 中的 Address。在图像下方插入 Rs_PhotoView 中的 P_Title、P_Date 和 Describe，分别用来显示图片的名称、上传时间和描述，如图 7-32 所示。

图 7-32　绑定图片相关信息

下面在图片信息的下方显示对该图片的所有评论信息。首先在适当位置插入记录集 Rs_PhotoView 中的评论条数 N_Comment，在 N_Comment 下面插入记录集 Rs_Comment 中的评论人昵称 C_Name、发表评论时间 C_Date 和评论内容 Comment，然后分别对 C_Name、C_Date 和 Comment 执行"服务器行为"—"显示区域"—"如果记录集不为空则显示区域"命令。在弹出的对话框中选择记录集为 Rs_Comment，如图 7-33 所示。为了在页面中显示对该图片的所有评论信息，将 C_Name、C_Date 和 Comment 所在的区域设置为"重复区域"。评论信息区域的设计如图 7-34 所示。

在 photo.asp 页面中除了显示图片信息、评论信息之外，还可以发表新的评论。为实现这个功能,首先在评论信息区域的下方插入一个表单 s1,然后在表单中的适当位置添加发表评论的表单元素,如图 7-35 所示,其中有 4 个"文本域"text1、text2、text3 和 text4。text1 用来输入评论人昵称;text2 用来输入发表评论时间,初始值设为 <% = Date ()%>,以表示当前时间,且选中"只读"复选框,使评论人在发表评论时不能够修改时间;text3 用来输入评论所对应的图片编号,初始值设为 <% =(Rs_PhotoView. Fields.Item("P_ID").Value)%>,且选中"只读"复选框;text4 用来输入评论的内容。

图 7-33 设置显示区域对话框

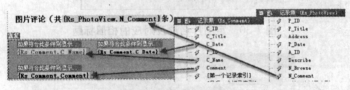

图 7-34 评论区域设计

图 7-35 发表评论区域

选中图 7-35 所示的表单,然后执行添加"服务器行为"—"插入记录"命令。在弹出的"插入记录"对话框中,将表单的 4 个文本域与表 Comment 的 C_Name、C_Date、P_ID 和 Comment 字段一一对应起来,如图 7-36 所示。

当然,发表一条新的评论信息时,除了要在 Comment 表中增加一个新的记录之外,还要使 Photography 表中相应的 N_Comment 字段值加 1,实现这一功能的操作如下。

首先在表单 s1 中插入一个隐藏域 hiddenField,设置其值为:

<% =(Rs_PhotoView.Fields.Item("N_Comment").Value)+1% >

然后在"服务器行为"面板中添加"更新记录"命令。在弹出的更新记录对话框中,将"要更新的表格"选择为 Photography,"选取记录自"选择为 Rs_PhotoView,在"表单元素"中单击 hiddenField,并在"列"中选择 N_Comment,如图 7-37 所示。

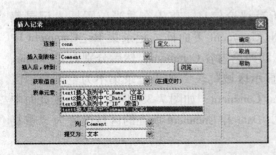

图 7-36 插入 Comment 记录

图 7-37 设置"更新记录"对话框

保存 photo.asp 页面并按 F12 键进行浏览时，系统会提示如下错误：
```
Microsoft VBScript 编译器错误 (0x800A0411)
名称重定义
/albums/Connections/conn.asp, line 8, column 4
Dim MM_conn_STRING
```
出现该错误是因为在页面中添加"更新记录"命令时，系统会自动在 photo.asp 中添加下面的一行代码：
```
<!--#include file="Connections/conn.asp"-->
```
而 photo.asp 中本来就有这样的一行代码，现在又添加了一行相同的代码，所以就会发生冲突。解决这个问题只需要将相同的两行代码去掉一行即可。

至此，图片信息页面已全部制作完成，其页面预览效果如图 7-38 所示。

图 7-38　图片信息页面预览

资讯四　相册管理页面的设计

任务四　管理员登录页面的设计

相册系统的管理员可以对网站中的相册、图片进行添加、修改、删除等操作，还可以对图片评论进行回复。在做这些操作之前，首先要对管理员的身份进行验证，这一功能是通过 login.asp 页面来实现的。

在 login.asp 页面中插入一个表单，然后在表单中添加用于输入管理员用户名和密码的两个文本域 text1 和 text2，如图 7-39 所示。

在"绑定"面板中为该页面添加一个记录集 Rs_Adm，对应的表格选择为 Administrator，如图 7-40 所示。选中管理员登录页面中的表单，然后执行添加"服务器行为"—"用户身份验证"—"登录用户"命令，弹出如图 7-41 所示的对话框。在此对话框中，"用户名字段"选择为 text1，"密码字段"选择为 text2，"表格"选择为 Administrator，"用户名列"和"密码列"分别选择为 UserName 和 Passwd。"如果登录成功，转到"选择 admin.asp，这表明身份验证成功后进入相册管理首页；"如果登录失败，转到"选择 login.asp，这表明身份验证失败则返回登录页面。至此，管理员登录页面已经制作完成，保存并按 F12 键可对该页面进行预览和测试。

图 7-39 管理员登录界面

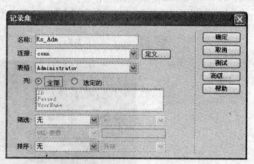

图 7-40 插入记录集

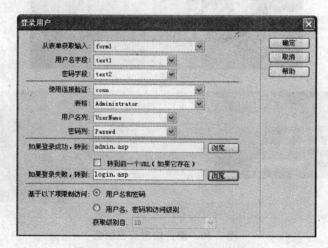

图 7-41 设置"登录用户"对话框

任务五 相册管理主页面的设计

相册管理主页面包括相册管理首页 admin.asp、相册管理页面 admAlbums.asp 和图片管理页面 admPhoto.asp，分别与前面的 index.asp、albums.asp 和 photo.asp 相对应。其中，admin.asp 与 index.asp 的页面布局相似，只不过在 admin.asp 页面的适当位置添加"创建相册"、"编辑"和"删除"相册等操作的链接，如图 7-42 所示。该页面中的"创建相册"链接到 createA.asp 页面，而"编辑"和"删除"则分别"转到详细页面"editA.asp 和 deleteA.asp，同时传递参数"记录集 Rs_Albums"中的"列 A_ID"。并且，设置{Rs_Albums. A_Title}"转到详细页面"admAlbums. asp。

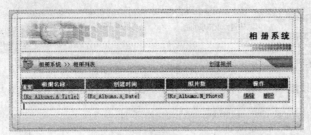

图 7-42 相册管理首页

admAlbums. asp 与 albums. asp 的页面布局相似，只不过在 admAlbums. asp 页面的适当位置添加了"上传照片"标签。该标签设置为"转到详细页面"upLoad. asp，同时传递参数"记录集 Rs_AlbumsView"中的"列 A_ID"，如图 7-43 所示。此外，设置图片图标"转到详细页面"admPhoto. asp。

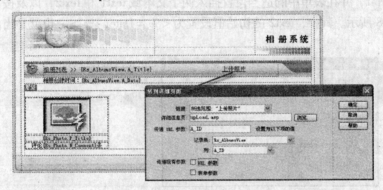

图 7-43 设置"上传照片"链接

admPhoto. asp 页面是在 photo. asp 页面的基础上添加"编辑图片信息"、"删除图片"、"回复"和"删除"图片评论的链接，如图 7-44 所示。其中，"编辑图片信息"和"删除图片"分别"转到详细页面"editPh. asp 和 deletePh. asp，且传递如图 7-45 所示的参数；"回复"和"删除"则分别"转到详细页面"reply. asp 和 deleteCom. asp，且传递如图 7-46 所示的参数。

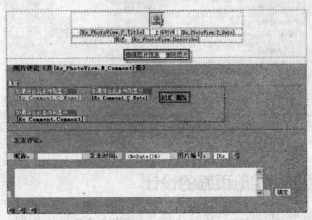

图 7-44 图片管理页面

以上所添加功能的实现过程将在后面的内容中分别进行讲解。

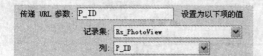
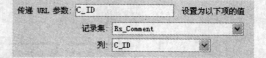

图7-45 传递参数（记录集 Rs_PhotoView 中的 P_ID）　　图7-46 传递参数（记录集 Rs_Comment 中的 C_ID）

任务六　创建相册页面的设计

相册的创建是在 createA.asp 页面中完成的，这其实是一个在 Albums 表中插入新记录的过程，具体操作如下。

首先在"绑定"面板中添加记录集 Rs_Albums，如图7-47所示。然后在 createA.asp 页面中插入表单 form1，并在表单中的适当位置插入两个文本域 text1 和 text2，以及按钮 button1 "创建"，如图7-48所示。其中，text2 的初始值设置为 <% = Date()% >，也就是当前日期。

图7-47 插入记录集　　　　　　　　　图7-48 创建相册页面

在"服务器行为"面板中，执行"插入记录"命令。在弹出的"插入记录"对话框中，将"插入到表格"选择为 Albums，"插入后，转到"选择为 admin.asp，"表单元素"中的 text1 和 text2 分别对应 Albums 表中的 A_Title 和 A_Date，如图7-49所示。

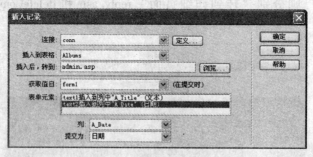

图7-49 设置"插入记录"对话框

任务七　编辑和删除相册页面的设计

编辑相册的页面为 editA.asp，它的布局与 createA.asp 页面相似，但不同的是，createA.asp 是在 Albums 表中插入一个新的记录，所以不需要接收 admin.asp 页面传过来的参数；

而 editA.asp 是对 Albums 表中的某一个记录进行修改,所以需要接收 admin.asp 页面传递过来的参数 A_ID。因此,首先要在"绑定"面板中添加一个"记录集"Rs_Albums,将其"表格"字段选择为 Albums,"筛选"字段选择为"A_ID = URL 参数 A_ID",如图 7-50 所示。

添加记录集 Rs_Albums 之后,将表单中两个文本域 text1 和 text2 的初始值分别设置为 Rs_Albums 中的 A_Title 和 A_Date,如图 7-51 所示。

最后,执行添加"服务器行为"→"更新记录"命令,弹出"更新记录"对话框,如图 7-52 所示。在此对话框中,将"要更新的表格"选择为 Albums,"在更新后,转到"选择为 admin.asp,"表单元素"中的 text1 更新列 A_Title、text2 更新列 A_Date。设置完此对话框后,编辑相册页面制作也已基本完成。

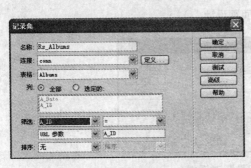

图 7-50 设置"记录集"对话框

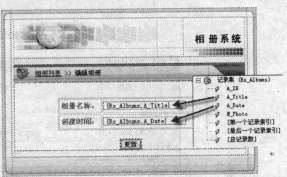

图 7-51 编辑相册页面

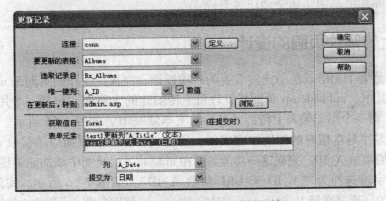

图 7-52 设置"更新记录"对话框

删除相册的页面为 deleteA.asp,其页面布局如图 7-53 所示。当删除某一个相册时,不仅要删除该相册的信息,还要删除该相册中所有图片的信息。在这里只考虑相册信息的删除,图片信息的删除操作将在后面的内容中进行讲解。

deleteA.asp 页面和 editA.asp 页面一样,也需要接收 admin.asp 页面传递过来的参数 A_ID。因此,首先也要在"绑定"面板中添加一个"记录集"Rs_Albums,将其"表格"字段选择为 Albums,"筛选"字段选择为"A_ID = URL 参数 A_ID"。然后将表单中 3 个文本域 text1、text2 和 text3 的初始值分别设置为 Rs_Albums 中的 A_Title、A_Date 和 N_Photo。

打开"服务器行为"面板,执行"+"号菜单下的"删除记录"命令,弹出"删除记录"对话框。在此对话框中,将"从表格中删除"选择为 Albums,"选取记录自"选择为 Rs_Albums,"删除后,转到"选择为 admin.asp,如图 7-54 所示。

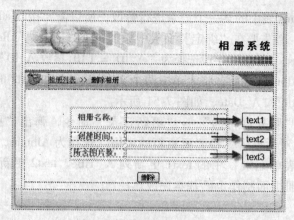

图 7-53　删除相册页面设计

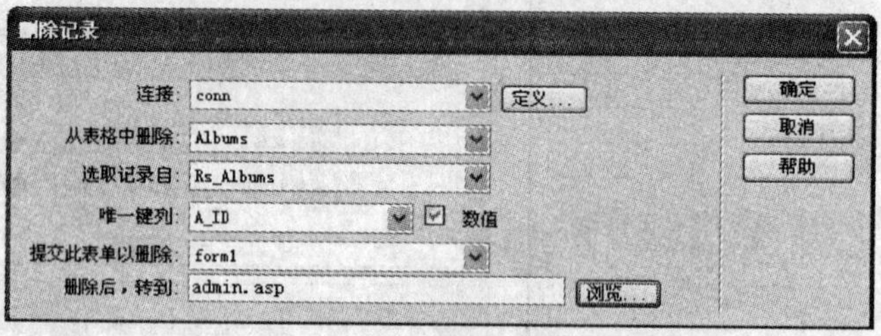

图 7-54　设置"删除记录"对话框

至此,删除相册页面已基本制作完毕。

任务八　上传照片页面的设计

图片上传是整个相册系统中比较重要的一项操作,完成此操作的页面是 upLoad.asp 和 scPhoto.asp。其中,upLoad.asp 页面是管理员上传图片的主页面,包括一个用于浏览图片的文件域 file1 和一个用于输入上传图片名称的文本域 text1,如图 7-55 所示。

由于上传图片是在相应的相册中完成的,所以 upLoad.asp 页面应该接收 admPhoto.asp 页面传递过来的参数 A_ID。完成这一功能需要在 upLoad.asp 页面中添加记录集 Rs_Albums,将其"筛选"字段选择为"A_ID = URL 参数 A_ID",如图 7-56 所示。实际上,在 upLoad.asp 页面中是通过变量 Rs_Albums__MMColParam 来使用参数 A_ID 的,代码如下:

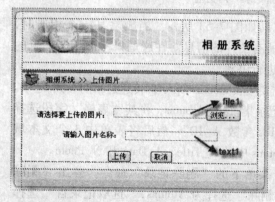

图 7-55　图片上传页面的设计

图 7-56　添加记录集 Rs_Albums

```
Dim Rs_Albums__MMColParam
Rs_Albums__MMColParam = "1"
If (Request.QueryString("A_ID") < > "") Then
  Rs_Albums__MMColParam = Request.QueryString("A_ID")
End If
```

新建页面 scPhoto.asp，它是真正完成图片上传功能的页面。为了能够使用 upLoad.asp 页面中接收到的参数 A_ID，需要在 scPhoto.asp 中包含 upLoad.asp 页面，具体操作为：先将 scPhoto.asp 页面切换到"代码"视图，然后在文件的首行插入如下代码：

```
<!--#include file = "upLoad.asp"-->
```

实现图片上传的方法有很多，本项目采用无组件上传程序包 tm_scPhoto.inc 来实现图片文件的上传。scPhoto.asp 中使用如下代码来包含 tm_scPhoto.inc 文件，该行代码写在第一行代码的后面：

```
<!--#include file = "tm_scPhoto.inc"-->
```

在 scPhoto.asp 页面的"代码"视图下找到"<body>"行和"</body>"行，然后在这两行代码中间插入如下代码以实现图片的上传功能。

```
<%
dim upload,file,formName,formPath,id,iCount,exeec,wjm
set conn = server.createobject("adodb.connection")
set conn1 = server.createobject("adodb.connection")
conn.open  MM_conn_STRING
conn1.open  MM_conn_STRING
set upload = new tm_scPhoto                    '使用 tm_scPhoto.inc 文件
formPath = "pictures/"                         '设置 pictures 文件夹用来存放上传的图片
wjm = upload.form("file")
wjdx = 0
for each formName in upload.objFile
    if upload.form("zclj") = "" then
        set file = upload.file(formName)
        wjdx = file.filesize
        kzm = right(file.filename,4)
    else
        kzm = right(wjm,4)
    end if
    if lcase(kzm) < > ".gif" and lcase(kzm) < > ".bmp" and lcase(kzm) < > ".jpg"
    then response.Redirect("upLoad.asp")
    if upload.form("zclj") < > "" or wjdx < 819200 then
    set rs = server.CreateObject("adodb.recordset")
    name = formPath + replace (cstr (date ()), " - ","") + replace (cstr (time
    ()),":","") + kzm
    sql = "select * from Photograph"
    rs.open sql,conn,1,3                       '打开 Photograph 表
    rs.addnew                                  '在 Photograph 表中增加一条新的记录,并在
                                               下面的语句中对各个字段的值进行设置
    rs("P_Date") = right(cstr(date()),len(cstr(date())) - 2)
    if upload.form("zclj") = "" then
        rs("Address") = name
    else
        rs("Address") = wjm
    end if
    zt = upload.form("text1")
    id = upload.form("hiddenField")
```

```
            rs("P_Title") = zt
            rs("A_ID") = id
            if wjdx > 0 and wjdx < 819200 and upload.form("zclj") = "" then
                file.SaveAs Server.mappath(name)
            end if
            rs.update                                     '刷新 Photograph 表
            rs.close                                      '关闭 Photograph 表
            set rt = server.CreateObject("adodb.recordset")
            sql1 = "select * from Albums where A_ID = " + id + ""
            rt.open sql1,conn1,1,3                        '打开 Albums 表,找到本相册所在的那条记录
            iCount = rt("N_Photo")
            rt("N_Photo") = iCount + 1                    '将 N_Photo 字段的值增加 1
            rt.update                                     '更新 Albums 表
            rt.close                                      '关闭 Albums 表
            cg = "1"
        end if
        set file = nothing
    next
    set upload = nothing                                  '删除 tm_scPhoto 对象
    sub HtmEnd(Msg)
        set upload = nothing
        response.end
    end sub
    if cg = "1" then response.redirect "upLoad.asp"
%>
+
不能上传大于 800K 的文件(0.8M)!
```

任务九　编辑图片信息页面的设计

编辑图片信息的操作在 editPh.asp 页面中完成。该页面的设计如图 7-57 所示。其中，"返回"设置"转到详细页面" admPhoto.asp，且"传递 URL 参数 P_ID"，如图 7-58 所示。编辑图片信息的操作与编辑相册的操作相似，也就是在数据库中修改该图片所对应的那条记录。首先在"绑定"面板中添加一个记录集 Rs_Photo，"表格"选择 Photograph，"筛选"选择 "P_ID = URL 参数 P_ID"，以接收 admPhoto.asp 页面传过来的参数。

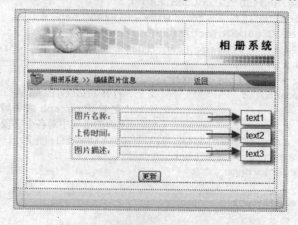

图 7-57　编辑图片信息的页面设计

图 7-58 设置 "转到详细页面" 对话框

打开 "绑定" 面板，将记录集 Rs_Photo 中的 P_Title、P_Date 和 Describe 分别拖放至 text1、text2 和 text3 中，作为各个表单元素的初始值，如图 7-59 所示。

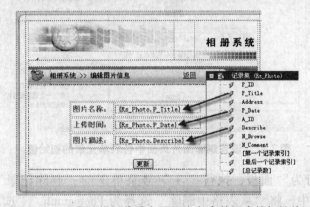

图 7-59 设置编辑图片信息页面中各表单元素的初始值

在 "服务器行为" 面板中添加 "更新记录" 命令。在弹出的 "更新记录" 对话框中，将 "要更新的表格" 选择为 Photograph，"在更新后，转到" 选择为 admPhoto.asp，"表单元素" 中的 text1、text2 和 text3 分别对应 P_Title、P_Date 和 Describe，如图 7-60 所示。至此，编辑图片信息页面的制作已基本完成。

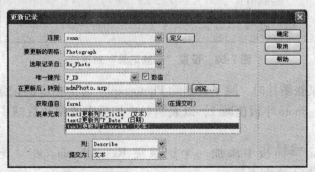

图 7-60 设置 "更新记录" 对话框

任务十 删除图片页面的设计

在相册系统中删除某一张图片时，不仅要删除该图片的所有信息，还要删除针对该图片的所有评论信息。因为在数据库中已经建立了表 Photography 和表 Comment 之间的联系，且设置"实施参照完整性",所以当删除图片信息时,相应的评论信息也会一并删除。

实现图片删除操作的页面是 deletePh.asp。该页面和 editPh.asp 页面一样,也需要接收 admPhoto.asp 页面传递过来的参数 P_ID。因此,首先也要在"绑定"面板中添加一个"记录集"Rs_Photo。在"记录集"对话框中,将"表格"字段选择为 Photograph,"筛选"字段选择为"P_ID = URL 参数 P_ID"。然后将表单中三个文本域 text1、text2 和 text3 的初始值分别设置为 Rs_Photo 中的 P_Title、P_Date 和 Describe,如图 7-61 所示。

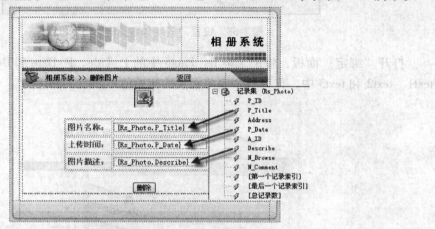

图 7-61　设置删除图片页面中各表单元素的初始值

打开"服务器行为"面板,执行"+"号菜单下的"删除记录"命令。在弹出的"删除记录"对话框中,将"从表格中删除"选择为 Photograph,"选取记录自"选择为 Rs_Photo,"删除后,转到"选择为 admAlbums.asp,如图 7-62 所示。

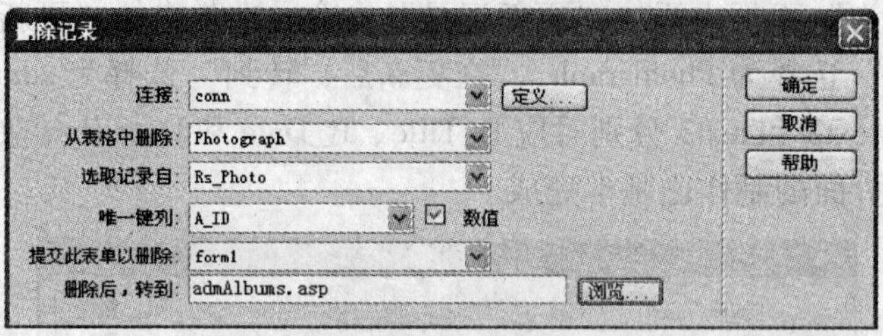

图 7-62　设置"删除记录"对话框

当管理员删除某张图片时,除了要删除 Photography 表中相应的记录之外,还要使 Albums 表中相应的 N_Photo 字段值减 1,以表明对应相册中的图片数减少了 1,实现这一功能的操作如下。

首先,在"绑定"面板中添加一个记录集 Rs_Albums。在"记录集"对话框的"SQL"字段中添加如下查询语句:

```
SELECT Albums.*
FROM Albums,Photograph
WHERE Albums.A_ID = Photograph.A_ID And Photograph.P_ID = MMColParam
```

在"参数"字段中单击"编辑"按钮,弹出"编辑参数"对话框。将"名称"字段设置为查询语句中的 MMColParam;"类型"字段选择为 Numeric;"值"字段设置为 Request.QueryString("P_ID"),也就是 admPhoto.asp 页面传递过来的参数 P_ID,整个过程如图 7-63 所示。

其次，在表单 form1 中插入一个隐藏域 hiddenField，设置其值为：
`<% =(Rs_Albums.Fields.Item("N_Photo").Value)-1% >`

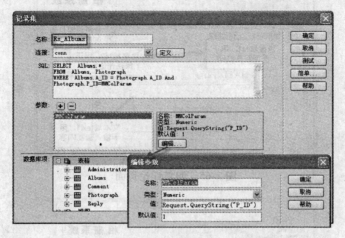

图 7-63 添加记录集 Re_album

最后，在"服务器行为"面板中添加"更新记录"命令，弹出"更新记录"对话框。在此对话框中，将"要更新的表格"选择为 Albums，"选取记录自"选择为 Rs_Albums，在"表单元素"中单击 hiddenField，并在"列"中选择 N_Photo，如图 7-64 所示。

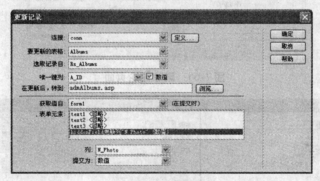

图 7-64 设置"更新记录"对话框

至此，删除图片信息的页面已基本制作完毕。

任务十一 回复和删除评论页面的设计

在"我的网站"站点中新建两个页面 reply.asp 和 deleteCom.asp，分别用于图片评论的回复和删除，如图 7-65、图 7-66 所示。

在 reply.asp 页面中实现对评论进行回复的操作过程如下。

首先，在"绑定"面板中添加两个记录集 Rs_Comment 和 Rs_Reply，如图 7-67 所示。其中，"筛选"字段的设置是为了接收从 admPhoto.asp 页面传递过来的表 Comment 中的 C_ID。

其次，在"服务器行为"面板中执行"插入记录"命令，在弹出的"插入记录"对话框中，将"插入到表格"选择为 Reply，"插入后，转到"选择为 admPhoto.asp，"表单元素"text1、hf1 和 hf2 分别与 Reply、R_Date 和 C_ID 对应，如图 7-68 所示。

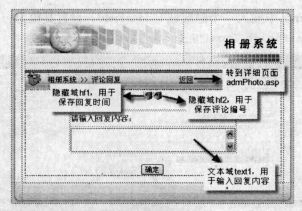

图 7-65　回复评论页面

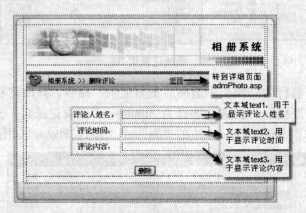

图 7-66　删除评论页面

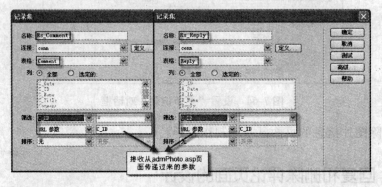

图 7-67　新建两个记录集

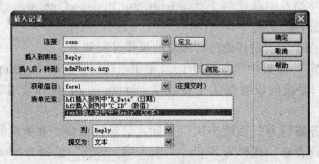

图 7-68　设置"插入记录"对话框

最后，在 admPhoto.asp 页面的适当位置（评论区域的下方）添加评论回复显示区域，如图 7-69 所示，并且在"绑定"面板中添加记录集 Rs_Reply，在"SQL"字段中输入如下查询语句：

```
SELECT Reply.*
FROM Reply,Comment
WHERE Comment.C_ID = Reply.C_ID AND Comment.P_ID = MMColParam
```

设置参数 MMColParam 的值为 Request.QueryString（"P_ID"），即本评论回复所对应的图片编号。

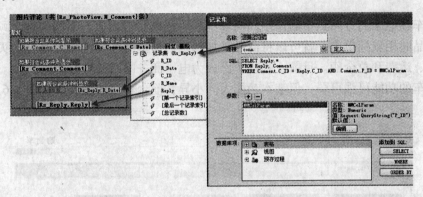

图 7-69　在 admPhoto.asp 页面中添加评论回复区域

至此，回复评论页面的制作已基本完成。删除评论页面的制作过程与删除图片页面的制作过程基本一致，有兴趣的读者可以自己动手操作，这里就不再赘述了。

项目八 购物车系统的制作

资讯一 系统概述

购物车在电子商务站点中的作用同商场中的后推车非常相似,不同的是,顾客只需要在浏览商品时用鼠标单击,就可以将商品添加到购物车里面,并可随时查看购买商品的数量、单价、运费和总金额。目前,购物车已成为电子商务网站的核心功能。

购物车的功能可强可弱,但基本功能大同小异,前台页面如图 8-1 ~ 图 8-6 所示。

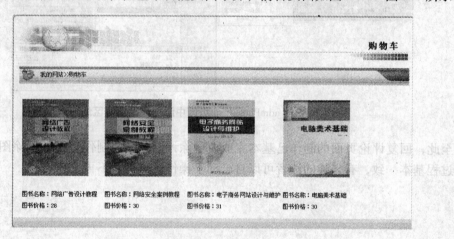

图 8-1 购物车商品首页

图 8-2 加入购物车页面

本项目将实现如图 8-1 和图 8-2 所示的购物车设计,这个购物车系统包括如下功能:

前台用户功能——浏览商品及商品详细信息、加入购物车、购物车内容处理、客户信息填写及确认存储等；

后台管理员功能——商品信息添加、修改、删除，购物信息浏览。

这样一个简单的购物车至少包括以下 14 个页面，各个页面之间的关系为图 8-7 所示。

图 8-3　购物车内容处理页面

图 8-4　购物客户信息页面

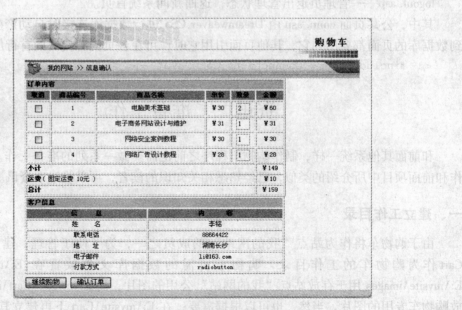

图 8-5　购物车及客户信息存储页面

图 8-6 支付页面

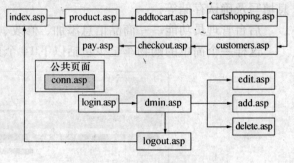

图 8-7 购物车系统结构

各页面功能分配如下。

conn. asp——数据库连接的基本信息；
index. asp——在线购物系统首页（商品列表页）；
product. asp——显示单个商品的详细信息；
addtocart. asp——加入购物车信息传输页面；
cartshopping. asp——购物车内容处理页面；
customers. asp——购物客户信息页面，包含客户姓名、地址、电话等相关信息；
checkout. asp——购物信息确认，包含购物信息和客户信息确认；
pay. asp——准备支付页面，通过该页面跳转到支付宝或网上银行支付；
login. asp——管理员登录；
admin. asp——后台管理首页；
add. asp——管理员添加商品的页面；
edit. asp——管理员修改商品信息的页面；
delete. asp——管理员删除商品的页面；
logout. asp——管理员退出管理状态，返回新闻系统首页。

其中，公共页面 conn. asp 由 Dreamweaver CS5 进行数据库连接时自动产生，所有要用到数据库的页面都要用到它，其他页面引用它时，可在各页的源代码的首行加入：

```
<!--#include file = "Connections/conn.asp" -->
```

资讯二 准备工作

和前面其他系统一样，制作购物车程序之前也需要做一系列的准备工作。这些准备工作和前面项目中所介绍的类似，已经熟悉相关知识的读者，可以跳过本资讯。

一、建立工作目录

由于购物车将作为站点"我的网站"的成员之一，为了便于管理，建立 E:\mysite\Cart 作为购物车的工作目录，购物车所需的数据库文件放置在 E:\mysite\db 中。E:\mysite\images 用于存放站点"我的网站"公用的图片，而 E:\mysite\Cart\images 用于存放购物车专用的图片。当然，也可以根据需要，在 E:\mysite\Cart 下再建立其他的文件夹，用于存放购物车所需要的其他文件。

二、启动 IIS

如前所述，设计动态网站时，为便于调试，必须先启动 Web 服务器。因此，设计基于 ASP 的新闻系统时，应该先启动 IIS。

打开"控制面板"，执行"管理工具"—"Internet 信息服务"命令，启动 IIS。

对于 IIS 中的"默认站点"，常需要设置其中的"网站"、"主目录"、"文档"3 个选项卡。

"文档"选项卡中最关心的是"IP 地址"和"TCP 端口"，IP 地址默认的是"全部未分配"。对于单机，可使用 127.0.0.1；对于局域网中的计算机，除可使用 127.0.0.1 之外，还可使用局域网中的 IP 地址，如 192.168.0.1 等。因此，也可以通过 IP 地址访问建立在工作目录中的网站，如 http://127.0.0.1/。

Web 服务器的 TCP 端口默认为 80，通常不需要修改。但某些工具软件可能会占用 80 端口，致使 Web 服务器无法正确启动，要解决这一问题，通常可改变 TCP 端口，如设为 81。但如果所设的端口非默认的 80 端口，访问时就需要加上端口号，如：http://127.0.0.1:81。

IIS 默认并未设置 index.asp 为默认文档，需要添加。可在"文档"选项卡中添加 index.asp 为默认文档，并将其置于第一个。

最后，应该在"主目录"选项卡中将"连接到资源时的内容来源"置于"此计算机上的目录"，并将本地路径修改为 E:\mysite。正因为如此，以后访问购物车程序，应使用：

```
http://localhost/Guestbook   或：http://127.0.0.1/Guestbook
```

三、在 Dreamweaver CS5 中建立站点

配置好 IIS 后，需要在 Dreamweaver CS5 中建立一个站点。在 Dreamweaver CS5 中建立站点的方法有别于之前的 Dreamweaver 各个版本，详细建立站点的方法请见项目一中的相关内容，限于篇幅，这里不做详细介绍。

本项目中，仍然将所建的站点命名为"我的网站"，本地站点文件夹为"E:\mysite"，服务器模型为"ASP VBScript"，如图 8-8、图 8-9 和图 8-10 所示。

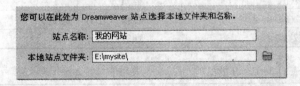

图 8-8 站点名称和本地站点文件夹

图 8-9 服务器模型

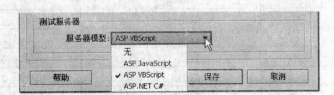

图 8-10 ASP JavaScript 和 ASP VBScript

站点建成后，如有错误或者因其他原因需要修改，则可执行"站点"—"管理站点…"命令，在打开的"管理站点"对话框中，选择站点"我的网站"，单击"编辑"按钮进行修改。

四、设计和使用数据库

1. 数据库设计

和前面所有项目一样，本购物车系统也使用公共数据库 mysite.mdb。包含 4 个表：表 Administrator 为管理员信息的公用表，表 Product 用于记录商品信息，表 Orders 用于加入购物车的订单信息，表 OrderDetail 用于记录商品订单的详细信息。

各表结构如表 8-1、表 8-2 和表 8-3 所示。

表 8-1 表 Administrator 的结构

字段名称	数据类型	备注
ID	自动编号	
UserName	文本	管理员用户名
Passwd	文本	管理员密码

表 8-2 表 Product 的结构

字段名称	数据类型	备注
ProductID	自动编号	
ProductName	文本	商品名称
ProductPrice	数值	商品单价
ProductImages	文本	商品图片链接名称
Description	文本	商品详细描述

表 8-3 表 Orders 的结构

字段名称	数据类型	备注
OrderID	自动编号	
SubTotal	数值	小计
Shipping	数值	运费
GrandTotal	数值	总价（小计+运费）
GustomerName	文本	顾客姓名

表 8-4 表 OrderDetail 的结构

字段名称	数据类型	备注
OrderDetailID	自动编号	
OrderID	数值	
ProductID	数值	
ProductName	数值	商品名称
UnitPrice	数值	单价
Quantity	数值	购买车某个商品数量

2. 使用 Access 数据库

一个站点对同一个数据库只要进行一次数据库连接，如果在前面的项目中"我的网站"已经对 mysite.mdb 进行了连接，可以跳过本节。

执行"Access 连接字符串生成器"，单击其中的"浏览"按钮，选择数据库文件"E:\mysite\db\mysite.mdb"，此时，会自动在"生成的连接字符串"文本区域内生成链接代码，如图 8-11 所示。

图 8-11　Access 连接字符串生成器

启动 Dreamweaver CS5，新建一个 ASP VBScript 页面并保存在站点"我的网站"中，执行"窗口"—"数据库"命令，打开"数据库"调板。单击其中的"+"按钮，在弹出快捷菜单中执行"自定义连接字符串"命令，在弹出的"自定义连接字符串"对话框中，"连接名称"取为 conn，并将在图 8-7 中所"拷贝"的连接字符串粘贴在"连接字符串"右侧的区域内，如图 8-8 所示。

单击图 8-12 中的"测试"按钮，如果测试通过，将弹出图 8-13 所示的对话框。

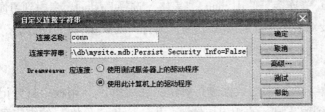

图 8-12　"自定义连接字符串"对话框

图 8-13　连接测试成功

连接测试成功后，单击图 8-13 中的"确定"按钮，即可完成连接数据库的操作。

资讯三　购物车前台程序设计

购物车的前台通常包括"在线购物系统主页面"、"在线购物系统商品信息页面"、"加入购物车页面"和"核对购物车信息页面"等多个部分组成，效果如图 8-1 ~ 图 8-6。

任务一　在线购物系统主页面的设计

启动 Dreamweaver CS5，在前面所建立的站点"我的网站"中，按图 8-14 所示新建文件，（插入一个 3 行 1 列的表格，边框值为 0），文件类型为"ASP VBScript"，并将文件保存为 index.asp。

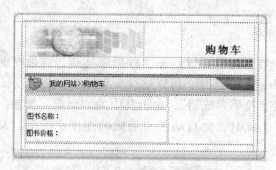

图 8-14 购物车首页

一、绑定记录集

打开"绑定"调板，执行"记录集"命令，打开"记录集"对话框，如图 8-15 所示。

图 8-15 "记录集"对话框

记录集的"名称"取为 Rs_Cart，"连接"使用 conn，"表格"选择 Product。考虑到习惯上是最新的留言显示在最前面，所以要对表中的记录按 ID 进行"降序"方式的排序并测试。

二、插入记录集中的记录

利用 Dreamweaver CS5 的记录集对页面上的数据进行绑定。在"绑定"调板中打开记录集，将相应的记录集字段拖放插入到留言显示的相应位置。"书名"和"价格"的绑定可直接通过绑定面板下的"插入"按钮进行，图片的插入可通过执行"插入"菜单下的"图像"命令，弹出如图 8-16 所示的"选择图像源文件"对话框，"选择文件名目"勾选"数据源"，"域"选择记录集下的 ProductImages，此时，在"URL"中将会生成如下代码：

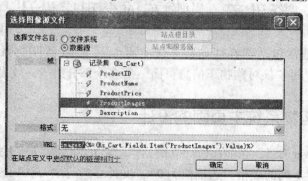

图 8-16 完成购物车图片插入

```
<% =(Rs_GuestBook.Fields.Item("G_Face").Value)% >
```

在此代码前添加前置字串 images/，即：

```
images/face/<% =(Rs_GuestBook.Fields.Item("G_Face").Value)% >
```

单击“确定”按钮，完成记录集插入后的效果如图 8-17 所示。

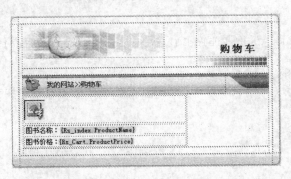

图 8-17　完成记录集插入后的效果

三、水平重复区域设置

打开“代码”界面，单击“服务器行为”面版中的“记录集（Rs_Cart）”，自动找到定义记录集的代码段，如图 8-18 所示，在该代码段下，添加如图 8-19 所示的下列一段代码。

```
<%
Dim Rs_Cart
Dim Rs_Cart_numRows

Set Rs_Cart = Server.CreateObject("ADODB.Recordset")
Rs_Cart.ActiveConnection = MM_conn_STRING
Rs_Cart.Source = "SELECT * FROM Product ORDER BY ProductID ASC"
Rs_Cart.CursorType = 0
Rs_Cart.CursorLocation = 2
Rs_Cart.LockType = 1
Rs_Cart.Open()

Rs_Cart_numRows = 0
%>
```

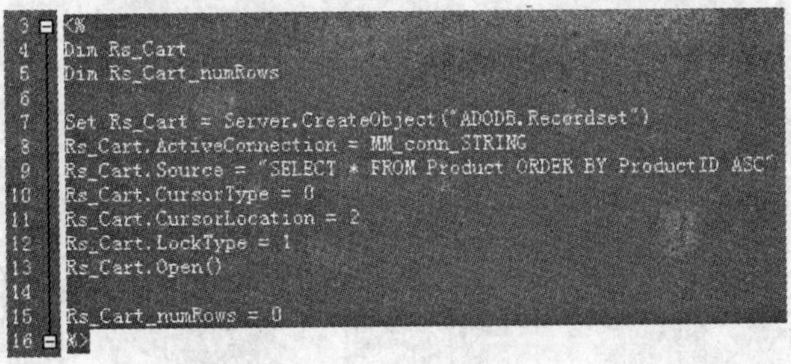

图 8-18　定义记录集代码段

回到“设计”界面，单击标签选择区右数的第一个 <table> 标签，如图 8-20 所示，单击“代码”界面，自动找到需要设置重复区域的代码段。

```
%>
<%
Dim HLooper1__numRows
HLooper1__numRows = 12
Dim HLooper1__index
HLooper1__index = 0
Rs_Cart_numRows = Rs_Cart_numRows + HLooper1__numRows
%>
<html>
```

图 8-19　添加定义水平重复区域代码

图 8-20　通过标签选中需修改的代码段

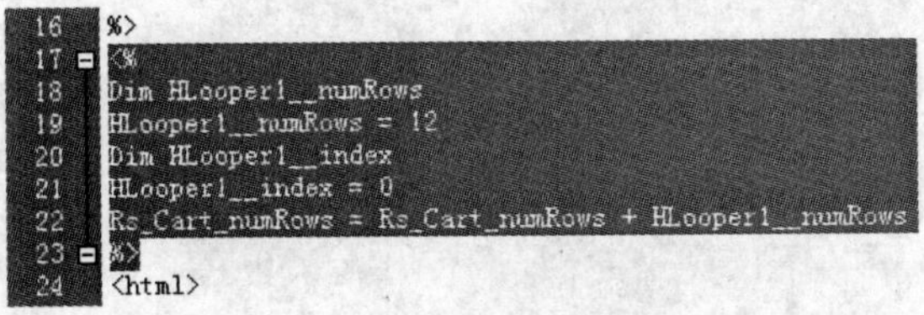

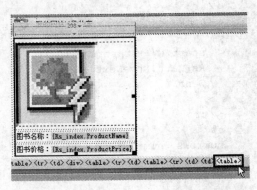

需要设置重复区域的代码为：

```
<table width = "379" height = "93" border = "0">
<tr>
    <td><img src = "images/<% = (Rs_Cart.Fields.Item("ProductImages")
    .Value)% >" width = "132" height = "189"></td>
</tr>
<tr>
<td>书名:<% = (Rs_Cart.Fields.Item("ProductName").Value)% ></td>
</tr>
<tr>
<td><p>价格:<% = (Rs_Cart.Fields.Item("ProductPrice").Value)% ></p></td>
</tr>
</table>
```

将其修改为：

```
<table>
<%
startrw = 0
endrw = HLooper1__index
numberColumns = 4
numrows = 3
while((numrows <> 0) AND (Not Rs_Cart.EOF))
    startrw = endrw + 1
    endrw = endrw + numberColumns
% >
    <tr align = "center" valign = "top">
<%
While ((startrw <= endrw) AND (Not Rs_Cart.EOF))
% >
    <td><table width = "379" height = "93" border = "0">
<tr>
    <td><img src = "images/<% = (Rs_Cart.Fields.Item("ProductImages")
    .Value)% >" width = "132" height = "189"></td>
</tr>
<tr>
<td>书名:<% = (Rs_Cart.Fields.Item("ProductName").Value)% ></td>
</tr>
<tr>
<td><p>价格:<% = (Rs_Cart.Fields.Item("ProductPrice").Value)% ></p></td>
</tr>
</table></td>
<%
    startrw = startrw + 1
    Rs_Cart.MoveNext()
    Wend
% >
</tr>
<%
numrows = numrows - 1
Wend
% >
```

按下快捷键"Ctrl + S"保存，通过 F12 键浏览页面效果，如图 8-21 所示。

图 8-21 购物车主页面效果图（部分功能）

四、商品连链接设置

该步骤实现的功能是：单击某一商品的图片，跳转到该商品的详细信息页面，并具有"加入购物车"的功能。

在 index.asp 页面，选定商品图片，单击"属性"面板中"链接"选项后的"浏览文件"图标，弹出"选择文件"对话框，如图 8-22 所示。"选取文件名自"勾选"文件系统"，"查找范围"选取 E 盘下的 cart 文件夹中的 product.asp 文件，单击"参数"按钮。

图 8-22 "选择文件"对话框

如图 8-23 所示，在弹出的"参数"对话框中，"名称"输入 ProductID，"值"选项，单击文本框后面的按钮，在弹出的如图 8-24 所示的"动态数据"对话框中选择"ProductID"。确定各个对话框后，链接设置完成，这时单击任意商品图片，都将自动跳转到对应的商品详细信息页面 product.asp。

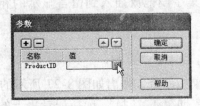

图 8-23 "参数"对话框

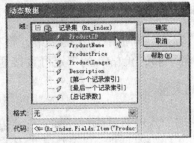

图 8-24 "动态数据"对话框

保存页面，至此，在线购物系统商品信息页面的设计完成。

任务二　在线购物系统商品信息页面的设计

启动 Dreamweaver CS5，在前面所建立的站点"我的网站"中，按图 8-25 所示新建文件，输入相关内容，插入"购买按钮"图片，文件类型为"ASP VBScript"，并将文件保存为 product..asp。

注意：图中的"购买"按钮是保存在 images 文件夹中的图片，直接插入图片即可实现。

图 8-25　product.asp 页面

一、绑定记录集

打开"绑定"调板，执行"记录集"命令，打开"记录集"对话框，如图 8-26 所示。

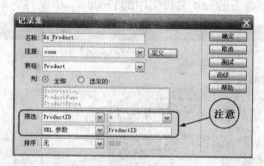

图 8-26　"记录集"对话框

记录集的"名称"取为 Rs_Product，"连接"使用 conn，"表格"选择 Product。特别值得注意的是：product.asp 页面是首页图片的链接接收页，所以在记录集的"筛选"近必须按照图 8-31 设置，即两个页面通过 ProductID 来保证信息传递正确并测试。

二、插入记录集中的记录

利用 Dreamweaver CS5 的记录集对页面上的数据进行绑定。

1. 插入数据库中的文字

在"绑定"调板中打开记录集，将相应的记录集字段拖放插入到留言显示的相应位置。"书名"和"价格"的绑定可直接通过绑定面板下的"插入"按钮进行。

2. 插入图片

图片的插入可通过执行"插入"菜单下的"图像"命令，弹出如图 8-27 所示的"选择图像源文件"对话框，"选择文件名自"勾选"数据源"，"域"选择记录集下的 ProductImages，此时，在"URL"中将会生成如下代码：

```
<% =(Rs_GuestBook.Fields.Item("G_Face").Value)% >
```
在此代码前添加前置字串 images/，即：
```
images/<% =(Rs_GuestBook.Fields.Item("G_Face").Value)% >
```
单击"确定"按钮。

图 8-27　完成购物车图片插入

三、设置转到页面链接

选择需链接的文字内容"返回首页"，单击"属性"面板中"链接"右边的"浏览文件"按钮，弹出如图 8-28 所示的"选择文件"对话框，选择"index.asp"，单击"URL"后的"参数"按钮，在"参数"对话框中，"名称项"输入 ProductID，单击文本框右边的选择标签，在弹出的如图 8-29 所示的"动态数据"对话框中选择 ProductID，之后，单击"确定"按钮，实现在浏览页按"返回首页"，即跳转到首页的功能。

同理，将"购买"图片设置链接，指定链接文件名为 addtocart.asp，完成页面如图 8-30 所示。

保存页面，并按 F12 键预览，效果如图 8-2 所示。

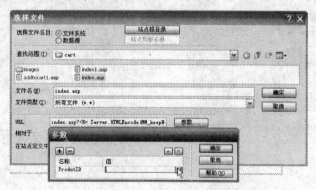

图 8-28　设置页面链接

图 8-29　"动态数据"对话框

图 8-30　完成在线购物系统产品信息页面的设置

任务三 加入购物车页面的设计

启动 Dreamweaver CS5，在前面所建立的站点"我的网站"中，新建文件，将文件保存为 addtocart.asp，文件类型为"ASP VBScript"。打开"代码"面板，输入如下代码。

```asp
<%@ LANGUAGE="VBSCRIPT"%>
<!--#include file="inc_CharonCart.asp" -->
<!--#include file="../Connections/conn.asp" -->
<%
Dim Rs_Addtocart__MMColParam
Rs_Addtocart__MMColParam = "1"
If (Request.QueryString("ProductID") <> "") Then
  Rs_Addtocart__MMColParam = Request.QueryString("ProductID")
End If
%>
<%
Dim Rs_Addtocart
Dim Rs_Addtocart_numRows
Set Rs_Addtocart = Server.CreateObject("ADODB.Recordset")
Rs_Addtocart.ActiveConnection = MM_conn_STRING
Rs_Addtocart.Source = "SELECT * FROM Product WHERE ProductID = " + Replace(Rs_Addtocart__MMColParam, "'", "''") + ""
Rs_Addtocart.CursorType = 0
Rs_Addtocart.CursorLocation = 2
Rs_Addtocart.LockType = 1
Rs_Addtocart.Open()
Rs_Addtocart_numRows = 0
%>
<%
'** Add to cart from Link on previous page **
'** Charon Cart **
'
Randomize Timer
isFound = false
for i = 0 to ubound(CCcart,2)
if CCcart(CC_ProductID,i) = cstr(Rs_Addtocart("ProductID")) then
CCcart(CC_Quantity,i) = CCcart(CC_Quantity,i) + 1
isFound = true
exit for
end if
next
if not isFound then
for i = 0 to ubound(CCcart,2)
if CCcart(CC_ProductID,i) = "" then
CCcart(CC_ProductID,i) = Rs_Addtocart("ProductID")
CCcart(CC_Quantity,i) = ("1")
CCcart(CC_Name,i) = Rs_Addtocart("ProductName")
CCcart(CC_Price,i) = Rs_Addtocart("ProductPrice")
CCcart(CC_UniqueKey,i) = int(rnd*9999999)+10000000
exit for
end if
next
```

```
end if
CartToCookie CCcart,"CharonCart"
CC_RedirectURL = "cartshopping.asp"
Response.Redirect "cartshopping.asp"
%>
<%
Rs_Addtocart.Close()
Set Rs_Addtocart = Nothing
%>
```

注意：这段代码是用购物车插件完成购物信息处理的一个中介信息传输页面。故 addtocart.asp 页面在"设计"面板看到的是一个空白页面。其中定义的 inc_CharonCart.asp 是购物车插件的代码页面，如果能使用购物车插件，该页面在绑定购物车插件时会自动生成，该页面在本教材配套资源网站（www.qqpcc.com）有下载。

任务四 购物车内容处理页面的设计

当顾客购买商品后，顾客还需要了解当前购买的商品品种有哪些、单价多少、数量多少、总金额多少，并可视具体情况决定是否继续购物，或者直接去结账或放弃购买的商品清空购物车等。具体效果如图 8-3 所示。

1. 设计购物车内容处理页面

启动 Dreamweaver CS5，在"我的网站"站点中，新建类型为 ASP VBScript 的文件，将文件保存为 cartshopping.asp。按照图 8-31 插入表单，在表单中插入表格、复选框、按钮，编辑相关文字信息。

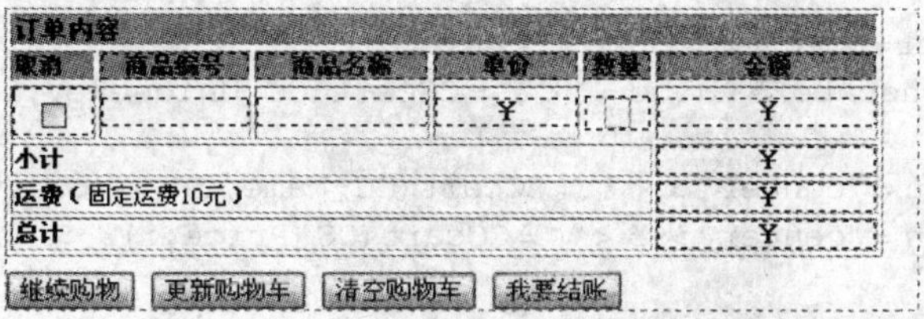

图 8-31　新建 cartshopping.asp 页面

设置"更新购物车"按钮属性为"提交表单"，其他如"继续购物"、"清空购物车"、"我要结账" 3 个按钮的属性均设置为"无"。

2. 绑定购物车记录集并设置重复区域

"购物车记录集"实际上是一个插件，由于这个插件暂时还不支持 DW CS5，故本步骤采用代码形式来实现。

切换到"代码"界面，在第一行代码 <%@ LANGUAGE = "VBSCRIPT"%> 下插入如下一行代码：

```
<!--#include file = "inc_CharonCart.asp" -->
```

然后找到如下代码：

```
</tr>
<td><div align = "center">
<input type = "checkbox">
```

```
</div></td>
<td><div align="center"></div></td>
<td><div align="center">¥</div></td>
<td><label>
<div align="center">
<input type="text" size="2">
</div>
</label></td>
<td><div align="center">¥</div></td>
</tr>
<tr>
<td colspan="4"><strong>小计</strong></td>
<td><div align="center">¥</div></td>
</tr>
<tr>
<td colspan="4"><strong>运费</strong>(固定运费10元)</td>
<td><div align="center">¥</div></td>
</tr>
<tr>
<td colspan="4"><strong>总计</strong></td>
<td><div align="center">¥</div></td>
</tr>
</table>
```

将其修改为如下代码：

```
<tr>
<%
For i=0 to ubound(CCcart,2)
if CCcart(CC_PRODUCTID,i)<>"" then
%><tr>
<td><div align="center">
<input type="checkbox" value="<%=CCcart(CC_UniqueKey,i)%>">
</div></td>
<td><div align="center"><%=CCcart(CC_Name,i)%></div></td>
<td><div align="center">¥<%=CCcart(CC_Price,i)%></div></td>
<td><label>
<div align="center">
<input type="text" value="<%=CCcart(CC_Quantity,i)%>" size="2">
</div>
</label></td>
<td><div align="center">¥<%=CCcart_LineTotal%></div></td>
</tr>
<%
end if
next  'end cart repeat region
%>
<tr>
<td colspan="4"><strong>小计</strong></td>
<td><div align="center">¥<%=CCcart_SubTotal%></div></td>
</tr>
<tr>
<td colspan="4"><strong>运费</strong>(固定运费10元)</td>
<td><div align="center">¥<%=CCcart_Shipping%></div></td>
</tr>
<tr>
```

```
<td colspan = "4"><strong>总计</strong></td>
<td><div align = "center">¥<% = CCcart_GrandTotal%></div></td>
</tr>
</table>
```

3. 设置固定运费

假设固定运费为10元，在"代码"界面，在第1、2行代码：
```
<%@ LANGUAGE = "VBSCRIPT"%>
<!--#include file = "inc_CharonCart.asp"-->
```
下插入如下3行代码：
```
<%
CCcart_Shipping = "10"
%>
```

4. 更新购物车

在设置固定运费的三行代码后，紧接着插入下段代码，实现在购物车中直接修改数量等信息后，单击"更新购物车"按钮，能更新购物车的信息。
```
<%
CC_UpdateAction = Request.ServerVariables("SCRIPT_NAME")
if Request("CC_UpdateCart") <> "" then
for i = 0 to ubound(CCcart,2)
intProductID = CCcart(CC_UniqueKey,i)
Quantity = trim(Request.Form("Qty" & intProductID))
isDelete = trim(Request.Form("Delete" & intProductID))
if Quantity = "" or Quantity = "0" or isDelete <> "" then
CCcart(CC_PRODUCTID,i) = ""
else
if IsNumeric(Quantity) then
CCcart(CC_QUANTITY,i) = Quantity
end if
end if
next
CartToCookie CCcart,"CharonCart"
if Session("UpdateNumber") <> "" then
Session("UpdateNumber") = Session("UpdateNumber") +1
else
Session("UpdateNumber") = 1
end if
response.redirect Request.ServerVariables("SCRIPT_NAME") & "?UpdateNumber = " & Session("UpdateNumber")
end if
%>
```
另外，找到如下段代码：
```
<td colspan = "3"><form name = "form1" method = "post">
<table width = "581" border = "0">
<tr>
<td colspan = "5" bgcolor = "#CCCCCC"><p class = "STYLE2">订单内容</p>、
```
将其修改为：
```
<td colspan = "3"><form action = "<% = CC_UpdateAction%>" name = "form1" method = "post">
```

```
<table width = "581" border = "0" >
<tr >
<td colspan = "5" bgcolor = "#CCCCCC" > <p class = "STYLE2" >订单内容</p>
```

5. 清空购物车及其他按钮设置

在"设计"界面，选定"继续购物"等按钮，切换到"代码"界面，自动找到如下代码：

```
< input type = "button" name = "Submit" value = "继续购物"/>
< input type = "submit" name = "Submit2" value = "更新购物车" />
< input type = "button" name = "Submit3" value = "清空购物车"/>
< input type = "button" name = "Submit4" value = "我要结账"/>
```

将其修改为：

```
< input type = "button" name = "Submit" value = "继续购物" onclick = "window.location
='index.asp'"/>
< input type = "submit" name = "Submit2" value = "更新购物车" />
< input type = "button" name = "Submit3" value = "清空购物车" onclick = "window.location
='<% = Request.ServerVariables("SCRIPT_NAME")&"?RemoveAll =1"% >'"/>
< input type = "button" name = "Submit4" value = "我要结账" onclick = "window.location
='customer.asp'"/>
```

完成以上操作后，cartshopping.asp 页面如图 8-32 所示。 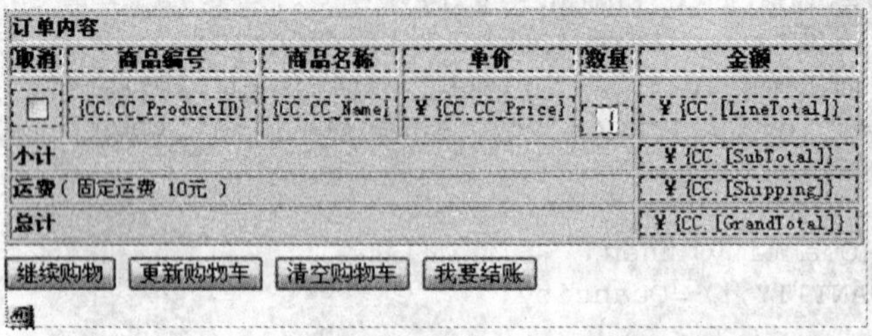

图 8-32 购物车内容处理页面设计图

保存页面，并按 F12 键预览，即如图 8-3 所示的效果。在该页面中，单击"继续购物"按钮将回到主页面继续浏览商品；本页面可输入所购商品的数量，输入后，单击"更新购物车"按钮更新金额值；"清空购物车"按钮是放弃购物车商品回到主页面；"我要结账"按钮转向客户信息页面。

任务五 购物客户信息页面的设计

图 8-33 购物客户信息页面设计

启动 Dreamweaver CS5，在前面所建立的站点"我的网站"中，按图 8-33 所示新建文件，文件类型为"ASP VBScript"，并将文件保存为 customers.asp。

选择"姓名"字段对应的文本框，在"属性"面板中的"文本域"输入"CustomerName"；同理，设置"联系电话"、"地址"、"电子邮件"字段对应的文本框其文本域分别为"CustomerPhone"、"CustomerAddress"、"CustomerEmail";选择"付款方式"字段对应的单选按钮,设置其文本域为"paytype",并定义"ATM 转账"的"初始状态"为"已勾选"。

设置"回上一页"按钮的属性为"无","重新填写"按钮的属性为"重设表单","下一步"按钮的属性为"提交表单"。

在"设计"面板中,单击"回上一页"按钮,切换到"拆分"面板,找到对应的代码,如图 8-34 所示,在该代码段后面添加按钮"onclick"事件代码:

onClick = "window.location ='cartshopping.asp'

图 8-34 设置"回上一页"按钮

选择整个表单,在"属性"面板中设置"动作"为"checkout.asp","方法"为"POST",具体定义如图 8-35 所示。

图 8-35 表单动作定义

这样就完成了客户提交页面的制作,最后,按下"Ctrl + S"组合键保存页面,按 F12 键预览,效果如图 8-4 所示。

任务六 购物车及客户信息存储页面设计

在客户信息页面单击"下一步"按钮,系统打开购物车及客户信息存储页面文件"checkout.asp",顾客可在此进一步确认购物车信息和客户详细信息,单击"确认订单"按钮确认订单生成,系统返回网站主页面;同时,管理员打开数据库表"Orders"可查看到购物车及客户信息。

1. 新建购物车及客户信息存储页面

启动 Dreamweaver CS5,在前面所建立的站点"我的网站"中,按图 8-36 所示新建文件,输入相关内容,文件类型为"ASP VBScript",并将文件保存为 checkout.asp。

设置"确定订单"按钮的属性为"提交订单"。

设置"继续购物"按钮的属性为"无",并切换到"代码"模式,添加按钮"onclick"事件代码:

```
< input type = "button" name = "Submit" value = "继续购物" onclick = "window.location
='index.asp'"/>
```

所有订单信息处理方法同购物车内容处理页面"cartshopping.asp",绑定购物车记录集并设置重复区域和设置运费的步骤与前一任务相同。

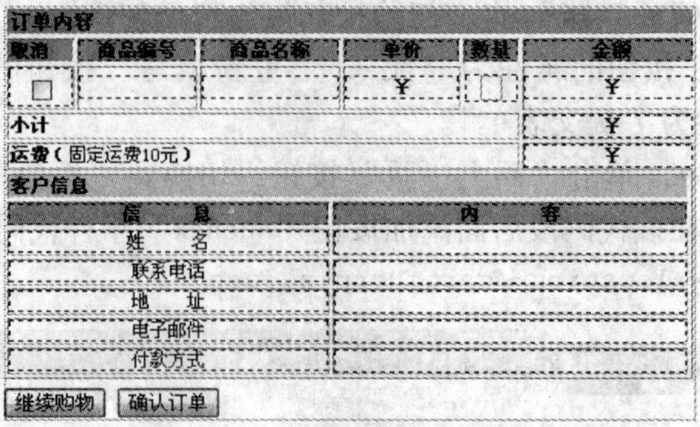

图 8-36 购物车及客户信息页面

2. 绑定购物车记录集并设置重复区域

"购物车记录集"实际上是一个插件,由于这个插件暂时还不支持 DW CS5,故本步骤采用代码形式来实现。

切换到"代码"界面,在第一行代码 <%@ LANGUAGE = "VBSCRIPT"%> 后面插入如下一行代码:

```
<!--#include file = "inc_CharonCart.asp" -->
```

然后找到如下代码:

```
<div align = "center">
<input name = "checkbox" type = "checkbox">
</div></td>
<td><div align = "center"></div></td>
<td><div align = "center">¥</div></td>
<td><label>
<div align = "center">
<input name = "textfield" type = "text" size = "2">
</div>
</label></td>
<td><div align = "center">¥</div></td>
</tr>
<tr>
<td colspan = "4"><strong>小计</strong></td>
<td><div align = "center">¥</div></td>
</tr>
<tr>
<td colspan = "4"><strong>运费</strong>(固定运费10元)</td>
<td><div align = "center">¥</div></td>
</tr>
<tr>
<td colspan = "4"><strong>总计</strong></td>
<td><div align = "center">¥</div></td>
</tr>
</table>
```

将其修改为如下段代码:

```
<%
For i = 0 to ubound(CCcart,2)
```

```
if CCcart(CC_PRODUCTID,i) <> "" then
%><td><div align="center">
<input name="checkbox" type="checkbox" value="<%=CCcart(CC_UniqueKey,i)%>">
</div></td>
<td><div align="center"><%=CCcart(CC_Name,i)%></div></td>
<td><div align="center"><%=CCcart(CC_Price,i)%>￥</div></td>
<td><label>
<div align="center">
<input name="textfield" type="text" value="<%=CCcart(CC_Quantity,i)%>" size="2">
</div>
</label></td>
<td><div align="center"><%=CCcart_LineTotal%>￥</div></td>
<%
end if
next  'end cart repeat region
%></tr>
  <tr>
<td colspan="4"><strong>小计</strong></td>
<td><div align="center"><%=CCcart_SubTotal%>￥</div></td>
</tr>
<tr>
<td colspan="4"><strong>运费</strong>(固定运费10元)</td>
<td><div align="center"><%=CCcart_Shipping%>￥</div></td>
</tr>
<tr>
<td colspan="4"><strong>总计</strong></td>
<td><div align="center"><%=CCcart_GrandTotal%>￥</div></td>
</tr>
</table>
```

3. 设置固定运费

假设固定运费为10元，在"代码"界面，在第1、2行代码：

```
<%@ LANGUAGE="VBSCRIPT"%>
<!--#include file="inc_CharonCart.asp"-->
```

下插入如下3行代码：

```
<%
CCcart_Shipping="10"
%>
```

4. 定义请求变量

（1）在"应用程序"面板中，执行"绑定"—"添加"—"请求变量"命令，在弹出的"请求变量"对话框中进行请求变量定义，如图8-37所示。

单击"确定"按钮，完成请求变量"CustomerName"的定义。

图8-37 请求变量定义

按同样的方法，可完成请求变量"CustomerPhone"、"CustomerAddress"、"CustomerE-mail"、"paytype"的定义，如图8-38所示。

（2）将所有字段拖放到页面上的对应单元格进行绑定，具体如图 8-39 所示。

图 8-38 各请求变量

图 8-39 绑定各请求变量

5. 存储购物车及客户信息

（1）选择"应用程序"—"绑定"—"添加"—"记录集"命令，在弹出的记录集对话框中进行记录集设置，具体设置如图 8-40 所示。

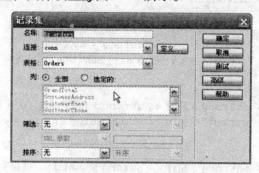

图 8-40 定义记录集

注意，表格选择"Orders"。

（2）切换到"代码"界面，找到设置运费的代码段，如下：

```
<%
CCcart_Shipping = "10"
%>
```

在其上方插入如下一段代码：

```
<%
CC_OrderAction = Request.ServerVariables("SCRIPT_NAME")
if Request("CC_OrderInsert") <> "" then
TimeKey = GetTimeInMillisec()
Rs_orders.AddNew
Rs_orders("TimeKey") = TimeKey
For Each fld in Rs_orders.Fields
if Len(Request(fld.Name)) > 0 then
fld.Value = Request(fld.Name)
end if
Next
Rs_orders.Update
Rs_orders.Requery
Rs_orders.Filter = "TimeKey ='" & TimeKey & "'"
Session("OrderID") = Rs_orders("OrderID")
end if
%>
```

```
<!--#include file="inc_CharonCart.asp"-->
<script language="javascript" runat="server">
function GetTimeInMillisec()
{
    var Now = new Date()
    var TimeStamp = Now.getTime()
    return TimeStamp
}
</script>
```

完成上述操作后,设计页面如图 8-41 所示。

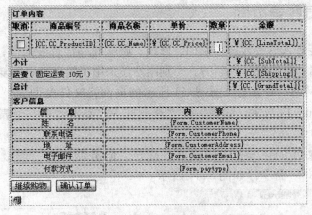

图 8-41　完成各项操作的设计页面

6. 清空购物车

在顾客提交订单的同时,还需要清空购物车。

切换到"代码"视图模式下,将光标置于页面代码最后一行,添加如下代码:

```
<%
Response.Cookies("CharonCart")=""
%>
```

这样,就完成了购物车及客户信息存储页面的制作。按"Ctrl+S"组合键保存页面,按 F12 键预览,实现如图 8-5 所示的效果图。

任务七　支付页面设计

启动 Dreamweaver CS5,在前面所建立的站点"我的网站"中,按图 8-42 所示新建文件,文件类型为"ASP VBScript",并将文件保存为 pay.asp。

编辑相关文字,插入一个 1 行 2 列的表格,边框设置为 0,插入对应的图片 Alipay.gif 和 Online_bank.gif。

设置图片链接:支付宝图片设置链接为 Alipay.asp,网上银行设置链接为 Online_bank.asp。按"Ctrl+S"组合键保存,按 F12 键预览,如图 8-6 所示。

至此,购物车系统的前台页面基本完成。实

图 8-42　支付页面设计

际上，一个完整的购物车系统还会包含更多的页面，如订单处理页、订单通知页、快递或邮递信息处理页面等，本项目限于篇幅，不做介绍，感兴趣的读者可参考相关的书籍。

资讯四　购物车后台程序设计

购物车系统的后台，也称后台管理系统，主要用于管理购物车系统的"前台"。可完成诸如商品信息的添加、修改、删除等操作。

任务八　管理员登录页面

只有管理员才能进入后台管理，添加、修改、删除商品信息等操作，用户是否具有管理员资格是根据用户名和密码进行判断的。个别网站还采用了随机难码等复杂的验证机制。

在站点"我的网站"中新建如图 8-43 所示的页面，文件类型为"ASP VBScript"，将文件保存为 login.asp。应当注意的是，建立这一页一定要先建立一个表单，将所有的元件放在表单之中。

选择管理员登录页 login.asp 中的表单，打开"服务器行为"面板。执行"用户身份验证"—"登录用户"命令，如图 8-44 所示。

图 8-43　管理员登录页

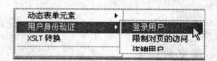
图 8-44　执行"登录用户"命令

执行上述命令后，将弹出如图 8-45 所示的"登录用户"对话框。

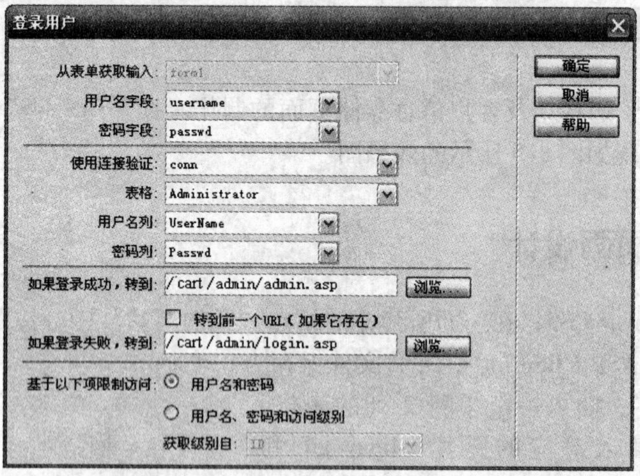

图 8-45　"登录用户"对话框

在"登录用户"对话框中，"从表单获取输入"应选择 login.asp 中对应的表单名（表单 ID），本例为 form1。"用户名字段"选择 username，"密码字段"选择 passwd。"使用连接验证"选用 conn，"表格"选用 Administrator，"用户名列"选用 UserName，"密码列"选择 Passwd。"如果登录成功，转到"admin.asp，"如果登录失败，转到"login.asp。这表明，如果登录成功，转到后台管理的首页；否则，返回到管理员登录页，供管理员重新输入用户名和密码，以便再次登录。

单击图 8-45 "登录用户"对话框中的"确定"按钮，即完成了管理员登录页的设计。至此，管理员登录页制作成功，保存并按 F12 键预览，如果输入正确的用户名和密码能成功转入 admin.asp，输入错误的用户名或密码则返回 login.asp，则表示登录页测试成功。预览效果如图 8-46 所示。

图 8-46　管理员登录页

任务九　后台管理页面设计

在站点"我的网站"中，新建如图 8-47 所示的页面，文件类型为"ASP VBScript"，将文件保存为 admin.asp。

执行"服务器行为"—"绑定"—"记录集"命令，打开"记录集"对话框，如图 8-48 所示。将其中的"表格"选择为 Product，并按 ID "降序"。

图 8-47　后台管理页面

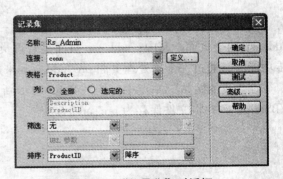

图 8-48　"记录集"对话框

将"记录集"中记录"ProductName"和"ProductPrice"插入（拖放）到适当位置，如图 8-49 所示。

选择"添加商品"，切换到"属性"面板中的"HTML"，将超级链接指向 add.asp，如图 8-50 所示。或执行"插入记录"—"超级链接"命令，弹出"超级链接"对话框，将文字"添加商品"链接至 add.asp。

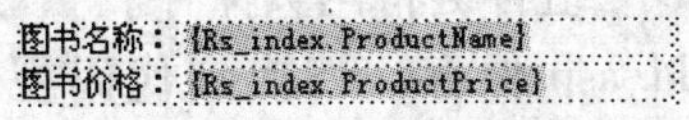

图书名称：{Rs_index.ProductName}
图书价格：{Rs_index.ProductPrice}

图 8-49　插入"记录集"中的记录

图 8-50　属性面板中的"HTML"面板

同理，选择"退出登录"，将其链接至退出登录页 Logout.asp，如图 8-51 所示。

分别选择图 8-47 中的"修改"和"删除"，执行"转到详细页面"命令，下面仅以"修改"为例进行介绍。

选中文字"修改"，执行"服务器行为"—"转到详细页面"命令，如图 8-52 所示设置各参数。

 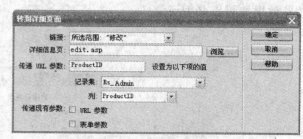

图 8-51 "超级链接"对话框　　　　　图 8-52 "转到详细页面"对话框

"删除"的"转到详细页面"操作，与"修改"基本相同，唯一的差别是将"详细信息页"更换为 delete.asp。

不难发现，"修改"和"删除"这两个"转到详细页面"的操作，分别向 edit.asp 和 delete.asp 传送了一个参数 ProductID，后面讨论这两个页面时，一定要注意正确接收从这里传递过去的参数。

至此，后台管理页面制作完成。

任务十　商品添加页面的设计

商品信息页面是购物车后台系统中常用的一项操作，完成此操作用了 pre_add.asp 和 add.asp 两个页面。其中，add.asp 页面是管理员上传图片的主页面，而在实现该页面的上传功能时，通过一个预处理页面 pre_add.asp 来过渡。

在"我的网站"站点中，按图 8-53 所示新建文件和各网页元素，文件类型为"ASP VBScript"，并将文件保存为 pre_add.asp。

图 8-53 商品信息上传预处理页面设计

设置"上传"按钮的属性为"提交表单"。按"Ctrl + S"组合键将网页保存。

新建一个文件类型为"ASP VBScript"的文件，以 add.asp 保存。切换到代码视图，将原来的代码替换为如下代码。

```asp
<!--#include file="upLoad.asp"-->
<% Server.ScriptTimeOut=5000% >
<!--#include file="upload_5xsoft.inc"-->
<html>
<head>
<title>文件上传</title>
<link rel="stylesheet" href="images/style.css" type="text/css">
<meta http-equiv="Content-Type" content="text/html; charset=gb2312">
</head>
<body>
<%
dim upload,file,formName,formPath,id,iCount,exeec,wjm
set conn=server.createobject("adodb.connection")
set conn1=server.createobject("adodb.connection")
conn.open   MM_conn_STRING
conn1.open   MM_conn_STRING
set upload=new upload_5xsoft
formPath="pictures/"
wjm=upload.form("file")
wjdx=0
for each formName in upload.objFile
    if upload.form("zclj")="" then
        set file=upload.file(formName)
        wjdx = file.filesize
        kzm = right(file.filename,4)
    else
        kzm = right(wjm,4)
    end if
    if lcase(kzm)<>".gif" and lcase(kzm)<>".bmp" and lcase(kzm)<>".jpg"
    then response.Redirect("upLoad.asp")

    if upload.form("zclj")<>"" or wjdx<819200 then
    set rs=server.CreateObject("adodb.recordset")
    name=formPath + replace(cstr(date())," - ","") + replace(cstr(time
    ()),":","") + kzm

    sql="select * from Photograph"
    rs.open sql,conn,1,3
    rs.addnew
    rs("P_Date")=right(cstr(date()),len(cstr(date()))-2)
    if upload.form("zclj")="" then
        rs("Address")=name
        'dx=cstr(file.filesize/1024)
        'if len(dx)>6 then dx=left(dx,6)
        'rs("wjdx") = dx + "K"
    else
        rs("Address")=wjm
        'rs("wjdx") = "OK"
    end if
    'rs("lx")=upload.form("qx")
    zt=upload.form("text1")
    'zt=xrzh(zt)
    rs("P_Title")=zt
    rs("A_ID")=Rs_Albums__MMColParam
```

```
            id = Rs_Albums__MMColParam
        'yhm = session("picyhm")
        'rs("yhm") = yhm
        if wjdx > 0 and wjdx < 819200 and upload.form("zclj") = "" then
            file.SaveAs Server.mappath(name)
        end if
        rs.update
        rs.close
        set rt = server.CreateObject("adodb.recordset")
        sql1 = "select * from Albums where A_ID = " + id + ""
        rt.open sql1,conn1,1,3
        iCount = rt("N_Photo")
        rt("N_Photo") = iCount +1
        rt.update
        rt.close
        cg = "1"
        end if
        set file = nothing
    next
    set upload = nothing    "删除此对象"
    sub HtmEnd(Msg)
        set upload = nothing
        response.end
    end sub
    if cg = "1" then response.redirect "upLoad.asp"
%>
+
不能上传大于 800K 的文件(0.8M)！
</body>
</html>
```

任务十一 商品修改页面的设计

在站点"我的网站"中，新建如图 8-54 所示的页面，文件类型为"ASP VBScript"，将文件保存为 edit.asp。

打开"绑定"调板，执行"绑定"—"记录集"命令，在弹出的"记录集"对话框中，如图 8-55 所示进行设置。值得注意的是，edit.asp 是接收 admin.asp 传送过来的参数 ProductID 以后才开始工作的。所以记录集中以 ProductID 作为"筛选"，即 edit.asp 只接受 admin.asp 传送过来的 ProductID。

图 8-54 修改新闻页面 edit.asp

图 8-55 "记录集"对话框

在任务九中我们已经介绍过，必须在 admin.asp 中将"修改"所对应记录的 ProductID 传送到 edit.asp。

在页面中插入表单，并在表单中插入 5 行 2 列的表格，然后插入如图 8-56 所示的文字和表单元素。其中，各表单元素的 ID 最好要和表 Product 对应的字段名称一致，否则会出现"〈未命名〉〈忽略〉"之类的警告，需要手工调整。

将记录集 Re_CartEd 中相应字段插入（或拖放）对应的表单元素中，如 8-57 所示。

图 8-56 插入表单元素后的 edit.asp　　　　图 8-57 插入对应的"记录"

经过上面的处理后，选择 edit.asp 中的表单，在"服务器行为"调板中单击" + "号按钮，执行菜单中的"更新记录"命令，弹出"更新记录"对话框，如图 8-58 所示。

最终的效果如图 8-59 所示。

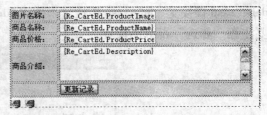

图 8-58　"更新记录"对话框　　　　图 8-59　"更新记录"页面成品

保存页面，并按 F12 键预览，效果如图 8-60 所示，更改表单中的任意信息，单击"提交记录"按钮后，admin.asp 页面及数据库中数据将更新。

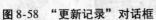

图 8-60　商品修改页面的效果

任务十二 商品删除页面的设计

在站点"我的网站"中新建如图8-61所示的页面,文件类型为"ASP VBScript",将文件保存为delete.asp。

delete.asp中,各表单元素的设置和本项目任务十一中edit.asp的各表单元素设置相同。

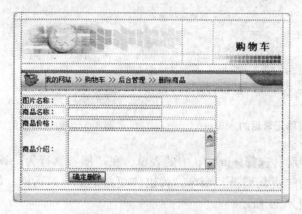

图8-61 商品删除页面

打开"绑定"调板,单击"+"号按钮,在弹出菜单中执行"记录集"命令。同样,delete.asp仅接受admin.asp传送过来的ProductID。因此,在"记录集"对话框中,特别要注意"筛选"部分的设置。

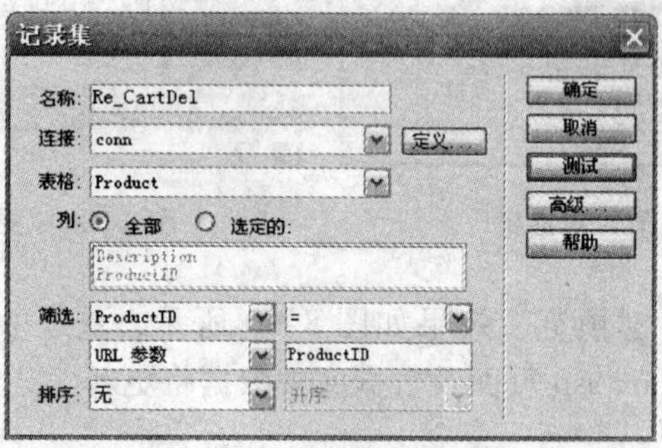

图8-62 "记录集"对话框

回到delete.asp,选择其中的表单,执行"服务器行为"—"删除记录"命令,弹出"删除记录"对话框,如图8-63所示。

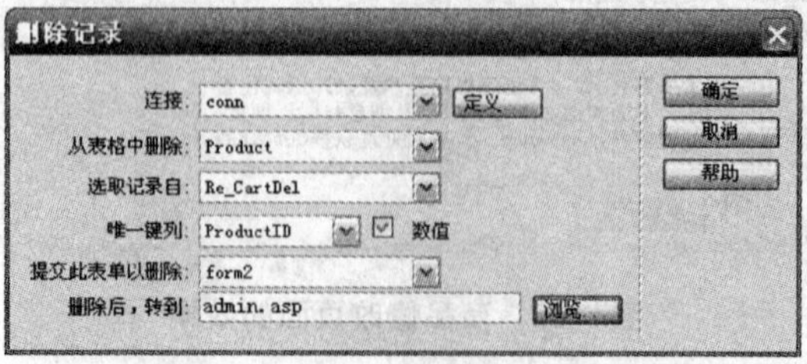

图8-63 "删除记录"对话框

选择"连接"为 conn,"从表格中删除"为 Product,"选取记录自"选择 Re_Cart-Del,设置"删除后,转到"为 admin.asp,按"确定"按钮。

保存并按 F12 键预览,效果如图 8-64 所示。

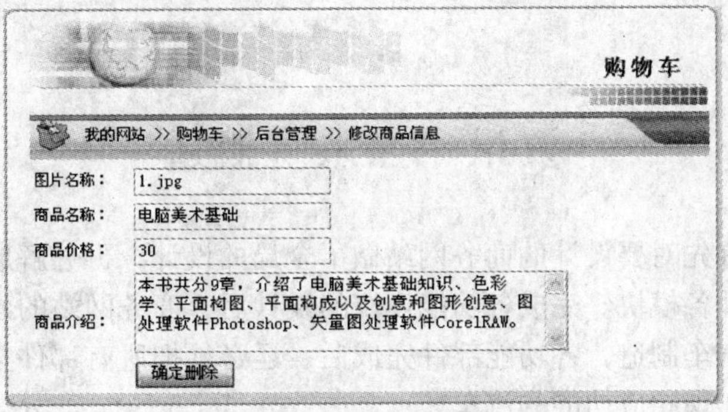

图 8-64　商品删除页面的预览

至此,商品删除页面制作完毕。

任务十三　退出管理

logout.asp 的目的是使博客作者退出登录状态,返回到博客系统的首页。这一页面无法直接由 Dreamweaver CS5 生成,需要手工编写代码。

新建一个空白的页面,将文件保存为 logout.asp。切换到代码视图,删除其中原有的代码,添加下述代码:

```
<%  Session.Abandon
    Response.Redirect "/cart/index.asp"
%>
```

项目九　系统整合

资讯一　系统概述

在项目一中，首先对要设计的商务网站做了全局的设计，再分解成了一个一个的功能模块，然后分别设计各模块。完成各功能模块的设计后，商务网站的建设便进入了系统整合阶段。这类似于汽车制造，各功能部件完成后，还必须把所有部件整合起来，才能成为一部完整的、能够实现相应功能的汽车。

系统整合是一项细致的工程，它处理的对象是前面所设计的所有模块，在本教材中，主要是指新闻系统、留言本、产品展示系统、购物车和用户管理系统等设计模块；通过采用相应的方法，把这些模块设计无重复地、无冲突、和谐地汇集到一起，最终在一个页面上实现设计者最初所要求的所有电子商务网站的功能。

根据不同程序设计者的习惯，系统整合可以采用不同的方法。一般而言，系统整合主要使用#include 调用方法、JavaScript 脚本调用方法、iframe 方法等。

本项目将在预备知识部分分别对这三种方法进行介绍，并在之后对用户管理系统进行进一步的加强，最后，对后台程序的设计做讲解。至此，电子商务网站的建设大功告成，后面进入的是网站发布、推广、管理和维护阶段，那将是一项长期的工程。

资讯二　准备工作

一、网站的整体规划

电子商务网站的整合过程实际是将前面已经分别设计好的各个功能模块组合起来，在前台页面和谐地显示给所有客户。这个过程听起来非常简单，实际操作过程中，需要考虑的因素却非常多，因为这个过程的最终成果，就是展示给浏览者的网站界面。

一个好的网站首先要设计美观、布局合理、层次分明，能确实反映企业经营规模、形象文化，尤其是特色产品或者说是优势产品信息更应该很好地表现出来。

因此，在网站整合之前，必须对该网站进行整体规划。此时的规划与网站设计前期的规划是有所区别的，此时的规划主要是针对网站界面而言，一般情况下，系统整合时的规划主要包括以下几个方面。

1. 管理账号规划

进行网站规划，第一步需要对网站的管理账号进行统一规划，一般需要考虑的是：设置多少个新闻管理员、设置几个管理员为网站站长以及如何实现网站的安全管理等方面。

2. 网站板块规划

电子商务网站整合实际是进入到实质的内容建设了，此时，必须考虑的是：需要设置哪些内容，哪些大业务需要单独列出来作为重点宣传。此外，哪些细节板块需要考虑，例如，设置一个"公司新闻"板块用于动态更新公司的业务进展，再添加一个"友情链接"板块，将合作伙伴网址罗列在此。

3. 首页样式规划

在"网站板块规划"中设置的板块可能并不需要全部显示在主页上，哪些板块是该重点突出的，哪些板块正在测试阶段，哪些板块只需显示少数几个条目，首页整体显示样式是什么样的，都需要在此时一一规划好。

4. 二级页面规划

二级页面规划主要是指推荐版块如何设置，在每个二级页面（新闻内容显示页面、新闻罗列页面）推荐版块都会在页面的右侧显示出来，也可以根据个人喜好和需要把重点业务在此罗列。

综合考虑以上各因素，对网站进行整体规划后，网站整合才可以进入实际操作阶段。

二、网站的网页布局

现在，网页的布局设计变得越来越重要，访问者不愿意再看到只注重内容的站点。虽然内容很重要，但只有当网页布局和网页内容成功接合时，这种网页或者说站点才是受人喜欢的，取任何一面都无法留住太过"挑剔"的访问者。

1. 网页布局的基本概念

（1）显示宽度

网页布局受显示器的显示区域限制。众所周知，显示区域与显示器的分辨率和所使用的浏览器有关。以显示器分辨率 1024×768 为例，网页高度超过一屏为例，浏览器 Internet Explorer 7.0 显示宽度为 1003 像素、Firefox 3.6 显示宽度为 1007 像素、Maxthon（正常模式）显示宽度为 1003 像素、Google Chrome 0.2 显示宽度为 1008 像素、Opera 10 显示宽度为 1018 像素。

网页布局就是要在有限的区域内充分创意，给人无限遐想。由于在各种浏览器中网页的显示宽度并不相同，在进行电子商务网站设计时宽度不宜采用像素值，以使用百分数为佳。常用的方法是用表格布局时设置表格的宽度为百分数（如100%），或使用 DIV + CSS 自适应宽度。

（2）关于第一屏

当访问一个网站时，展现给访问者的是该网站的首页，更准确地说，网站首先展现给用户的是首页的的第一屏。

第一屏设计是否合理直接影响用户对网站的评价，通常在第一屏上应有网站的 LOGO、导航条和其他最关键的元素。

2. 网页布局的类型

（1）常见的网页布局类型

常用的网页布局有"国"字型、拐角型、标题正文型、左右框架型、上下框架型、综合框架型、封面型、Flash型、变化型等。"国"字型布局也称三栏布局，拐角型布局也称两栏布局，图9-1所示的两种布局是目前使用最多的两种布局方式。（图9-34是本网站采用的布局形式。）

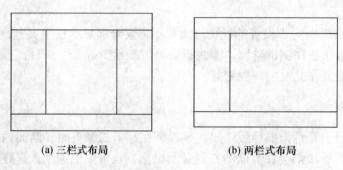

(a) 三栏式布局　　　　　　(b) 两栏式布局

图9-1　目前使用最多的两种网页布局方式

一些国外网站，尤其是一些个人网站还有"三"型布局、对称对比布局、POP布局和全由Flash构成的Flash整站。

（2）电子商务网站的布局

电子商务网站的布局类别繁多，电子商务管理咨询公司Groovecommerce.com曾对全球100家电子商务网站进行统计，结果表明使用两栏布局的占79%、三栏的占19%、其他占2%。这表明，两栏布局在电子商务网站布局中有得天独厚的优势。

说明： 详细的统计见：http://www.groovecommerce.com/ecommerce-blog/ecommerce/the-top-100-etailers-what-layouts-do-they-prefer/

采用两栏式布局的首页左边主要有用户管理和产品导航，右边则主要是产品展示。使用这种布局的网站内容清晰明了，操作性和可控性强，也正是因为上述优点而受到大部分电子商务网站的青睐。

三栏式布局也有其明显的优势，它将产品展示置于中间一列，右侧常用于放置网站公告、销售排行等内容。和两栏式布局相比，三栏式布局能放置更多的内容，信息量更加丰富，也正因为这样，国内电子商务网站采用三栏式布局的也很多。

3. 网页布局的常用技术和方法

（1）网页布局的常用技术

目前，网页布局常用的方法有表格布局、DIV+CSS布局、框架布局等几种。

① 表格布局

表格布局是一种成熟的布局方式，操作简单，初学者也极易上手；而且能对不同对象加以处理，不用考虑不同对象之间的影响；再则，使用表格布局时定位图片和文本比用CSS更加方便。使用表格布局主要的缺点是，使用表格过多时，页面下载速度受影响较明显。

② DIV + CSS 布局

DIV + CSS 布局是目前最受欢迎的布局方式，尤其是这个 Web 2.0 时代，DIV + CSS 的应用程度是一个站点是否优秀的风向标。CSS 对于初学者来说略显复杂，也超出了本书所讨论的范围，有兴趣的读者可参阅相关资料。

③ 框架布局

框架布局操作简单，使用方便。但由于框架布局对浏览器的兼容性较差，而且布局时灵活性也不强，大型网站和电子商务网站采用框架布局的较少。

（2）网页布局的方法

网页布局的方法很多，最常用的是先使用手绘，在纸上绘制草图。然后使用 Photoshop、Fireworks 等工具制作分层模板并切片，然后用 Dreamweaver 等工具做进一步的处理。当然，Dreamweaver 等网站开发工具也自带了多种常用的网页布局工具，如在新建网页时，Dreamweaver 就提供了多种布局供选择，如图 9-2 所示。

另外，"插入"中"布局"面板也提供了多种布局工具，足以应对一般的布局操作，如图 9-3 所示。

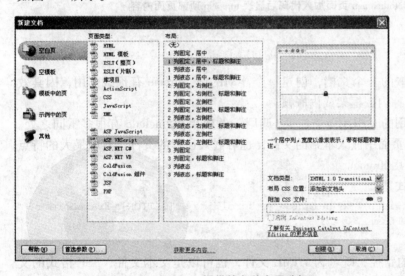

图 9-2　Dreamweaver 提供的多种布局选择

图 9-3　Dreamweaver "插入"中的"布局"面板

三、系统整合常用方法简介

1. 使用 #include 的方法

```
<!--#include file = " relative URL "-->
```

上面的语句中，relative URL 是指待调用的相关的网页。主页中，调用相关网页之前，还必须对待调用的网页进行定位，主要是指对该调用网页在主页中的位置，在主页中占用的空间大小（宽度和高度）进行设置。

下面通过一个实例来简单介绍 #include 语句的使用。

【例 9-1】　在首页页面 "index.asp" 中引入顶部导航页面 "top.asp"。

在 Dreamweaver CS5 中新建空白页面 "index.asp"，打开 "代码" 窗口，如图 9-4 加入

调用语句后，保存，结果如图 9-5 所示。

注意：此处顶部页面 top.asp 是已经事先做好的，制作方法在本项目咨讯三中详细讲解。

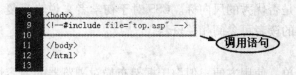

图 9-4 在 index.asp 代码区中插入代码

图 9-5 index.asp 页面加入代码后显现 top.asp 顶部页面内容

2. 使用 iframe 的方法

iframe 是指网页中内嵌的一个文档，创建一个浮动的帧，iframe 有预载作用，因其效果与框架有类似之处，俗称内嵌框架或内嵌帧。

iframe 是一种非常实用的"引用"方法，"调用"的效果和 #include 有很多雷同之处。而且更加灵活，不仅能在页面中嵌入本站的文件，也可嵌入远程的文件。其中最大的特点是，可以在静态页面中使用 iframe。

iframe 标记的使用格式是：

<iframe src = "URL" width = "x" height = "y" scrolling = "[OPTION]" frameborder = "x" name = "main"> </iframe>

各参数含义如下：
- src——内嵌文件的路径，既可为 HTML 文件，也可以是文本文件、ASP 格式的文件等；
- width——内嵌框架的宽度（可用像素值或百分比）；
- height——内嵌框架的高度（可用像素值或百分比）；
- scrolling——内嵌框架是否显示滚动条。如设置为 NO，则不显示滚动条；如设置为 Auto，则自动出现滚动条；如设置为 Yes，则总是显示滚动条；
- frameborder——内嵌帧边框宽度，为了让内嵌框架与邻近的内容相融合，常设置为 0；
- name——内嵌框架的名字，用来进行框架的识别。

还可使用如下参数：
- marginwidth——内嵌框架内文本的左右页边距；
- marginheight——内嵌框架内文本的上下页边距；
- style——内嵌文档的样式（如设置文档背景等）；
- allowtransparency——是否允许透明。

具体使用方法通过下例说明。

【例9-2】 使用 iframe 语句，使得在如图9-6 中页面 default.asp 中无论是单击"选项一"菜单链接还是单击"选项二"菜单链接，内容都在框架的第二行显示（设"选项一"链接为 yellow.asp，"选项二"链接为 bule.asp）。

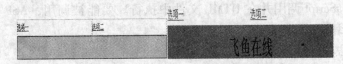

图9-6　default.asp 原始设计页面和预览图

操作步骤如下。

（1）打开 default.asp 页面"代码"窗口，如图9-7 所示添加代码，设定内部框架范围以及有关参数，并命名内嵌帧 iframe 为"fy"。

图9-7　iframe 帧体结构设置代码

（2）在"代码"窗口中如图9-8 添加代码，将"选项一"和"选项二"的链接位置确定在内嵌帧"fy"处。

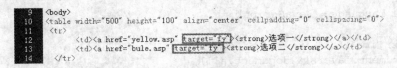

图9-8　将链接指向内嵌帧位置代码

（3）保存，按 F12 键，单击"选项一"的效果如图9-9 左图所示，单击"选项二"的效果如图9-9 右图所示。

图9-9　iframe 引用效果图

细心的读者会发现，使用 iframe 后，单击链接不会弹出新的窗口，也不会刷新页面，而是直接在同一个区域内"静态"改变内容。基于这一点，在导航菜单中切换不同内容页面，在网站管理需要内容局部更新时，可以考虑使用 iframe 语句，减少网站管理者的工作量的同时，也能提高网页浏览者的浏览速度。

3. 使用 JavaScript 的方法

由于和动态网页相比，静态页面更受搜索引擎青睐，同时，静态网页比动态网页更能减轻浏览器的负担，提高执行效率。由于这样一些原因，将动态网页生成静态页面成为目前网站设计者特别关注的话题。

HTML 能使用 JavaScript 调用 ASP，通过静态页面的动态调用，实现网站首页的"伪"静态，深受广大网站设计者的欢迎。

HTML 能使用 JavaScript 调用 ASP，其原理是用 ASP 读取数据，用 Response.write 写出可以被 JavaScript 调用的 document.write，在 HTML 中显示出来。因此，并不是每一个 ASP 文件都能通过 JavaScript 调用并在 HTML 文件中执行。要能被调用，ASP 文件必须要按照 JavaScript 规范来编写。

常用调用方法如下。

```
<script src = "dateandtime.asp" language = "javascript"></script>
```

dateandtime.asp 中最主要的代码如下。

```
<%
Response.Write "document.write(""需要输出的内容."");"
%>
```

【例 9-3】 使用 JavaScript 实现当前时间显示。

操作步骤如下。

（1）新建 index.html，在需要调用 ASP 文件的地方插入如下代码：

```
<script language = "javascript" src = "activetime.asp"></script>
```

（2）activetime.asp 主要代码如下：

```
<html>
<body>
<span id = "position" style = "position:absolute;left:441px;top:190px; width:128px; height:30px"></span>
</body>
</html>
<script language = "JavaScript">
<!--
function Time(){
if (!document.layers&&!document.all)
return;
var Timer = new Date()
var hours = Timer.getHours()
var minutes = Timer.getMinutes()
var seconds = Timer.getSeconds()
var noon = "AM"
if (hours >12){
noon = "PM"
hours = hours -12
}
if (hours = =0)
hours =12;
if (minutes < =9)
minutes = "0"+minutes;
if (seconds < =9)
seconds = "0"+seconds;

//change font size here to your desire
myclock = "<font size ='4' face ='Arial' color =blue>"+hours+":"+minutes+":"+seconds+" "+noon+"</b></font>";
if (document.layers){
document.layers.position.document.write(myclock);
```

```
document.layers.position.document.close();
}
else if (document.all) {
position.innerHTML=myclock;
setTimeout("Time()",1000)
}
}
Time();
//-->
</script>
```

资讯三 前台页面制作

任务一 导航条的制作与美化

每个网站的前台首页都会有快速链接网站各个模块的导航条,以方便浏览者浏览感兴趣的模块。好的导航帮助搜索引擎更好理解站点结构,同时帮助站点用户了解网站,通常最重要的资料将有最多数量的回航链连。一般而言,使用链接描写简短的文本,再通过链接注释使用文本描写补充。有效的导航也能通过页上的链接优化,增加相关关键字密度。适当的导航也给关键字建立了内部的链接。本任务就逐步讲述导航条的制作,具体步骤如下。

1. 新建文件

打开Dreamweaver CS5,新建asp文件,并命名为"top. asp",将其保存在根目录e:\mysite下,如图9-10所示。

图9-10 新建前台顶部导航页面 top. asp

2. 建立表格和添加图标

在菜单栏单击"插入"命令,选择"表格",设置如图9-11所示。同样地在第2行第2列再次插入一个2行1列的表格(宽度为98%),在新建表格的第2行插入一个4行3列的表格(宽度为100%)。

建立好表格后,开始添加与网站首页标志有关的图片。在操作界面的右下方"文件"窗口栏中,从站点文件夹中的"images"中找到相应的图像文件,如图9-12所示,并将其拖曳到对应的位置,如图9-13所示。按照同样的方法将需要的图片添加完毕,并调整宽度和高度,将无需添加图片的部分进行"单元格合并"操作,最终效果如图9-14所示。

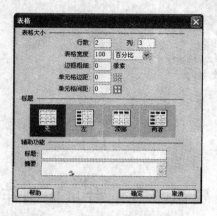

图 9-11　top.asp 表格参数设置

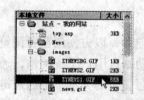

图 9-12　在"images"文件夹中找到图像文件

图 9-13　拖曳图像文件到对应的位置并确定

图 9-14　前台导航页面图像添加后的效果

3. 编辑各模块链接导航

首先,建立各模块导航菜单栏。如图 9-15 所示,在操作界面右侧"插入"命令框中选中"Spry 菜单栏",在弹出的选项框中选中"水平"选项,单击"确定"按钮,效果如图 9-16 所示。

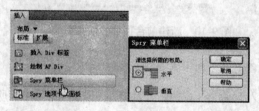

图 9-15　插入 Spry 菜单栏

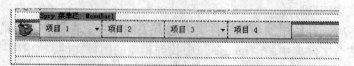

图 9-16　建立菜单栏后的初步效果

建立好菜单栏后,将文件进行保存,在弹出的"复制相关文件"对话框中,单击"确定"按钮,如图9-17所示。

图9-17　建立Spry菜单栏后,保存文件时复制有关文件

初步建立菜单栏后,可以着手对各项目菜单进行命名。如图9-18所示,选中菜单名"项目1"将其重命名为"首页",同理将其他项目名称依次重命名为"新闻"、"产品展示"、"购物车";由于菜单选项不够,则按照图9-19所示,单击加号按钮,添加两个菜单项,并将其依次命名为"博客"、"收藏本站"。

从图9-18中可以看到某些菜单项还有二级目录菜单项,若不需要,可以如图9-20所示,单击对应的减号对其进行删除。

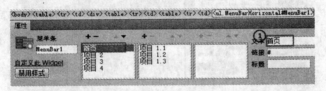

图9-18　编辑导航菜单项目名称

图9-19　添加菜单项

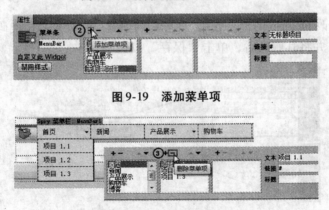

图9-20　删除下拉菜单项

至此,菜单导航栏初步完成。

4. 调整和美化导航页顶部

在这里,需要对菜单导航栏进行适当的调整和完善。

首先,要将表格背景颜色和菜单栏的颜色统一。在操作界面右侧面板中选中"CSS样式",按照图9-21所示,单击"全部"按钮,单击"SpryMenuHorizontal.css"项,在打开的选项中选择"ul.MenuBarHorizontal.a"项,从其"属性"选项卡中选择"background-color"项,将颜色更改为"#BCEFF3"(颜色可以按自己的意愿更改)。再在菜单栏所属表格的"属性"窗口中,将"背景颜色"项统一设为"#BCEFF3",如图9-22所示。

图 9-21 编辑菜单栏背景颜色　　　　　图 9-22 编辑菜单栏所在表格的单元背景颜色

其次,调整菜单栏文本格式。单击如图9-23所示的标记项"ul. MenuBarHorizonal. a",并在弹出的菜单栏中选择"编辑"(或者直接双击此标记项),在弹出的窗口中选择"区块",在"区块"编辑区中选中"文本对齐"项,并从下拉菜单中选中"居中",选择好后单击"确定"按钮。

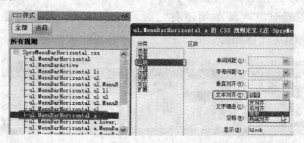

图 9-23 调整菜单栏文本格式

最后,需要修改top.asp的部分代码。单击"代码"选项卡,在代码区域中找到如图9-24所示的代码,并将其删除后,单击"保存"按钮。

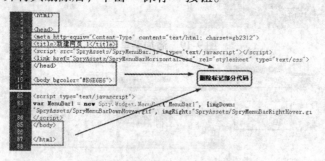

图 9-24 编辑 top. asp 代码区

至此,导航条制作完毕,效果如图9-25所示。

图 9-25 导航条页面的预览效果

任务二　前台首页的制作

在制作完前台导航页面后，需要设计和制作前台首页。首页从根本上说是全站的内容目录，也是一个索引。但若仅仅只是目录罗列是不够的，设计好一个首页，需要先确定首页的功能模块。商务网站的前台首页除了导航条以外，一般会包括"关于我们"、"产品展示"和"新闻中心"等几部分内容，可以根据设计者需要进行删减和修改添加。在此任务中，前台首页的主体部分仅仅只包括"关于我们"、"产品展示"和"新闻中心"三部分内容。下面将详细讲述制作过程。

启动 Dreamweaver CS5，在前面所建立的站点"我的网站"中，新建空白文件，文件类型为"ASP VBScript"，并将文件保存为 index.asp。前台首页的内容包含"导航条"、"关于我们"、"新闻中心"和"产品展示"四大部分。

一、将导航条页面引入到首页 index.asp 中

如图 9-26 所示，选择"插入"命令，在下拉菜单中选中"服务器端包括"，并在弹出的对话框中选中"top.asp"，单击"确定"按钮，保存该页面。则可以看到 index.asp 的预览页面，如图 9-27 所示。

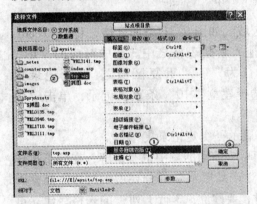

图 9-26　将 top.asp 插入到 index.asp 中

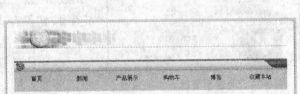

图 9-27　插入后 index.asp 的预览效果图

二、创建"关于我们"、"新闻中心"、"产品展示"内容

1. index.asp 结构设计

在 index.asp 页面如图 9-28 所示插入 2 行 2 列表格。

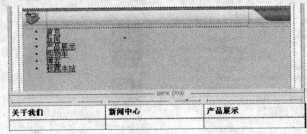

图 9-28　index.asp 新建内容表格

2. 绑定记录集

(1) "新闻中心" 绑定记录集

执行"绑定"—"记录集"命令，在弹出的"记录集"对话框中按图9-29所示设置。打开记录集"Recordset2"，如图9-30所示将"N_Title"拖到新闻中心内容的显示表格中。

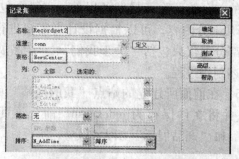

图9-29 新闻中心记录集设置

图9-30 拖动记录集"Recordset2"中"N_Title"

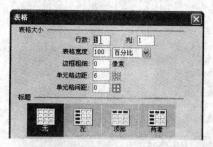

图9-31 为建重复区域添加表格

建立重复区域。如图9-31添加表格，将｛Recordset2.N_Title｝拖入新建表格之中。选中对应的"tr"，打开"服务器行为"—"重复区域"，设置记录集"Recordset2"选择建立"10"条重复记录，单击"确定"按钮保存。

(2) "产品展示" 绑定记录集

本项比较简单，前面的章中也有讲解，在此不再详述。需要说明，"产品展示"部分要展示两样产品，因此在建立表格时，要建立"3行1列"的表格；建立重复区域选择"1"条重复记录，添加记录集中的项目时要绑定表Product中的产品名称（ProductName）和图片（ProductImages）。

至此前台首页初步完成，保存并按F12键预览，如图9-32所示。

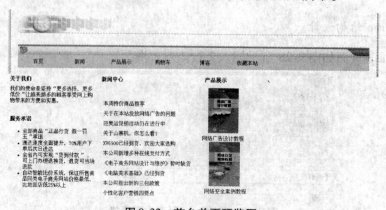

图9-32 前台首页预览图

3. 页面美化与完善

从图 9-32 中可以看到，前台首页还有很多不美观的地方，在此要对其进行完善。

（1）修改"关于我们"栏目

添加"关于我们"页面。新建空白页，文件类型为"ASP VBScript"，命名为 gy.asp，引入 top.asp 后（方法详见本项目任务二的"将导航条页面引入到首页 index.asp 中"），插入 1 行 2 列表格，输入相关文字和图片，效果如图 9-33 所示。

图 9-33 gy.asp 页面预览图

单击 index.asp 页面中"关于我们"所在的表格，添加文字："查看全部＞＞＞"，并将其链接到 gy.asp。

（2）完善"新闻中心"栏

添加新闻显示时间。将新闻中心的表格拆分为"1 行 2 列表格"，打开记录集"Recordset2"，将"N_AddTime"拖到新闻中心内容表格第 2 列中。

单击"｛Recordset2.N_Title｝"，执行"服务器行为"—"转到详细页面"，在弹出的"转到详细页面"中在"详细信息页"处输入"News/newshow.asp"，使得新闻信息链接到新闻详细界面。

（3）完善页面边框

将边框对应的图片插入，方法详见本项目任务三。

至此，前台首页制作完毕，效果如图 9-34 所示。

图 9-34 index.asp 页面完善后的效果图

资讯四 后台管理功能的实现

网站管理者对网站的各个模块进行管理，需要登录到后台管理页面进行操作。后台将各项管理功能划分到不同的模块，各模块间区分明显，在界面上简洁明了，对主要的操作点放大处理，既能快速操作又不易出错，同时要让界面清爽，在色调等元素的搭配上让人感觉清新，让长时间使用后台的负管理者不易疲劳。本资讯将讲解这一后台页面的基本功能实现过程，部分安全问题将在本项目资讯五中讲述。

任务三 后台管理员登录页面设计

网站的后台只有管理员才能登录进行管理操作的，因此，在建立后台页面之前，需要后台管理员登录页面来设置权限，以增加后台的安全。本任务将讲述此页面的实现过程。

启动 Dreamweaver CS5，在前面所建立的站点"我的网站"中，按图 9-35 所示新建文件，文件类型为"ASP VBScript"，并将文件保存为 login_ht.asp。

打开"绑定"调板，执行"记录集"命令，实现数据库记录的绑定，如图 9-36 所示。

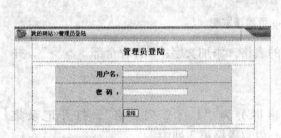
图 9-35 管理员登录页

图 9-36 "记录集"对话框

记录集的"名称"取为 Rs_Login_ht，"连接"选用 conn，"表格"选用 Administrator。考虑到 Administrator 中通常记录不多，可不做排序处理。

选择管理员登录页 login.asp 中的表单，打开"服务器行为"面板。执行"用户身份验证"—"登录用户"命令，如图 9-37 所示。

执行上述命令后，将弹出如图 9-38 所示的"登录用户"对话框。

图 9-37 执行"登录用户"命令

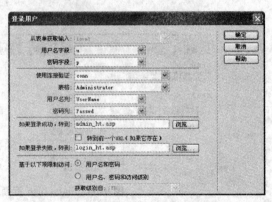
图 9-38 "登录用户"对话框

在"登录用户"对话框中，"从表单获取输入"应选择 login_ht.asp 中对应的表单名（表单 ID），本例为 form1。"用户名字段"选择 u，"密码字段"选择 p。"使用连接验证"选用 conn，"表格"选用 Administrator，"用户名列"选用 UserName，"密码列"选择 Passwd。

"如果登录成功，转到"admin_ht.asp，"如果登录失败，转到"login_ht.asp。这表明，如果登录成功，转到后台管理的首页；否则，返回到管理员登录页，供管理员重新输入用户名和密码，以便再次登录。

应当注意的是，上述的"用户名字段"和"用户名列"是不相同的两个概念，"密码字段"和"密码列"亦不相同。前者指的是表单元素"用户名"或"密码"对应的ID（即文本字段的名称），后者是表Administrator中"用户名"和"密码"所对应的字段名，如图9-39所示。

(a) 文本字段的ID   (b) 表Administrator的字段名

图9-39 "登录用户"对话框中的"字段"和"列"

应当注意的是，"基于以下项限制访问"默认为"用户名和密码"，也可选择"用户名、密码和访问权限"，不同级别的用户可以访问不同的后台资源。

单击图9-38所示的"登录用户"对话框中的"确定"按钮，即完成了管理员登录页的设计。

任务四 后台管理页面制作

本任务的后台相对其他项目的后台管理页面稍有不同，如果用户成功登录，则自动跳转到后台管理首页admin_ht.asp；如果登录不成功，则返回管理员登录页login_ht.asp，供管理员输入用户名和密码，再次登录，如图9-40所示。为了提高网站的安全性能，管理员的登录密码需要定期更换，为此，需要建立修改管理员密码的页面。另外，此任务中的后台是网站系统总后台页面，则需要将各个模块的后台页面进行整合，以便管理员进行管理。下面将针对这几点不同逐一讲述其具体实现过程。

图9-40 管理员登录

一、后台管理首页的设计

启动Dreamweaver CS5，在前面所建立的站点"我的网站"中，按图4-31所示新建文件，文件为"框架页"中"左侧固定"页面，并将文件保存为admin_ht.asp。按照如图9-41所示进行参数设置，得到如图9-41中的框架效果。

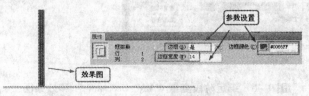

图9-41 admin_ht.asp框架参数设置和效果图

打开 admin_ht.asp "代码"窗口,按照图 9-42 修改相应代码,并新建 ASP 文件 left.asp 和 main.asp。

单击"查看"命令菜单下"可视化助理",选中该项子菜单中的"框架边框"。接着,在框架的左侧插入表格,建立如图 9-43 所示的页面。按照图 9-44 所示对"网站首页"进行设置,如图 9-45 对"管理首页"进行设置。

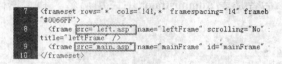

图 9-42 Admin_ht.asp 代码修改

图 9-43 插入表格后的 admin_ht.asp 页面

注意:将"网站首页"设为"_parent"是为了链接首页时,能在整个页面显示,而不是框架左侧显示。同样地,"管理首页"设为"mainFrame",让链接后的内容显示在框架右侧区域。

再单击帧框架的右侧,输入文字"欢迎进入我的网站后台管理系统"。选定"绑定"下的"阶段变量",在弹出的窗口中输入"MM_Username"后,单击"确定"按钮,则在右侧"绑定"窗口中产生一个新的阶段变量,如图 9-46 左图所示,将此阶段变量拖曳到"欢迎"两字之后,效果如图 9-46 右图所示。

图 9-44 "网站首页"项属性设置

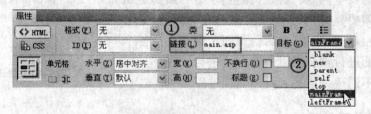

图 9-45 "管理首页"项属性设置

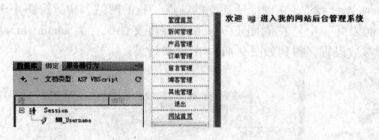

图 9-46 绑定阶段变量"MM_Username"和效果图

之后，保存文件，以管理员"admin"身份成功登录 login_ht.asp 页面后，可以浏览到如图 9-47 所示界面。

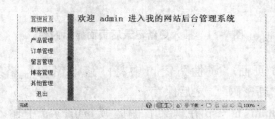

图 9-47　成功登录后进入后台首页 admin_ht.asp

至此，后台管理首页初步完成。

二、后台修改管理员密码页面制作

在网站管理中，为了加强保密性，管理员登录密码需要每隔一段时间进行更新，因此，有必要建立修改管理员的密码页面，这个任务比较简单。

启动 Dreamweaver CS5，在前面所建立的站点"我的网站"中，新建空白文件，文件类型为"ASP VBScript"，并将文件保存为 admin_mm.asp，作为管理员密码修改页面。打开"绑定"窗口，添加"记录集"，在弹出的窗口中按照图 9-48 设置。在"筛选"中选择"阶段变量""MM_Username"限定修改对象为成功登录后台的当前管理员密码。

在 admin_mm.asp 中输入"修改密码"，单击"插入"命令菜单，在其下拉菜单中选择"数据对象"—"更新记录"—"更新记录表单导向"，如图 9-49 所示。在弹出的窗口中，如图 9-50 所示设置，单击"确定"按钮后页面内容显示如图 9-51 所示。在此处，需要更新的只有密码，因此在"表单字段"中删除"ID"和"Username"两项。"在更新后，转到"main.asp? type = true，在此加入判断条件，即更新成功后才跳转到 main.asp。

图 9-48　admin_mm.asp 绑定记录集

图 9-49　Admin_mm.asp 插入更新记录

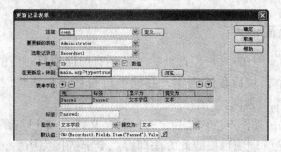

图 9-50　设置更新记录表单

图 9-51　插入更新记录后页面显示内容

在 admin_mm.asp 页面"属性"窗口中将"修改密码"格式设置为"标题 3"，"Password"重命名为"新密码"，之后保存。

打开 ASP 文件，admin_ht.asp 在框架右侧区域 main.asp 中输入"修改密码"，将其"链接到"页面 admin_mm.asp，如图 9-52 所示。

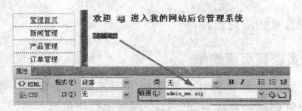

图 9-52　"修改密码"链接 admin_mm.asp

在密码修改成功后，应该有显示"修改密码成功"字样，实现这一功能比较简单。在 main.asp 页面中输入"修改密码成功"，加入判断条件修改其部分代码，如图 9-53 所示。

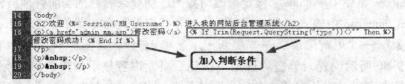

图 9-53　main.asp 加入判断条件代码

保存文件。此时，以管理员"admin"成功登录后台管理首页后，单击"修改密码"按钮。如图 9-54 所示，输入新密码后，单击"更新记录"按钮，则显示如图 9-55 所示的页面，提示修改密码成功。

图 9-54　更新密码　　　　　　　　　图 9-55　显示修改密码成功

三、后台管理其他页面设置

系统后台页面除了以上的"管理首页"外，还有前面项目对应的管理，在前面的 8 个项目中有详细讲解各个模块后台的制作，在此不再赘述，只需将对应项目的链接成功即可，下面以"新闻管理"为例。

选中"新闻管理"，如图 9-56 所示设置，保存文件，按 F12 键预览。效果如图 9-57 所示，链接成功，其余管理项目按照此方法即可。全部链接完毕后，保存。

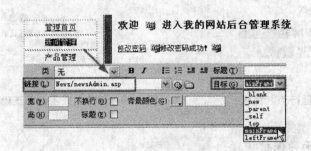

图 9-56 "新闻管理"设置

图 9-57 系统后台"新闻管理"预览

最后,将"退出"链接 admin_ht.asp,并且保存。至此,系统后台页面全部设置完毕。

资讯五 后台登录安全管理

资讯四讲述了系统后台的设计,但仍遗留一些问题,例如,login_ht.asp 中如果输入用户名或密码错误,返回到 login_ht.asp 时没有任何提示。又如,任何用户都可以跳过登录页面,直接对后台进行管理操作,因此必须加强后台的保护机制。

1. 登录不成功时的提示

打开 login_ht.asp,打开"服务器行为"面板,如图 9-58 所示。双击面板中的"登录用户",在弹出的"登录用户"对话框中,将"登录失败转到"中原有的 login_ht.asp 修改为"login_ht.asp?errinfo=用户名或密码不正确!"。

切换到 login_ht.asp 的代码视图,在 <form> 之前添加如下代码:

```
<% If Request.QueryString("errinfo") < >"" Then % >
<p align="center"> <% Request.QueryString("errinfo") % > </p>
<% End if % >
```

增加这段代码的目的是:如果 URL 参数 errinfo 不为空,就显示这个 errinfo 的值。

此时,保存并按 F12 键预览,如果输入的用户名和密码均正确,则成功跳转到 admin_ht.asp。如果输入的不正确,则返回 login_ht.asp,但浏览器的地址栏显示为:

http://localhost/loginht.asp?errinfo=用户名或密码不正确!

而页面中也增加了一句"用户名或密码不正确!",如图 9-59 所示。

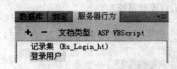

图 9-58 "服务器行为"面板

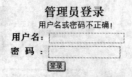

图 9-59 用户名或密码不正确时返回的状态

2. 对后台各页面的保护

后台管理的各个页面只有管理员才有权限访问，需要对其进行保护，没有授权的用户登录其中任何一项，均会自动返回到 login_ht.asp。

分别选择各个页面，进行以下操作。

图 9-60 设置"限制对页面的访问"

（1）单击"服务器行为"面板上的"+"号按钮，在菜单中选择"用户身份验证"中的"限制对页的访问"，如图 9-60 所示。

（2）在弹出的"限制对页的访问"对话框中选择"用户名和密码"，在"如果访问被拒绝，则转到"中输入 login_ht.asp，如图 9-61 所示。

设置完毕后，非管理员用户在访问各个管理页面时，将自动跳转到 login_ht.asp。

图 9-61 "限制对页的访问"窗口设置

资讯六 网站系统数据库的整合

一、数据库的整合

网站各个模块都与数据库连接起来，因此，当系统整合时，数据库的整合是必不可少的。本教材使用的数据库都是 Accees 数据库，整合过程一般分为两步：

（1）把所有数据表导入到同一个数据库文件里；

（2）修正各模块里的 conn.asp 的数据库指向，指向新的数据库文件路径。

由于，本教材各个模块在编写和制作时已经统一数据库路径（E:\mysite\db），在此可以省略第（2）步，只需将各个模块的数据库导入到系统数据库中即可。另外，各个模块也统一了管理员，对数据库的权限设置一致，无须再更改。因此，此部分只介绍 Accees 数据库的导入，以新闻系统模块为例，操作步骤如下：

(1) 在 E:\mysite\db 中,打开系统数据库 mysite.mdb。

(2) 在数据库窗口中,单击"文件"菜单中的"获取外部数据",执行"导入"命令,如图 9-62 所示。在弹出的"导入"窗口中,浏览到 news.mdb,单击"导入"按钮。若 register 数据库中有多个表,则会继续弹出如图 9-63 所示的"导入对象"窗口,选择要导入的表,单击"确定"按钮,则在 mysite.mdb 中可以看到导入进来的数据表,如图 9-64 所示。

其他模块数据库导入步骤同此,最终导入结果如图 9-65 所示。

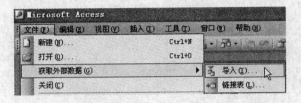

图 9-62 单击"导入"命令

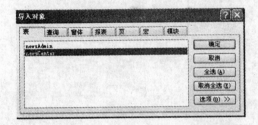

图 9-63 选择表"newCenter"

图 9-64 mysite.mdb 导入数据库结果图

图 9-65 mysite.mdb 导入所有数据库的结果图

二、设置数据库文件的权限

由于 Web 服务器对文件权限有严格的规定,用户不能轻易地对文件进行"写"操作,因此用户预览并实际进行添加、修改和删除等操作时,可能会出现错误。要解决这一问题,必须对数据库文件设置适当权限。

在"我的电脑"中,执行"工具"—"文件夹选项…",在弹出的"文件夹选项"对话框中,切换到"查看"选项卡,取消其中的"简单文件共享(推荐)"。如果本机系统是 NTFS 格式文件系统，此时右击 mysite.mdb，选择其中的"属性"菜单，弹出的"属性"窗口中就会增加"安全"选项卡，在"安全"选项卡中可以方便地设置用户对数据库的访问权限。本任务可以为"来宾"用户（Guest）在 mysite.mdb 中添加"修改"、"完全控制"等权限。

  FAT32 文件系统则可以通过修改 db 文件夹的"共享"属性中的"权限"，来控制用户访问数据库的权限。但应当说明的是，若使用的是 FAT32 文件系统，修改权限是非必需的。

项目十　网站建设综合案例

资讯一　项目描述

本项目将综合以前所学知识，系统地实现"湖南药师之家"网站的建设，包括网站的规划、设计制作等。但由于网站宣传、推广、管理、维护是一个庞大的系统工程，难以简单地划分为几个任务来实现，因而本项目没有涉及到相应的内容，有兴趣的读者可自行查阅相关资料。

一、项目任务

使用"讯时网站管理系统"制作"湖南药师之家"网站，其首页如图10-1所示。将制作完成并调试成功的程序上传到所购买的主机空间，并进行宣传、推广、管理、维护等工作。

图10-1　"湖南药师之家"首页

二、目的和要求

本项目的主要目的是：
(1) 全面了解在国内注册域名和购买虚拟主机的完整流程；
(2) 熟练掌握 CMS 二次开发的基本方法；
(3) 掌握使用 FTP 客户端上传网站的方法；

(4) 掌握网站宣传、管理和维护的基本方法。

实现本项目的基本要求有：

(1) 注册域名和购买虚拟主机；

(2) 使用"讯时网站管理系统"参考图 10-1 制作"湖南药师之家"网站，教学时也可根据需要更换网站的名称和类型，可以自由更换网站模板；

(3) 将所制作的网站上传到所购买的主机空间；

(4) 对所完成的网站进行推广；

(5) 对所实现的网站进行管理和日常维护。

资讯二　域名和虚拟主机

一、域名意义和选择原则

要建网站，首先要选择一个域名。一些企业网站和门户网站的域名选择比较随意，这对以后的营销非常不利，有些网站甚至因此而失败。一个典型的案例就是大家熟悉的腾讯公司，2001 年 4 月，腾讯为避免知识产权纠纷，将其即时通讯软件 OICQ 更名为 QQ，并启用新域名 tencent.com。但这一域名不便记忆，大大制约了腾讯的发展。为解决这一问题问题，腾讯公司于 2003 年花了一笔从未透露数额的"高价"，才从美国爱达荷州博伊西市一名软件工程师罗伯特·亨茨曼（Robert Huntsman）手里，将 QQ.COM 收入囊中，并启用这一域名至今。

从这一案例我们不难得到以下几点启示。

1. 申请域名时行动要快

域名是一种无形资产，而且域名资源是有限的，每一个域名都具有唯一性，因此域名也就成了一种稀缺资源。一旦被人抢先注册，你就可能与它失之交臂。因此，为保障中意的域名不被他人抢注，一旦确定，要尽快申请注册。

2. 要合法注册

尽管互联网是一个虚拟世界，但进行域名注册时，一定要合法，否则极有可能已陷入法律纠纷。所谓合法，主要包括不要选取其他公司的商标名作为自己的域名，特别是不能用国际或国内著名企业的驰名商标作为域名。另外，也不要"山寨"知名企业和网站的域名，"山寨"知名企业和网站的域名同样会导致法律纠纷。而且，现在用户也有非常高的鉴别能力，潜意识中，一般会界定"山寨"站点是"骗子网站"。因此，"山寨"知名企业和网站的域名绝对是一件费力不讨好的事情。

二、主机空间

服务器中用于存放网站程序或网络文件的空间常称主机空间，亦可称为服务器空间。常用的方式有以下几种。

1. 独立主机

独立主机是指拥有自己独立的服务器，常见的方式包括租用服务商提供的独立主机、主机托管和自建机房三种。

独立主机英文全称是 Dedicated Server，是指客户独立租用一台服务器来展示自己的网站或提供自己的服务，比虚拟主机有空间更大，速度更快，CPU 计算独立等优势，当然价格也更贵。

主机托管是客户自身拥有一台服务器，并把它放置在 Internet 数据中心的机房，由客户自己进行维护，或者由其他的签约人进行远程维护。

当然，有条件的企业也可以自行建设机房，自行架设服务器，租用专线，建设自己的网站。但这种方式造价昂贵，不是一般的中小型企业可以接受的。

2. VPS

VPS 是利用 VPS（Virtual Private Server）技术，在一台服务器上创建多个相互隔离的虚拟专用服务器。每个 VPS 的运行和管理都与一台独立主机完全相同，都可分配独立公网 IP 地址、独立操作系统、独立空间、独立内存、独立 CPU 资源、独立执行程序和独立系统配置等。用户除了可以分配多个虚拟主机及无限企业邮箱外，更具有独立服务器功能，可自行安装程序，单独重启服务器。

国内服务商也常称其为独享主机。

3. 虚拟主机

虚拟主机是使用特殊的软硬件技术，把一台计算机主机分成一台"虚拟"的主机，每一台虚拟主机都具有独立的域名和 IP 地址（或共享的 IP 地址），具有完整的 Internet 服务器功能。在同一台硬件、同一个操作系统上，运行着为多个用户打开的不同的服务器程序，互不干扰；而各个用户拥有自己的一部分系统资源（IP 地址、文件存储空间、内存、CPU 时间等）。

在购买主机空间前，要做以下准备工作。

（1）确认操作系统

首先要确定的是购买 Linux/UNIX 主机还是 Windows 主机？前者支持 PHP + MySql，后者支持 ASP。国内两者价格差异不大，但国外除个别主机商（如 GoDaddy）外，两者差异很大，原因是 Linux/UNIX 主机中，操作系统、Web 服务器软件、MySql 数据库都是免费软件；而 Windows 主机则不然，主机提供商需要给微软公司支付版权费用。

（2）确认主机类型

通常，如果网站较小，可以选用虚拟主机，虚拟主机在国外又称 Share Hosting 或 Web Hosting。稍大一点的网站可以选择云主机，如 GoDaddy 的 Grid Hosting。如果需要多个不同的主机，可以选择 Reseller Hosting（经销商主机）。有更高要求的可以选择 VPS（虚拟专用服务器），大、中型网站刚建议选择 Dedicated Server（独立服务器）。

（3）选择主机提供商

如今的虚拟主机市场，可谓良莠不齐。例如，几乎所有的网络公司都能够提供虚拟主机这项服务。但是在质量上，却相差很大。选择主机时，一定要选择优秀的主机服务商，同时也要测试其稳定性、速度、服务等。对于虚拟主机，还应检测服务器中的站点数，避免因供应商超售影响站点的访问质量。

（4）选择购买方式

一般来说，为减少交易风险，应到主机供应商官方网站上去购买，国外主机供应商通常提供月付、季付、半年付、年付等多种付款形式，可以使用信用卡、Paypal 等多种付款方式，且一般均支持三十天可无条件退款。国内空间多以年付为主，付款方式则更加灵活。

任务一　注册域名同时购买虚拟主机

本项目的各相关任务中，仅讨论虚拟主机。购买虚拟主机时，不同的主机供应商的购买方法和流程略有不同，但大致都要求用户先在官方网站注册会员，然后选择空间的类型和购买年限，下订单并选择支付方式。主机供应商在确认收到用户的货款后，会在一定的时间内设置并开通虚拟主机空间。

虚拟主机可在国内或国外供应商处购买。一般来说，国内的虚拟主机提供的磁盘空间、月流量较小，价格较高。国外虚拟主机则通常是大空间、大流量，服务优秀、价格低廉，但由于各方面的原因，使用国外空间建立的网站在国内访问时，速度受到一定的影响。

在国内注册域名并同时购买虚拟主机的流程比较简单，不论是注册域名同时购买虚拟主机，还是购买虚拟主机同时注册域名均可。用户下订单并支付货款后，主机商均会为你进行"绑定"并开通。

在国外注册则较为复杂，大多数主机商均有购买主机空间免费送域名的活动，有些则是购买主机空间可以用极优惠的价格注册域名（如 GoDaddy 公司），另外，国外主机商通常会定期发布优惠码，使用优惠码可获得一定程度的优惠。

在国外注册域名和购买虚拟主机，除了要解决语言问题之外，还需要有一张支持外币的信用卡，如招商银行的双币信用卡，支持美元支付和人民币还款，非常方便。当然也可以注册 Paypal 账号，使用 Paypal 支付更加安全。可喜的是，GoDaddy 等一批知名的国外域名注册和主机提供商，十分重视开拓中国市场，用户也可以选择使用支付宝进行支付。

下面，以在全球最大的域名注册商 GoDaddy 注册域名和购买虚拟主机为例，介绍申请过程。

由于域名资源的唯一性，因此，不管是在国内还是国外注册域名同时购买虚拟主机，通常都是先搜索看看域名是否可注册，然后再展开购买活动。

在 GoDaddy 也不例外，首先要搜索域名是否可注册。

1. 查询拟注册的域名是否可注册

进入 GoDaddy 主站（http://www.godaddy.com）查询拟注册的域名是否可注册，如图 10-2 所示。

图 10-2　查询域名是否可注册

选择好要注册的域名（以上以 qqpcc.com 为例）并单击 GO 按钮，在新的页面中，如果域名已经被注册，将会显示类似"qqpcc.com is already taken."的提示，如果尚未注册，则会显示类似如"qqpcc.net is available！"的提示。同时，会给出 qqrcc 对应的其他常用域名的注册情况。

2．购买虚拟主机

国外通常会有购买虚拟主机免费送域名或优惠注册域名的活动，像 GoDaddy，用户购买域名以外的产品，即可享受 1.99 美元注册国际域名的优惠。因此，在国外注册域名和购买虚拟主机，一般是查询域名并确认可注册后，不立即进行注册，而是转入到虚拟主机的购买流程。

进行 GoDaddy 官方网站后，选择导航菜单中的"Hosting"，在下拉菜单 HOSTING 组中选择 Web Hosting，单击进入购买虚拟主机的页面。

GoDaddy 同时提供支持 Linux 和 Windows 的主机，每种又有 Economy Plan、Deluxe Plan 和 Premium Plan 三种方案供用户选择。GoDaddy 支持按月付费，也可一次性购买一年、两年或三年。购买的期限越长，可以获得越多的优惠。

确定需要购买的主机类型、方案和付款周期以后，单击 ADD 按钮，进入到新的页面。在随后的几个页面中，GoDaddy 会提供多种附加服务推荐给用户。这些服务如果和所购买的虚拟主机捆绑，会有一定程度的优惠，但这些服务对于多数用户来说并不是必需的，可直接转到页面的最下方，单击 No Thanks 按钮，进入到新的页面。

在新页面中，将会出现用户可以 1.99 美元的特价注册一个域名的提示，如图 10-3 所示。

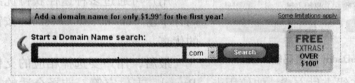

图 10-3　用户可用优惠价注册域名的提示

此时，可在搜索框中再次填写要注册的域名，并单击 Search 按钮，如果所搜索的域名可以注册，将出现如图 10-4 所示的界面。

再次搜索的主要目的是作注册前的最后确认，从第一的搜索到正式注册的这个过程中，已经经过了一段时间，这段时间所选定的域名有可能已经被人抢注，有必要作进一步的确认。

GoDaddy 不愧是行销行家，此时还会推荐用户同时注册其他域名。

选择所需要注册的域名后，单击 ADD TO CART 按钮，进入购物车页面。

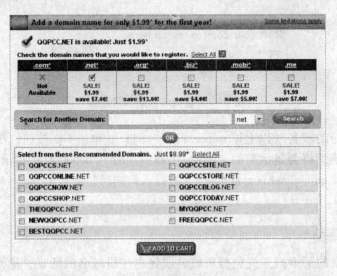

图 10-4　在 GoDaddy 再次搜索后的结果

　　如果客户已经注册为 GoDaddy 的用户，可以直接进行支付；否则，要进行用户注册，用户注册过程较简单，但应填写正确的信息。一般来说，用户通常不愿意在网上填写真实信息，但 GoDaddy 是国际上知名的公司，对用户信息是保密的。而且这方面 GoDaddy 的口碑一直不错，大家尽可放心。

　　注册成为了 GoDaddy 的用户后，购买时应输入 ID 和密码并登录。

　　进入注册车界面后，用户可不急于付款。一是可对购物车中的商品作进一步核实和修改，如默认注册域名的年限和购买虚拟主机的时间一致，用户可以进行选择，最多可以选择一次性注册 10 年。

　　另外，在购物车右侧，单击 Enter Promo or Source Code 后将出现优惠码输入框，如图 10-5 所示。GoDaddy 会定期给用户通过邮件发送优惠码，不同的优惠码优惠的程度也不相同。

　　用户可通过多种途径获得优惠码，输入优惠码并单击 Continue to Checkout 按钮即可获得相应的优惠。

图 10-5　GoDaddy 优惠码输入框

　　最后，用户要选择相应的支付方式，GoDaddy 提供了多种在线支付方式，如信用卡、Paypal、支付宝等，选择合适的支付方式，勾选"I have read and agree to the terms and conditions of the："并单击 PLACE ORDER NOW 按钮即可完成付款。

　　用户付款后，一般说来，新注册的域名一般数小时后即可生效，同时，新购买的虚拟主机也会开通，并和相应的域名进行绑定。同时，GoDaddy 会通过邮件的形式通知用户。

资讯三　使用内容管理系统（CMS）开发网站

　　原则上，可以使用 ASP、PHP、JSP 或 ASP.NET 等任何一种语言自行开发适合自己的动态网站，但这种开发方法对开发者要求较高，且开发周期长、效率低，安全性难以保障。因此，目前建站通常采用较成熟的网站开发系统来完成。

一定要根据网站的定位选择网站开发系统，通常如果只是要建博客，就只需要选博客程序，如 WordPress、Zblog 或 Pjblog 等；做论坛就用论坛程序，如 Discuz，PHPwind 等；而做一个功能比较全面的网站，就得选择功能强大的 CMS。如果网站定位于电子商务，可以选择网店、商城程序；定位于分类信息，可以选择分类信息的程序；定位于社区的话，可以选择如 Discuz 论坛及其博客程序；定位于新闻、文章发布，则选择一般的文章管理系统即可。

一、CMS（内容管理系统）

CMS（Content Management System，网站内容管理系统）是一种运用服务器端脚本语言（如：ASP、PHP、JSP、ASP.NET 等）对网站的栏目、内容以及模板进行管理和维护的网站开发系统。内容管理系统一般都采用数据库驱动，网站内容的更新和维护是通过基于数据库技术的内容管理系统完成，它将网站建设从静态页面制作延伸为对信息资源的组织和管理。

不仅初学者建站宜使用 CMS，很多企事业单位的站点也是使用国内外较成熟的 CMS 进行二次开发而成的。CMS 按其发布形式通常分为商业 CMS、开源 CMS 和基于开源框架的定制 CMS 等几类。

（1）商业 CMS 具有较完整的产品文档和较完善的技术支持，深受有一定经济实力的客户欢迎，商业 CMS 为了拓展市场，通常也提供免费版供用户使用，但免费版的功能和商业版相比，功能会作适当删减。

（2）开源 CMS 通常不提供技术支持，但由于源代码是开放的，所以便于修改和定制，更适合有一定开发能力的用户使用。

（3）基于开源框架的定制 CMS 是指根据客户提出的需求，基于开源 CMS 框架定制一个"新的" CMS，目前网络上流传的很多所谓的 CMS 就是采用这种方法开发的。

由于不同开发团队对"内容"两字有着不同的理解，因此不同的 CMS 所具有的功能，或开放的免费功能是不尽相同的。有些仅仅是一个文章管理系统，或是一个博客系统。还有一些成熟的 CMS 系统经过不断发展，根据用户的需求，逐步增加了社区互动、电子商务等功能。形成了集文章管理、留言、下载、论坛、博客、商城等多种功能于一身的网站开发系统，有些甚至采用"积木式"结构设计，方便客户根据自己需求，定制模块。

目前，流行的 CMS 有很多，仅 CMS Matrix（网址：http://www.cmsmatrix.org/）所列出的就有 1000 多种，用户可选择余地很大。选择 CMS 时，首先应当考虑的是需求和脚本语言，同时要注意以下一些问题。

（1）易用性：要求上手快，操作性能好。

（2）稳定性：要求 BUG 少，一般来说，流行的 CMS 经过多年的考验，及时发现并修改了各种漏洞，稳定性和安全性有相应的保障。

（3）美观性：界面美观，时尚，不需大范围修改。

（4）二次开发简单：目前流行的 CMS 通常分两类，一类是二次开发比较容易，只要通过标签调用，或者编写简单的 SQL 语句已经可以实现大部分的功能；另一类是灵活性极强，用户主动性极大。一般来说，前者更适合新手，后者更适合有经验的开发者。

另外，一个好的 CMS，都有相应的安装、使用教程，方便新手的入门。安装教程应包括 CMS 运行环境的搭建，安装步骤及注意事项等。使用教程应包括 CMS 的使用、模板、插件的制作等。

除了教程，还要考虑该 CMS 的现有资源，如模板、插件。丰富多样的模板、插件能使 CMS 更具魅力。

另外，好的 CMS 一般都有庞大的用户群。用户越多，要求就越多，反应出的问题和 BUG 也就越多；同时，用户多开发出的模板、插件也越多，这对 CMS 的发展是非常有利。

二、讯时 CMS 系统

和其他知名 CMS 相比，讯时网站开发系统不算强大。它虽然仅是一个个人作品（作者：徐广皓），但经过作者多年的改进，功能不断增强。目前，讯时 CMS 有 ASP + ACCESS（免费版）和 ASP + MS SQLServer（商业版）之分，能满足制作小型网站的需要。其中，免费版功能也极强，用于制作个人网站和访问量不是太高的小型网站游刃有余。

讯时 CMS 只有一个后台管理程序，采用页面与数据分离的形式，网站的数据内容存放在数据库中，通过后台程序可对数据库进行添加、读取、删除操作，能很方便地对网站实行动态、即时的更新维护。

讯时 CMS 免费版简单易用，不需具备太多的专业知识即可迅速上手。使用者只须制作网站首页，并修改栏目页模板（更多新闻列表）和内容页模板（新闻显示页面），即可制作出一个功能强大的网站。

由于讯时 CMS 使用 ASP 编程，使用讯时 CMS，必须有一个支持 ASP 的使用环境。因此，在进行本地开发时和调试时，必须安装 IIS，并配置好本地站点。上传到互联网时，相应的主机空间必须支持 ASP。

讯时 CMS 只有后台，前台需要用户自行设计。

前台模板至少应包括：首页模板、栏目页模板、内容页模板等。为了使网站更具个性，还可以做进一步划分，如讯时 CMS 内置的"一般简单模板"中还包括新闻图片模板、产品列表模板、产品显示模板等。

任务二 "湖南药师之家"首页模板设计

首页可根据需要设计，这里，将首页设计为 4 个文件。

1. 头部 top.html

头部 top.html 效果如图 10-6 所示。

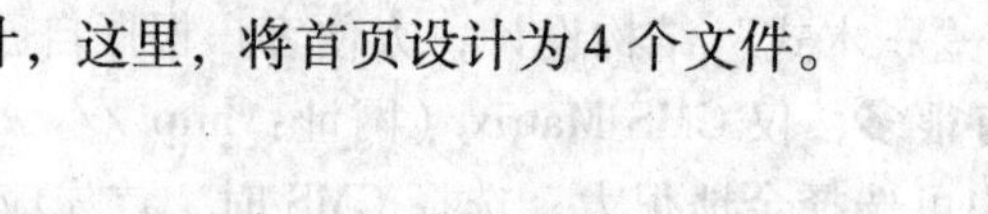

图 10-6 头部 top.html 效果图

2. 导航菜单 menu.html

导航菜单 menu.html 效果如图 10-7 所示。

图 10-7 导航菜单 top.html 效果图

值得注意的是，这里只预先制作"本站首页"和"学校邮箱"等"静态"的栏目，"动态"的导航栏目由后台生成。

3. 首页主体部分 index.asp

首页主体部分 index.asp 效果如图 10-8 所示。

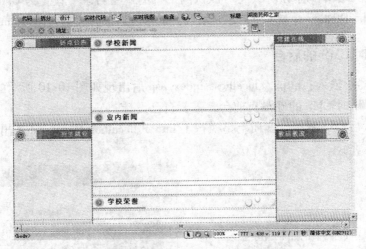

图 10-8　首页主体部分 index.asp 效果图

Index.asp 是首页的核心部分，虽然目前这个页面只是个静态页面，但考虑到后面的需要，扩展名仍使用 .asp。

4. 页尾 footer.html

页尾 footer.html 的效果如图 10-9 所示。

图 10-9　页尾 footer.html 效果图

以上各页面均为静态页面，设计步骤从略。推荐使用 CSS + DIV 布局，初学者也可使用表格布局。值得注意的是，每个页面的宽度和风格应保持一致。

全部页面设计完成后，打开 index.asp，在其顶部加入如下代码：

```
<!--#include file = "top.html"-->
<!--#include file = "menu.html"-->
```

同时，在 index.asp 的末尾处加入：

```
<!--#include file = "Footer.html"-->
```

任务三　使用讯时 CMS 设计"湖南药师之家"首页

一、下载及安装讯时 CMS

讯时 CMS 免费版不需要安装，下载并解压在本地文件夹中即可使用。使用前，须先在本教材配套网站或讯时官方网站下载讯时网站开发系统的最新版本（免费版）。

　　教材配套网站：http://www.qqpcc.com/

　　讯时官方网站：http://www.xuas.com/

　　将所下载的压缩包解压至本地文件夹（本例中为 G:\mysite\hnyszj\）。

　　为便于浏览和编辑，启动 IIS，将"默认网站"的"主目录"设置为 G:\mysite\hnyszj\。同时，启动 Adobe Dreamweaver CS5，建立站点"hnyszj"，站点主目录为 G:\mysite\hnyszj\。

二、登录到讯时 CMS 的后台

　　在 IE 浏览器中输入：http://localhost/index.asp 后出现如图 10-10 所示的界面。

　　这也表明，讯时 CMS 的确没有前台，需要自己设计。

　　单击"进入后台"链接，实质上是执行了 http://localhost/login.asp，出现后台登录窗口，如图 10-11 所示。

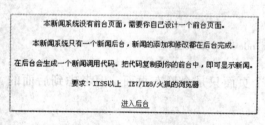

图 10-10　讯时 CMS 默认首页

图 10-11　讯时 CMS 后台登录窗口

　　讯时 CMS 管理员的默认用户名和密码均为 admin，可在成功登录后台后修改。正确输入用户名、密码及验证码，单击"登录"按钮登录到后台，如图 10-12 所示。

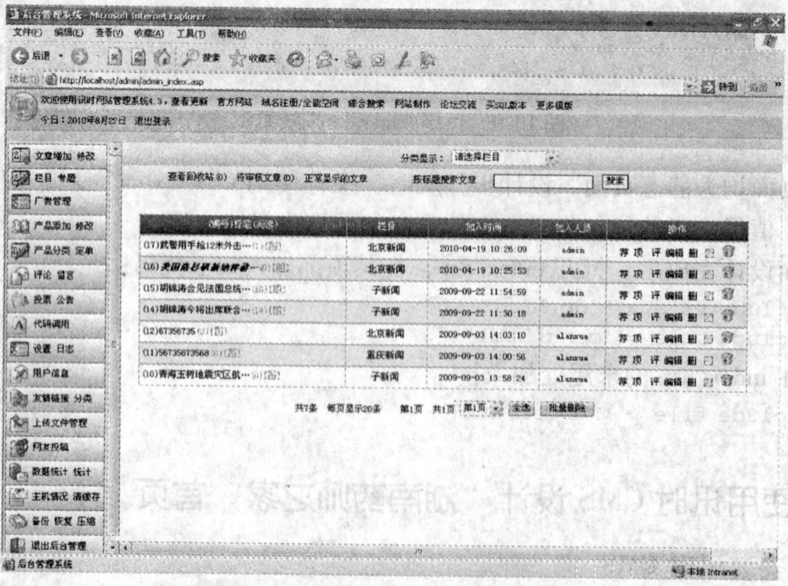

图 10-12　讯时 CMS 后台管理系统

进入讯时 CMS 的后台管理系统，不难发现，讯时 CMS 包括了新闻文章、专题、广告、产品、留言、投票、友情链接等多种功能，完全可满足中小型企事业单位和一般政府机关网站建设的需求。本任务主要是使用其文章管理部分，至于其他内容，有兴趣的读者可自行探讨。

三、添加栏目，完成导航菜单的制作

单击后台管理系统左侧的“栏目”，不难发现，讯时 CMS 自带有一个示例栏目“国内新闻”，其中有两个二级栏目“北京新闻”和“重庆新闻”，其中“重庆新闻”下有一个三级栏目。

删除其示例栏目，按本项目的要求添加各栏目，分别是：学校概况、新闻中心、教研教改、招生就业、校园文化、党建在线、药学函授、药师培训，“本站首页”和“学校邮箱”两项将直接链接到相关页面，这里可以不考虑。

各栏目也可根据需要设置二级和三级栏目，设置完成后，效果如图 10-13 所示。

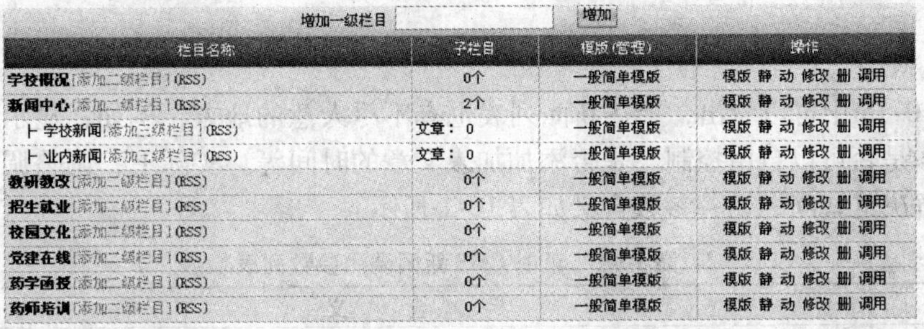

增加一级栏目　增加

栏目名称	子栏目	模版(管理)	操作
学校概况[添加二级栏目](RSS)	0个	一般简单模版	模版 静 动 修改 删 调用
新闻中心[添加二级栏目](RSS)	2个	一般简单模版	模版 静 动 修改 删 调用
├ 学校新闻[添加三级栏目](RSS)	文章：0	一般简单模版	模版 静 动 修改 删 调用
├ 业内新闻[添加三级栏目](RSS)	文章：0	一般简单模版	模版 静 动 修改 删 调用
教研教改[添加二级栏目](RSS)	0个	一般简单模版	模版 静 动 修改 删 调用
招生就业[添加二级栏目](RSS)	0个	一般简单模版	模版 静 动 修改 删 调用
校园文化[添加二级栏目](RSS)	0个	一般简单模版	模版 静 动 修改 删 调用
党建在线[添加二级栏目](RSS)	0个	一般简单模版	模版 静 动 修改 删 调用
药学函授[添加二级栏目](RSS)	0个	一般简单模版	模版 静 动 修改 删 调用
药师培训[添加二级栏目](RSS)	0个	一般简单模版	模版 静 动 修改 删 调用

图 10-13　讯时 CMS 栏目管理

单击任何一个菜单项目右侧的“调用”，在弹出的窗口中，不难发现，所有一级菜单的横向显示调用代码为：

```
<script TYPE="text/javascript" language="javascript" src="/lmcode.asp?fs
=3&lm=0&ord=asc&pic=0"></script>
```

删除讯时 CMS 自带的 index.asp，将前面制作好的首页模板文件全部拷贝至 G:\mysite\hnyszj\，使用编辑器打开 menu.html。

为“本站首页”添加超级链接 index.asp，为“学校邮箱”添加超级链接 http://mail.hnyszj.com。切换到“代码”视图，在“本站首页”和“学校邮箱”之间加入如下代码：

```
<script TYPE="text/javascript" language="javascript" src="/lmcode.asp?fs
=3&lm=0&ord=asc&pic=0"></script>
```

在 IE 浏览器中输入 http://localhost/menu.html，效果如图 10-14 所示。

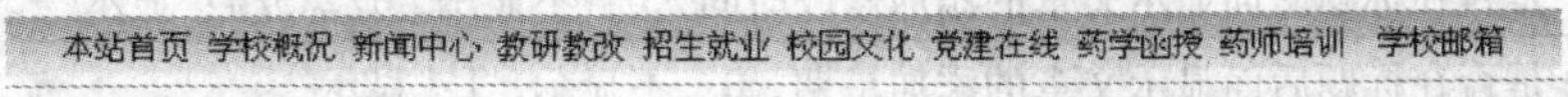

图 10-14　“湖南药师之家”导航菜单

四、首页调用

单击后台管理系统左侧的“代码调用”，弹出代码调用窗口。选择相应的文章栏目，单击“查看代码”按钮，在下方即可显示调用该栏目新闻列表的代码。调用方式包括框架调用、JS 调用、JS 关键字调用、头条文章调用等几种调用方式。

（1）选择栏目为"学校新闻"，单击"查看代码"按钮，生成"JS 调用"代码如下：

```
<script TYPE = "text/javascript" language = "javascript" src = "/newscode-
js.asp?lm2 = 82&list = 10&icon = 1&tj = 0&font = 9&hot = 0&new = 1&line = 2&lmname =
0&open = 1&n = 20&more = 1&t = 0&week = 0&zzly = 0&hit = 0&pls = 0&dot = 0&tcolor =
999999" charset ='gb2312'></script>
```

（2）启动 Adobe Dreamweaver CS5，打开站点 "hnyszj" 中的 index.asp，切换到 "代码"视图，在"学校新闻"栏目对应位置插入上述调用代码并保存。

（3）在浏览器中预览，效果如图 10-15 所示。

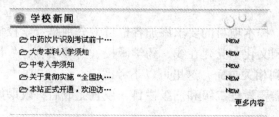

图 10-15 "学校新闻"预览效果

从图 10-15 中可以看出，上述新闻列表也有不尽人意的地方，例如：显示的标题长度可以控制、是否可以自由控制、是否添加加入文章的时间等。实际上，调整调用代码中的参数可以解决这些问题，各参数含义如表 10-1 所示。

表 10-1 讯时 CMS 新闻调用参数列表

参 数	含 义
lm2 或 lm	栏目的 ID，一般不用改动它。如果 lm2 = 0，则显示所有栏目的文章
list = 10	显示多少条标题，默认显示 10 条
icon = 1	自定义标题前面显示的图标，0：不显示，1：显示（默认）；可自定义图片（如：icon = /../images/123.gif）
tj = 0	是否显示推荐文章，0：不显示，1：显示
font = 9	设置标题的字号，默认是 9，可以设置为 10.5 或者 12
new = 0	最新文章是否显示动画图片 "NEW"，1：显示，0：不显示
hot = 0	是否按文章的单击数量排序。0：普通排序，1：按单击次数排序
line = 12	设置标题的行间距，默认是 12，可以自行设置，数字越大，行距越大
lmname = 0	是否显示栏目名称，0：不显示，1：显示
open = 1	是否新开窗口浏览文章的内容，0：不新开，1：新开
n = 20	每个标题显示的字数，默认是 20 个字符（1 个汉字是 2 个字符）
more = 1	是否显示 "更多内容"，0：不显示，1：显示，2：在框内显示分页
t = 0	是否在标题后面显示文章的添加修改时间，0：不显示，1/2/3/4：显示
week = 0	是否在标题后面显示文章的添加星期，0：不显示，1：显示
zzly = 0	是否在文章标题后面显示作者，0：不显示，1：显示
hit = 0	是否在文章标题后面显示阅读数，0：不显示，1/2：显示
pls = 0	是否在文章标题后面显示评论数，0：不显示，1：显示
dot = 0	是否在每个标题之间增加虚线功能，1：显示虚线，0：不显示虚线

图10-16是重置参数后的一个效果。

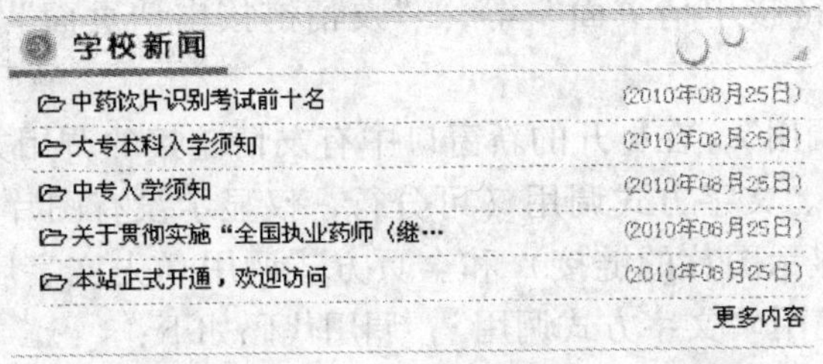

图10-16 "学校新闻"预览效果（重置参数后）

（4）仿照对"学校新闻"的处理方法，对首页中其他文章类的栏目进行调用设置。

（5）单击"后台管理系统"左侧菜单中的"公告"，可以添加公告，并在下方显示滚动的公告调用代码：

<marquee direction = "up" scrollamount = "2" scrolldelay = "120" height = "145" >
<script language = "javascript" src = "/ggjs.asp?id = 编号 &ttt =1" > < /script >
< /marquee >

如果调用所有公告，编号为空或者等于0（即 id =0）即可，参数 ttt 是调用形式：

ttt =0——只显示内容；

ttt =1——显示标题和内容全部信息，其他不显示；

ttt =2——只显示标题；

ttt =4——横向显示。

（6）全部完成后，效果如图10-17所示。

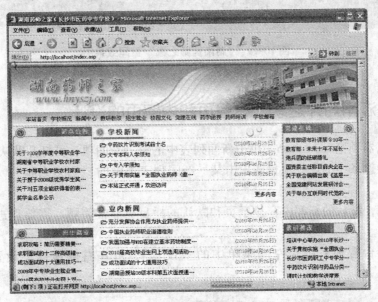

图10-17 "湖南药师之家"首页最终效果

五、完善页尾的设计

完善页尾设计主要是解决友情链接的问题。

打开"网站后台管理系统"，在左侧菜单中单击"友情链接"，右侧窗口将显示已经申请的友情链接，管理员可在此窗口中对申请的友情链接进行审核。窗口的上方有"友情链接调用"和"友情链接申请页面"等，"友情链接申请页面"的地址是 Link-ShenQing.asp。

单击"友情链接调用"，在打开的新窗口中有友情链接的调用方法，包括下拉方式调用（显示所有的链接）、文字方式调用（可分行，仅显示没有图片的文字链接）、图片方式调用（可分行，仅显示图片的链接）和全页方式调用（先文字后图片，横排）等几种调用方式，本项目中使用"文字方式调用"，调用代码如下：

```
<script TYPE="text/javascript" language="javascript" src="/link_js.asp?link=2&x=8&y=1&w=5&lb=0"></script>
```

启动 Adobe Dreamweaver CS5，打开站点"hnyszj"中的 footer.html，如图 10-18 所示插入友情链接调用代码。

图 10-18　插入友情链接调用代码

其中，各单元格对齐方式为水平居中，宽度为默认。JS 代码部分为上述调用代码，"友情链接申请"部分链接至 Link-ShenQing.asp，目标窗口为"新建窗口（_blank）"。设置完成后，效果如图 10-19 所示。

图 10-19　"湖南药师之家"页尾效果图

任务四　"湖南药师之家"栏目页和内容页的设计

使用浏览器预览 index.asp，单击新闻列表中的每一新闻项，可打开默认的新闻内容显示页。选择导航条中的任一项目或单击某一新闻列表项中的"更多内容"，可打开默认的栏目页。

不难发现，默认的新闻内容显示页和默认的栏目页非常简陋，需要作进一步的修改。修改方法如下：

打开"后台管理系统"左侧菜单中的"设置"，可在右侧窗口中设置模板，如图 10-20 所示。

栏目模版	[进入栏目模版设置]	
搜索模版	[进入搜索页面模版设置]	so.asp
投稿模版	[进入投稿页面模版设置]	utg.asp	投稿栏目设置

图 10-20　修改讯时 CMS 的内置模板

单击"进入栏目模板设置"，打开模板设置窗口，如图 10-21 所示。

图 10-21 讯时 CMS 模板设置窗口

单击"修改"项，打开"一般简单模板"的修改窗口，其中包括新闻显示页面（即新闻内容显示页）、更多新闻列表（即栏目页）、新闻图片模板、产品列表模板、产品显示模板等"一般简单模板"的代码。复制各模板的"一般简单模板"的代码，逐一进行修改后即可变改变栏目页、新闻内容页等页面的显示效果。下面以"新闻内容显示页"为例，介绍修改方法。

复制新闻显示页面"一般简单模板"的代码，启动 Adobe Dreamweaver CS5 新建一个 HTML 文档，切换到"代码"视图，将所复制的代码粘贴在其中，再切换到"设计"视图后，效果如图 10-22 所示。

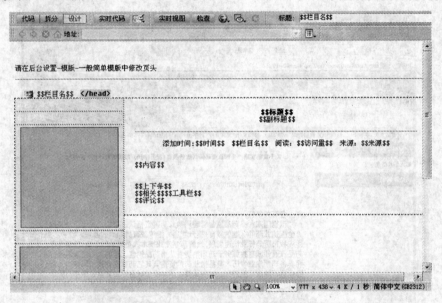

图 10-22 讯时 CMS 的一般简单模板

不难发现，这其实就是一个简单的静态页面，同时加入了一个引起简单的调用标签。例如，如果要在某一位置显示新闻的标题，只需在相应位置加入字符串代码"MYMMYM 标题 MYMMYM"（不包含引号）即可。讯时 CMS 常用的一些标签可以在"一般简单模板"的修改窗口中查阅，这些标签仅看字面的意思就可理解，在此不一一介绍了。

需要注意的是，讯时 CMS 不允许用户自定标签，只须使用 MYMMYM 进行调用。也正因为如此，国外的大多数 Windows 空间不支持讯时 CMS 所开发的网站，即讯时 CMS 所开发的网站更适合使用国内的虚拟主机。

使用标签，完全可以自由地定义栏目页、新闻内容页等页面，但这里只以新闻内容显示页为例，简单介绍利用"一般简单模板"中的默认代码进行修改的方法。

(1) 将 top.html 和 menu.html 的源代码依次粘贴在新闻内容页"一般简单模板"中默认代码的顶部，替换文字"请在后台设置"—"模板"—"一般简单模板中修改页头"所对应的部分，删除多余的空格和回车符。

(2) 将 footer.html 的源代码粘贴在新闻内容页"一般简单模板"中默认代码的尾部，替换文字"请在后台设置"—"模板"—"一般简单模板中修改页尾"所对应的部分，删除多余的空格和回车符。

(3) 默认的新闻内容页宽度为 760 个像素，需要将其修改为和 top.html、menu.html 和 footer.html 的宽度一致，以保障有良好的显示效果。

(4) 删除模板中自带的广告，或者将其更换为你自己的广告。

(5) 修改后，在"一般简单模板"修改窗口中重新进行保存。

当然，也在图 10-21 中单击"增加新闻模板"，用上述代码新建一个"新闻显示页面"模板，然后调用这一模板显示新闻内容。

用同样的方法，可以修改更多新闻列表（即栏目页）、新闻图片模板、产品列表模板、产品显示模板、搜索模板、投稿模板等。

修改模板后的内容显示页效果如图 10-23 所示。

图 10-23 修改模板后的内容显示页

任务五 使用讯时 CMS 的增强功能完善"湖南药师之家"网站

讯时 CMS 功能强大，虽然部分功能项目在"湖南药师之家"不需要用到，但在制作企事业网站时却非常有用。本任务中，主要是介绍下述功能的使用，并用这些功能来完善"湖南药师之家"网站。

一、图片的幻灯调用效果

图片的幻灯调用又称为焦点图，它借助 Flash 轮流播放图片，可以显示每张图片所在文章的标题并且包含了指向这篇文章的链接。大家不难发现，很多网站的首页都使用了这种图片轮播效果。

在讯时 CMS 中,要实现这种效果很容易,只要在添加文章时把"图片文章"打钩,并且在文章内容中添加图片,就可以加入幻灯调用中。

另外,为了要在页面中得到轮播效果,需要在页面指定位置插入如下的调用代码:

< script TYPE = " text/ javascript" language = " javascript" src = "/js – pic2.asp?LM = 0&w = 200&h =180" charset ='gb2312'> </script >

上面的 w 和 h 为显示区域的宽度和高度,讯时 CMS 的轮播最多可显示 7 张图片,效果如图 10-24 所示。

当然,讯时 CMS 的图片调用不仅限于轮播,其他调用方式的调用代码可在"后台管理程序"的"代码调用"的"图片调用代码"栏目中查阅。限于篇幅,这里就不作介绍了。

图 10-24　使用讯时 CMS 实现图片轮播效果

二、产品管理

讯时 CMS 具有网上产品发布功能,可以很方便地制作网上商城。其中,产品发布、管理的使用方法与文章的发布、管理大同小异,基本流程是:建立产品分类、在分类下添加产品信息、制作产品显示模板、在相关页面添加调用代码。

有兴趣的同学请自行研究,限于篇幅,这里就不作介绍。

三、留言本

讯时 CMS 自带了一个简单的留言本,可以很方便地使用。

打开的地址为:http://你的网址/ly.asp。

可以将这个地址做成链接放到任何页面,留言板的效果如图 10-25 所示。

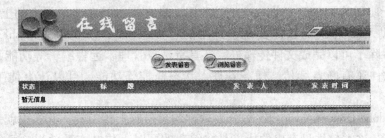

图 10-25　使用讯时 CMS 的留言板功能

单击"发表留言"按钮,可在新弹出的窗口中发表留言,新发表的留言默认为不立即显示,需要管理员审核后才能显示,可以在后台进行更改。

四、投票功能

单击"后台管理系统"左侧菜单中的"投票",在右侧窗口中可输入投票的标题、选项("单项选择"或"多项选择")、结束时间,保存后单击"可选择项"可对各个选择项进行设置。设置完毕后,返回投票管理的主页面,就可以使用投票标题下面的代码进行调用了。

资讯四 网站的发布

网站本地建立并调试通过后，可使用 Web 和 FTP 等工具上传至主机空间。

任务六 Web 上传

通俗地讲，Web 上传就是通过网页上传。

图 10-26 简单的 Web 上传

Web 上传通常有两种方式：一种是简单的上传，单击"浏览"按钮，在弹出的窗口中选择要上传的文件，单击"Unload"（即上传）按钮，逐一上传文件到主机空间，如图 10-26 所示。

这种方法适用于上传文件数量较少的情况，通常，一个网站文件数成千上万，使用这种方法上传整个站点并不现实。

另一种 Web 上传方式是使用文件管理器，这是目前较受欢迎的 Web 上传方式，已为大多数主机供应商所采用。文件管理器的形式很多，有的比较简单，也有一些供应商提供的文件管理器功能非常强大。还有一些支持在线解压，用户只需要将整站压缩为 .zip 格式上传到主机空间后，可使用在线解压工具一次性将整站解压。

任务七 使用 FTP 客户端上传

由于 Web 上传操作较复杂且传输速度较慢，加之大多数主机提供商的 Web 上传工具不支持断点续传，因此，Web 上传方式并不为人们广泛使用。

人们广泛使用的是 FTP 上传，这是最常用、最方便也是功能最强大的上传方式。FTP 上传需要借助 FTP 客户端软件实现，常用的有 CuteFTP、FileZilla、FlashFXP、WS_FTP 等。这类软件除了可以完成文件传输外，还具有站点管理、远程编辑等功能，一些常用的 FTP 客户端软件还有断点续传、任务管理、状态监控等功能，可以让上传工作变得非常轻松。

另外，Adobe Dreamweaver CS5 等开发软件均自带有上传工具，其实也就是一个简单的 FTP 上传工具，这类软件最突出的优点是在编辑的同时上传并查看效果，可省去启动、设置软件等麻烦。

本任务中，仅仅介绍使用 CuteFTP 上传网站。

CuteFTP 是著名的 FTP 客户端程序，经过不断发展，现已成为一个集文件上传、下载、网页编辑等多种功能于一身的工具软件。

CuteFTP 主窗口设计相当科学，可以说该界面现已成为经典，目前，几乎所有的 FTP 软件均采用了与 CuteFTP 类似的布局：主窗口左侧显示本地驱动器内容，右侧为远程服务器文件列表，窗口下方则是用于显示信息的窗口，如图 10-27 所示。

事实上，CuteFTP 已经不是纯粹的 FTP 客户端工具，随着软件不断地完善，各种附带功能也不断增加。CuteFTP 全面启用了"标签"。如主界面左侧窗口中就包含"本地驱动器"、"站点管理器"两个功能标签，单击相应标签，能实现功能的快速切换，如图10-28所示。

要使用CuteFTP上传网站，首先要单击左侧窗口中"站点管理器"标签，然后单击"新建"按钮，新建一个FTP站点，如图10-29所示。

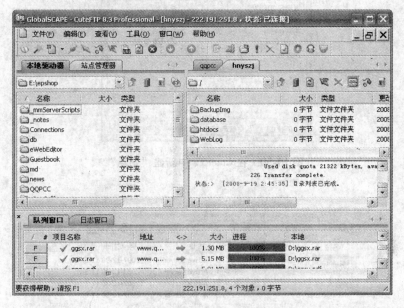

图 10-27　CuteFTP 主窗口

图 10-28　CuteFTP 的"标签"

图 10-29　CuteFTP 的"站点管理器"

单击"新建"按钮，默认为"新建FTP站点"，将弹出如图10-30所示的窗口。

主机名、用户名和密码在购买虚拟主机后主机提供商会通过邮件等形式提供，只要按此填写，所建立的FTP账户就会显示在"站点管理器"中，在图10-29中，新建立两个FTP账户"hnyszj"和"qqpcc"，用于上传本章两个项目所对应的网站。

双击"站点管理器"中对应的账户，即可对远程的服务器进行连接。连接成功后，主窗口左侧的窗口自动切换到"本地驱动器"标签，并且定位到设置的本地文件夹；同时，右侧窗口将出现对应的FTP站点标签，窗口中显示已连接的远程服务器文件列表，如图10-31所示。

图 10-30　在 CuteFTP 中新建"站点"

图 10-31　CuteFTP 中的远程服务器文件列表窗口

在 CuteFTP 中，上传、下载是一件很轻松的事情，同在 Windows 资源管理器中一样，可以使用拖曳的方式复制文件。简单地讲，选择文件后，用鼠标将左侧本地文件拖到右侧远程目录中即为上传，反之则下载文件。

参 考 文 献

[1] 蒋罗生. 电子商务网站设计与维护［M］. 北京：中国电力出版社，2009.
[2] 石道元. 电子商务网站开发实务［M］. 北京：中国电力出版社，2010.
[3] 文渊阁. 网站开发专家 Dreamweaver8 + ASP 动态网站开发实务［M］. 北京：人民邮电出版社，2007.
[4] 宋印宏. Dreamweaver CS4 & ASP 动态网页设计［M］. 北京：中国电力出版社，2010.
[5] 陈益材，朱文军. 感受精彩 Dreamweaver CS3 + ASP 网站建设实例详解［M］. 北京：人民邮电出版社，2008.
[6] 杨纪梅，肖志强. Dreamweaver CS4 网页设计与制作指南［M］. 北京：清华大学出版社，2010.

参考文献

[1] 郑阿奇. 电子商务网站设计与实践 [M]. 北京: 机械工业出版社, 2009.
[2] 刘瑞文. 电子商务网站设计案例 [M]. 北京: 清华大学出版社, 2010.
[3] 文朝晖. 网络编程技术: 基于Dreamweaver与ASP网站建设与开发实务 [M]. 北京: 清华大学出版社, 2007.
[4] 朱印宏. Dreamweaver CS5 入门与提高实例教程 [M]. 北京: 中国铁道出版社, 2010.
[5] 陈益材. 大学生网络创业: Dreamweaver CS5 入门、进阶、提高 [M]. 北京: 人民邮电出版社, 2008.
[6] 李松峰, 陈剑瓯. Dreamweaver CS5 网页设计与制作标准教程 [M]. 北京: 科学出版社, 2010.